国家自然科学基金青年项目资助

自然地理实践教学指导书（气象与地质学基础）

ZIRAN DILI SHIJIAN JIAOXUE ZHIDAOSHU
(QIXIANG YU DIZHIXUE JICHU)

陈 斌 杨木壮 王蕾彬 周平德 编著

图书在版编目(CIP)数据

自然地理实践教学指导书(气象与地质学基础)/陈斌等编著.—武汉:中国地质大学出版社,2021.10

ISBN 978-7-5625-5094-5

Ⅰ.①自…

Ⅱ.①陈…

Ⅲ.①自然地理-广东-教材 ②气象-广东-教材 ③地质学-广东-教材

Ⅳ.①P942.65

中国版本图书馆 CIP 数据核字(2021)第 177960 号

自然地理实践教学指导书

(气象与地质学基础) 陈 斌 杨木壮 王蕾彬 周平德 **编著**

责任编辑:周 豪 选题策划:周 豪 张晓红 责任校对:何澍语

出版发行:中国地质大学出版社(武汉市洪山区鲁磨路 388 号) 邮编:430074

电 话:(027)67883511 传 真:(027)67883580 E-mail:cbb@cug.edu.cn

经 销:全国新华书店 http://cugp.cug.edu.cn

开本:787 毫米×1092 毫米 1/16 字数:343 千字 印张:13.5

版次:2021 年 10 月第 1 版 印次:2021 年 10 月第 1 次印刷

印刷:武汉市籍缘印刷厂

ISBN 978-7-5625-5094-5 定价:42.00 元

前　言

本教材主要针对地理科学等相关专业，把气象学、地质学、地貌学和水文学的理论部分与户外观测、野外实习、室内实验的应用部分相结合，依托广东省独特的自然环境，结合气象观测以及地质实验，针对粤北的丹霞地貌、北江地貌水文以及沿海地区丰富的海岸地貌内容，着重培养地理科学等相关专业的学生对于气象、地质、地貌、水文的认识，加强对气象、地质、地貌、水文学相关知识的室内实验和野外观察能力的训练。

由于自然地理学在地理科学等专业教学中的重要性，从综合自然地理学到自然地理学已有多版本、高质量的教材可供使用。然而，这些教材着重于自然地理的理论部分，针对自然地理实习方面的教材比较少。目前，自然地理实习方面的教材特点鲜明，以介绍实习的理论基础为铺垫，结合实际案例指导野外实习。考虑到不同地区自然环境的差异会在一定程度上影响不同区域的教师和学生对教材的使用，本教材融合实验内容指导，将户外观测、野外实习和室内实验相结合，更加有利于学生对于相关基础知识的理解与掌握，并且可在一定程度上克服区域自然环境差异的影响。本教材可为相关高等院校开展自然地理实习、实践提供参考。

本教材共分为八章，其中第一章到第七章主要由陈斌、杨木壮、周平德编写，第八章主要由王蕾彬编写，由陈斌、杨木壮统稿。本教材参考文献除列于书末之外，还参考了李平日、宗永强、赵焕庭、黄金龙、王运泉、潘安定、左磐石、吴起俊、吴金爱等专家学者的资料，也参考了国家规范或标准中的相关条款，在此表示衷心的感谢！本教材的出版得到了广东省实验教学示范中心——广州大学资源环境与区域规划实验室、国家自然科学基金青年项目“华南海岸典型砾石滩沉积物磨蚀与运移的动力机制”(41706091)和“新疆地区黄土-古土壤序列石英释光信号特征对物源的指示”(41901098)的资助。

由于笔者水平和资料所限，本教材存在不妥之处在所难免，敬请同行专家、学者及读者朋友批评指正。

笔　者

2021年2月

目　录

第一章　气象观测基础与准备

气象观测是研究测量和观察地球大气的物理和化学特性以及大气现象的方法与手段的一门学科。观测的内容主要有大气气体成分浓度、气溶胶、温度、湿度、压力、风、大气湍流、蒸发、云、降水、辐射、大气能见度、大气电场、大气电导率以及雷电、虹、晕等。从学科上分，气象观测属于大气科学的一个分支。它包括地面气象观测、高空气象观测、大气遥感探测和气象卫星探测等，有时统称为大气探测。由各种手段组成的气象观测系统，能观测从地面到高层，从局地到全球的大气状态及其变化。到目前为止，我国的气象及其他相关部门先后建立了4600多个各类气象台站，初步实施了大气观测、海洋观测和陆地观测，观测对象涉及大气、海洋、水文、冰雪、陆地、生态等多个方面。本章主要是结合地面气象观测来展开论述。

第一节　地面气象观测系统

地面气象观测系统按所承担的观测任务和作用分为国家基准气候站、国家基本气象站、国家一般气象站以及区域气象观测站。

国家基准气候站是根据国家气候区划以及全球气候观测系统的要求，为获取具有充分代表性的长期、连续资料而设置的气候观测站，是国家天气气候站网的骨干和基准点，以便研究中国长期的气候演变规律。每天进行24次定时观测（人工和自动），每小时上传一次地面气象观测资料。

国家基本气象站是根据全国气候分析和天气预报的需要而设置的地面气象观测站，大多担负区域或国家气象信息交换任务，是国家天气气候站网中的主体。每天定时进行8次人工观测，每小时上传一次自动站观测资料。

国家一般气象站主要是按省（区、市）行政区划设置的地面气象观测站，获取的观测资料主要用于本省（区、市）和当地的气象服务，是国家天气气候站网的补充。每天定时进行3次人工观测，每小时上传一次自动站观测资料。

区域气象观测站是为了满足不同部门特殊服务的需要，或用于天气气候站网的空间加密而设立的气象站，可以是人工观测站或无人气象观测站。观测项目和发报时次可根据需要而设定。

另外，近年来提出的国家气候观象台是开展长期、连续、基准和综合观测的气象观测站，并承担综合观测试验和科学研究任务。它的建设以具有较好区域气候观测代表性、准确性，观测环境得到长期保护的国家级气象观测站为目标。

第二节　观测场环境条件与基本要求

地面气象观测场必须符合观测技术上的要求。

(1)地面气象观测场是取得地面气象资料的主要场所,地点应设在能较好地反映当地较大范围的气象要素特点的地方,避免局部地形的影响。观测场四周必须空旷平坦,避免建在陡坡、洼地或附近有铁路、公路、工矿、烟囱、高大建筑物的地方,避开地方性雾、烟等大气污染严重的地方。地面气象观测场四周障碍物的影子应不会投射到日照等的观测仪器的受光面上,附近没有反射阳光强的物体。国家基准气候站周围的建筑物、树木和其他遮挡物边缘与基准气候站边缘的距离,必须为遮挡物高度的十倍以远。

(2)在城市或工矿区,观测场应选择在城市或工矿区最多风向的上风方。国家基准气候站周围的工程设施边缘与基准气候站边缘的距离,铁路路基必须为200m以远(电气化铁路路基为100m以远),公路路基必须为30m以远,水库等大型水体(最高水位时)必须为100m以远。

(3)地面气象观测场的周围环境应符合《中华人民共和国气象法》以及有关气象观测环境保护的法规、规章和规范性文件的要求。

(4)地面气象观测的环境必须依法进行保护。经省级气象局认定对观测环境有害的污染源,其边缘与国家基准气候站边缘的距离必须为300m以远。

(5)地面气象观测场周围观测环境发生变化后要进行详细记录。新建、迁移观测场或观测场四周的障碍物发生明显变化时,应测定四周各障碍物的方位角和高度角,绘制地平圈障碍物遮蔽图。

(6)在城市化发展的过程中,大量高楼大厦的兴建,对气象观测站周边的环境造成了"破坏"。气象观测站主要用来测风速、湿度和温度等数据,如果周围建了很多高层建筑,就会对风力和风速造成一定影响,而且还可能导致雷达出现探测盲区,这样一来观测站测得的数据就可能不够准确,进而影响到对未来天气情况的研判。对于一些现在还没办法解决的周围环境"破坏"问题,政府部门可以协调帮助气象观测站重新选址搬迁。

(7)无人值守气象站和机动气象观测站的环境条件可根据设站的目的来自行掌握。

第三节　观测场内仪器设施的布置

地面气象观测场基本的基建要求如下:

(1)观测场一般为25m×25m的平整场地;因条件限制,也可取16m(东西向)×20m(南北向),高山站、海岛站、无人站不受此限制;需要安装辐射仪器的台站,可将观测场南边缘向南扩展10m。

(2)要测定观测场的经纬度(精确到分)和海拔高度(精确到0.1m),其数据刻在观测场内固定标志上。

(3)观测场四周一般应设置约1.2m高的稀疏围栏,围栏不宜采用反光太强的材料。观测场围栏的门一般开在北面。场地应平整,保持有均匀草层(不长草的地区除外),草高不能超过 20cm。对草层的养护，不能对观测记录造成影响。场内不准种植作物。

(4)为保持观测场地自然状态，场内铺设 0.3～0.5m 宽的小路(不得用沥青铺面)，人员只准在小路上行走。有积雪时，除小路上的积雪可以清除外，应保护场地积雪的自然状态。

(5)根据场内仪器布设位置和线缆铺设需要，在小路下修建电缆沟(管)。电缆沟(管)应做到防水、防鼠，便于维护。

(6)观测场的防雷设施必须符合气象行业规定的防雷技术标准要求。

观测场内仪器设施的布置要注意互不影响，便于观测操作。具体要求如下：

(1)高的仪器安置在北面，低的仪器安置在南面。

(2)各仪器设施东西排列成行，南北布设成列，相互间东西间隔不小于 4m，南北间隔不小于 3m，仪器距观测场边缘护栏不小于 3m。

(3)仪器安置在西向小路南面，观测员应从北面接近仪器。

(4)观测仪器一般安装在观测场南面，观测仪器感应面不能受任何障碍物影响。

(5)有的观测仪器因条件限制不能安装在观测场内，如总辐射、直接辐射、散射辐射、日照以及风观测仪器可安装在天空条件符合要求的屋顶平台上，反射辐射和净全辐射观测仪器安装在符合条件的有代表性下垫面的地方。

(6)观测场内仪器的布置可参考图 1.1。

(7)仪器安装、维护和检查按要求进行。

(8)北回归线以南的地面气象观测站观测场内仪器设施可根据太阳位置的变化进行灵活布置，使观测员的观测活动尽量减少对观测记录代表性和准确性的影响。

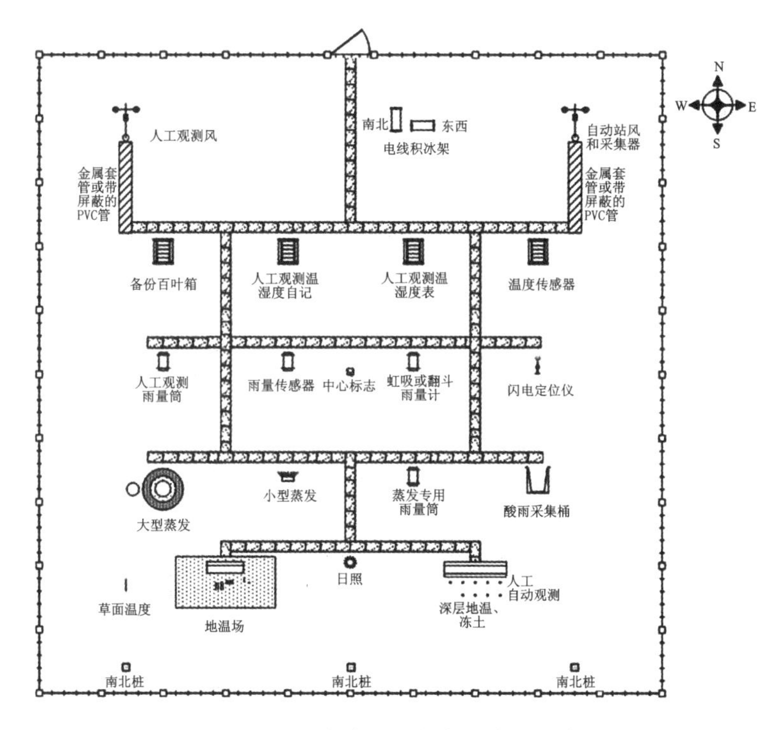

图 1.1　地面气象观测场仪器布设示意图

第二章　基础气象要素的观测

基础气象要素观测包括常规气象观测六要素(温度、气压、湿度、风向、风速与降水)以及蒸发、日照与云等。这些基础气象要素观测主要用于气象、水文、农林、航空、海洋以及科考等领域。

第一节　温　度

一、概述

空气温度(简称气温,下同)是表示空气冷热程度的物理量。天气预报中所说的气温,是在观测场中离地面1.5m高的百叶箱中的温度表上测得的。由于温度表保持了良好的通风性并避免了阳光直接照射,因而具有较好的代表性。气温的差异是造成自然景观和我们生存环境差异的主要因素之一,与我们的生活密切相关。

气温记录可以表征一个地方的热状况特征,无论在理论研究上,还是在国防、经济建设的应用上都是不可缺少的。气温是地面气象观测中所要测定的常规要素之一。气温有定时气温,基本站每日观测4次,分别为02时、08时、14时、20时4个时次;部分测站根据实际情况,一天观测3次,分别为08时、14时、20时3个时次。基准站每日观测24次。通常人们用大气温度数值的大小反映大气的冷热程度。我国用摄氏度(℃)表示,取1位小数。

测温仪器的原理是温度变化会引起物体本身的物理特征与几何形状的改变。正是利用物质这一特性,确定它与温度间的数量关系,就可以作为测温仪器的感应部分,制成各种各样的温度表。常用的温度表有以水银或酒精为感应液的玻璃液体温度表,还有以自记温度计的双金属片作为温度感应部分而制作的温度表。

水银和酒精都具有比较明显的热胀冷缩特性。水银与酒精相比,具有导热快、比热容小、易提纯、沸点(356.9℃)高、蒸气压小,不与玻璃发生浸润作用等优点,所以用水银感应液的温度表灵敏度和精确度都较高。但是由于水银冰点(−38.9℃)比酒精高,测定低温不适宜,而酒精冰点(−117.3℃)低,用来测定低温比较好。但酒精本身具有膨胀系数不够稳定、纯度较差、容易蒸发,以及与玻璃起浸润作用等缺点,所以一般情况下,不使用酒精温度表,只有在气温低于−36℃时,才按照《地面气象观测规范　空气温度和湿度》(GB/T 35226—2017)规定使用酒精温度表。因此,除了最低温度表用酒精作为感应液外,一般温度表多用水银。

二、实验要求

本次实验需完成实验报告一份,围绕以下几个方面展开。

(1)实验目的:描述为什么要开展气温的观测工作。

(2)实验内容及要求:根据老师课堂上对干湿球温度表、最高温度表、最低温度表等仪器的演示操作,学生熟悉各仪器的操作流程以及注意事项。以小组为单位,小组成员间讨论协作完成课堂上观测周期为30min/次的实验室气温、最高温度和最低温度的读数工作。

(3)实验原理:描述温度观测仪器的工作原理。

(4)使用仪器、材料:干湿球温度表、最高温度表、最低温度表。

(5)实验报告:每位同学记录小组协作下的干湿球温度表、最高温度表和最低温度表的读数,并且写明观测时间和观测的步骤。

三、百叶箱

百叶箱是安装温、湿度测量仪器时使用的保护设备。它的内外部分应为白色(图2.1)。百叶箱的作用是防止太阳对仪器的直接辐射和地面对仪器的反射辐射,保护仪器免受强风、雨、雪等的影响,并使仪器感应部分有适当的通风,能真实地感应外界气温和湿度的变化。

图2.1　百叶箱

1. 结构

百叶箱通常由木质和玻璃钢两种材料组成。箱壁两排叶片与水平面的夹角约为45°,呈"人"字形;箱底为中间一块稍高的三块平板;箱顶为两层平板,上层稍向后倾斜。

木质百叶箱分为大、小两种:小百叶箱内部高537mm,宽460mm,深290mm,用于安装干湿球温度表、最高(低)温度表、毛发湿度表;大百叶箱内部高612mm,宽460mm,深460mm,用于安装自记式温度计、湿度计或电阻温度传感器和湿敏电容湿度传感器。玻璃钢百叶箱内部高615mm,宽470mm,深465mm,用于安装各种温、湿度测量仪器。

2. 安装

百叶箱应水平固定在一个特制的支架上。支架应牢固地固定在地面或埋入地下,顶端约高出地面125mm。埋入地下的部分要涂防腐油。支架可用木材、角铁和玻璃钢制成,也可用带底盘的钢制柱体制成。多风的地方,须在每个角拉上钢丝纤绳。箱门朝正北方向。

3. 维护

百叶箱要保持白木质,视具体情况每1～3年重新刷1次油漆;内外箱壁每月至少定期擦洗1次。寒冷季节可用干毛刷擦拭干净。清洗百叶箱的时间以晴天上午为宜。在进行箱内清洗之前,应将仪器全部放入备份百叶箱内;清洗完毕,待百叶箱干燥之后,再将仪器放回。清洗百叶箱不能影响观测和记录。

安装自动站传感器的百叶箱不能用水洗,只能用湿布擦拭或毛刷刷拭。百叶箱内的温、湿度传感器也不得移出箱外。

冬季在巡视观测场时,要小心地用毛刷把百叶箱顶箱内和壁中的雪与雾扫除干净。百叶箱内不得存放多余的物品。

在人工观测中,箱内靠近箱门处的顶板上,可安装照明用的电灯(不得超过25W),读数时打开,观测后随即关闭,以免影响温度;也可以用手电筒照明。

4. 防辐射罩

为了便于野外考察,可以使用简易的防辐射罩。它的上面为伞形,中间有多层环片,下面为防辐射板,温、湿度传感器置于防辐射罩的中部。

四、干湿球温度表

干湿球温度表是用于测定空气的温度和湿度的仪器。它由两支型号完全一样的温度表组成,气温由干球温度表测定,湿度根据热力学原理由干球温度表与湿球温度表的温度差值计算得出。干湿球温度表是根据水银热胀冷缩的特性制成的,分感应球部、毛细管、刻度磁板、外套管4个部分。

1. 安装

在小百叶箱的底板中心,安装一个温度表支架,干湿球温度表垂直挂在支架两侧的环内,球部向下,干球在东,湿球在西,球部中心距地面1.5m高。湿球温度表球部包扎一条纱布,纱布的下部浸到带盖的水杯内(图2.2)。杯口距湿球球部约3cm,杯中盛蒸馏水(只允许用医用蒸馏水),供湿润湿球纱布用。

湿球包扎纱布时,要把湿球温度表从百叶箱内拿出,先把手洗干净,再用清洁的水将温度表的感应部分洗净,然后将长约10cm的新布在水中浸湿,使上端服帖无皱折地包卷在感应部分上;包好后,用线把高出感应部分上面的纱布扎紧,再把感应部分下面的纱布袋靠着球都扎好,不要扎得过紧,并剪掉多余的纱线。

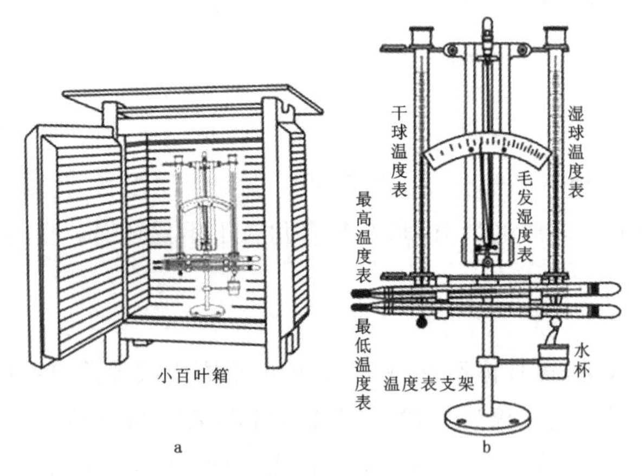

图2.2 干湿球温度表的展示(a)和结构(b)示意图

2. 观测和记录

按干球温度表、湿球温度表、最低温度表酒精柱、毛发湿度表、最高温度表、最低温度表游标的次序读数，调整最高、最低温度表，温度计和湿度计读数并作时间记号。

各种温度表读数要精确到0.1℃。温度在0℃以下时，应加负号（“－”）。读数记入观测簿相应栏内，并按所附检定证进行器差订正。如示度超过检定证范围，则以该检定证所列的最高（或最低）温度值的订正值进行订正。

温度表读数时应注意：

(1)观测时必须保持视线和水银柱顶端持平，以避免视差。

(2)读数动作要迅速，力求敏捷，不要对着温度表呼吸，尽量缩短停留时间，并且勿使头、手和灯接近球部，以免影响温度示度。

(3)注意复读，以免发生误读。

当湿球纱布冻结后，应及时从室内带一杯蒸馏水对湿球纱布进行融融冰，待纱布变软后，在球下部2～3mm处剪断，然后把湿球温度表下的水杯从百叶箱内取走，以防水杯冻裂。

气温在－10.0℃或以上湿球纱布结冰时，观测前须进行湿球融冰。融冰用的水温不可过高，相当于室内温度，能将湿球冰层溶化即可。将湿球球部浸入水杯中把纱布充分浸透，使冰层完全溶化。从湿球温度示值的变化情况可判断冰层是否完全溶化，如果示值很快上升到0℃，稍停一会儿再向上升，就表示冰已溶化。然后把水杯移开，用杯沿将聚集在纱布头的水滴除去。

把握好融冰时间是很重要的，可参照下述情况灵活掌握：

当风速适中时，在观测前30min左右进行；当湿度很小、风速很大时，在观测前20min以内进行；当湿度很大、风速很小时，在观测前50min左右进行。

若每小时进行一次温、湿度观测，在冬季里湿度大、风速小的情况下，由于冰面蒸发很小，融冰一次，可进行几次观测，不必1h融冰一次，否则容易造成湿球示值不稳定。具体可多长时间融冰一次，由各站根据天气情况具体掌握，但站内应当统一。

读取干湿球温度表的示值时，先检查湿球示值是否稳定，达到稳定不变时才能进行读数和记录。在记录后，用铅笔侧棱试试纱布软硬，了解湿球纱布是否冻结。如已冻结，应在湿球读数右上角记录结冰符号“B”；如未冻结则不记。若湿球示值不稳定，不论是从零点下上升到零点，还是从零点继续下降，都说明是融冰不恰当，湿球不读数，只记录干球温度。若在定时观测正点前湿球温度能够稳定，则需补测干、湿球温度值，并用此值作为气温和湿度的正式记录；若定时观测正点前湿球温度仍不能稳定，则相对湿度改用毛发湿度表或湿度计测定（须按规定相应订正），水汽压、露点温度用干球温度和相对湿度计算得到；如无毛发湿度表或按规定冬季不需要编制订正图的气象站，应在正点后补测干、湿球温度，记在观测簿该栏上面空白处，只作计算湿度用，这次湿球温度不抄入观测簿（该栏记“—”），而温度的正式记录仍以第一次干球温度为准。

气温在－10.0℃以下时，停止观测湿球温度，改用毛发湿度表或湿度计测定湿度。但在冬季间只有几次气温低于－10.0℃的地区，仍可用干湿球温度表进行观测。

气温在－36.0℃以下，接近水银凝固点（－38.9℃）时，改用酒精温度表观测气温。酒精温度表应按干球温度表的安装要求事先悬挂在干球温度表旁边。如果没有备用的酒精温度表，则可用最低温度表酒精柱的示值来测定气温。

在非结冰季节湿度很大或有雾时，湿球温度偶有略高于干球温度的现象（指经仪器差订正后的数值),这时湿球温度应作为与干球温度相同,进行湿度计算。

五、最高温度表

最高温度表的构造与一般温度表不同,它的感应部分内有一玻璃针,伸入毛细管,使感应部分和毛细管之间形成一窄道(图 2.3)。当温度升高时,感应部分的水银体积膨胀,挤入毛细管;而温度下降时,毛细管内的水银由于通道窄不能缩回到感应部分,因而能指示出上次调整后这段时间内的最高温度。

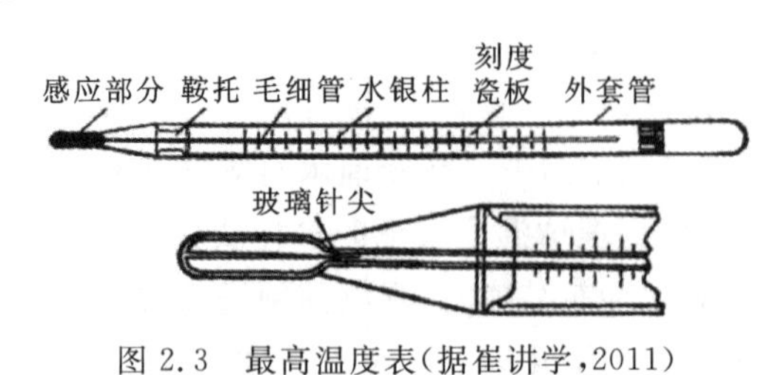

图 2.3 最高温度表(据崔讲学,2011)

1. 安装

最高温度表安置在温度表支架下横梁的上面一对弧形钩上,感应部分向东并向下倾斜。高出干湿球温度表球体 3cm。

2. 观测和调整

最高温度表每天 20 时观测一次,读数记入观测簿相应栏中,观测后进行调整。编发天气报告或加密天气报告的气象站,在规定的时次进行补充观测,观测后也必须进行调整。

观测最高温度表时,应注意温度表的水银柱有无上滑脱离窄道的现象。若有上滑现象,应稍稍抬起温度表的顶端,使水银柱回到正常的位置,然后再读数。在观测中发现最高温度表水银柱在窄道处断开时,应稍稍抬起温度表的顶端使其连接在一起。若不能恢复,则减去断柱的数值作为读数,并及时进行修复或更换。有关情况要在观测簿的备注栏注明。气温在 −36.0℃以下时,停止最高温度表的观测,记录从缺,并在观测簿的备注栏注明。

观测后进行调整,用手握住表身,感应部分向下,臂向外伸出约 30°,用大臂将表前后甩动,甩动方向与刻度面板平行,毛细管内水银就可以下落到感应部分,使示值接近于当时的干球温度。调整时,动作应迅速,尽量避免阳光照射,也不能用手接触感应部分。不要甩动到使感应部分向上的程度,以免水银柱滑上又甩下,撞坏窄道。调整后,把表放回到原来的位置上,先放感应部分,后放表身。

3. 维护

维护方法请参照干球温度表。在温度下降时,最高温度表的水银柱有时也会回缩到感应部分,遇到这种情况,应立即换用备份表,报废该故障表。

六、最低温度表

最低温度表的感应液是酒精,它的毛细管内有一哑铃形游标。当温度下降时,酒精柱便相应下降，由于酒精柱顶端表面张力作用，带动游标下降；当温度上升时，酒精膨胀，酒精柱经过游标周围慢慢上升，而游标仍停在原来位置上（图 2.4）。因此它能指示上次调整以来这段时间内的最低温度。

1. 安装

最低温度表水平安装在温度表支架下横梁的下面一对弧形钩上，感应部分向东，低于最高温度表 1cm。

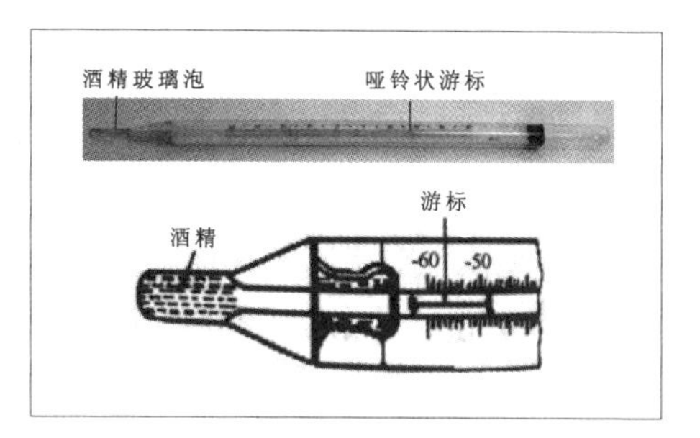

图 2.4　最低温度表

2. 观测和调整

每天在 20 时观测一次，读数记入观测簿相应栏中，观测后调整温度表。编发天气报告或加密天气报告的气象站，按电码规定进行补充观测，观测后也必须进行调整。

观测最低温度示度时，视线应平直地对准游标离感应部分的远端为宜。观察酒精柱示值时，视线应平直地对准酒精顶端凹面中点（凹面最低点）的位置。

当在观测读数发现最低温度表（包括地面最低温度表）酒精柱中断时，最低温度记录作缺测处理，并在观测簿的备注栏注明“该表须及时修复或更换”。

每次观测完毕后，对最低温度表的调整只需抬高温度表的感应部分，表身倾斜，使游标回到酒精柱的顶端。

在每月的 1—5 日 20 时应读取最低温度表酒精柱的示值与干球温度表的示值，用经器差订正后的干球温度值减去经器差订正后的最低温度表酒精柱数值，并计算这 5d 的平均差值。如果平均差值小于 0.5℃时，该最低温度表可以使用，以后的读数也不进行补充订正。若平均差值大于 0.5℃时，应撤换最低温度表，并将平均差值订正到这 5d 的逐日最低温度值上。凡中途换用了最低温度表，在换用后的前 5d 内，也应参照上述规定进行最低温度表的对比观测。

3. 维护

在移运和存放最低温度表时，最好将表身直立放置，感应部分向下，并避免高温及震动，以免酒精蒸发或酒精柱中断。

有时由于搬运或调整不当，或者毛细管内一部分酒精被蒸发后凝结于管顶，或者因为毛细管内酒精柱上端有残留气体，使酒精柱分离成几段，这些故障可用甩动、加热、撞击等方法将其修复，或直接报废。

七、自记温度计

自记温度计是自动记录气温连续变化的仪器，它由感应部分（双金属片）、传递放大部分（杠杆）、自记部分（自记钟、纸、笔）组成（图 2.5）。

图 2.5　自记温度计(据崔讲学,2011)

自记温度计的感应部分为双金属片,它由膨胀系数不同的两片金属铆压在一起,上片为黄铜,下片为殷钢(铁镍合金)。当温度发生变化时,双金属片的膨胀量就会发生变化,即产生位移。但是金属片位移很小,还须依靠杠杆系统来传递和放大位移。

自记温度计的自记部分有自记钟、自记纸、自记笔。自记钟为圆筒形,内装有类似普通钟的钟机,分日转和周转两种;自记纸压在自记钟外的压纸钢条下,上面有事先统一印刷好的时间及其他刻度;自记笔尖内可以盛有挥发性很小的特制墨水(周淑贞,1997)。

1. 安装

温度计应稳固地安装在大百叶箱中下面架子上,底座保持水平,感应部分中部离地1.5m。

2. 观测和记录

读取自记仪器的数据一般要经过 3 个步骤:

一是读取自记纸上的温度值(包括定时气温、逐时气温、最高气温和最低气温)。

(1)定时气温的读取。根据自记笔迹线与 02 时、08 时、14 时和 20 时的交点,读出定时气温数值。

(2)逐时气温的读取。根据自记笔迹线与每小时交点的读数,读出逐时气温数据。

(3)最高(最低)气温的读取。根据自记笔迹线最大(最小)转折点与时间线的交点,读出那一时刻的最高(最低)气温值,例如,A 点是某日最高气温点,C 点是最低气温点,A、C 两点所对应的时间线就是最高和最低气温出现的时间。B 点是第二天的最低气温点,因为 A、B 两点跨越了 20 时的日界线,时间数字上方的标记“▽”对应的时间就是日界时间。

二是器差订正。温度表和温度计量测的气温可能不一致,这种不一致完全是由仪器不同导致的,为了统一这两种仪器量测出的气温值,要进行器差订正。

从自记温度计中读出的任何数据都要进行器差订正,其订正方法是先求出任意两个定时自记值的器差值(用实测值减相应的自记值),然后用两个定时自记值的器差值从《气象常用表》(第二号)第十三表(“自记记录订正时各时变差分配表”)中查得各正点器差分配数,并计算出各正点的正确值。将每一正点时的气温以及最高、最低气温用器差订正得出正确的自记气温。

三是将读出的气温数据记录到相应的观测簿或月报表中。

经器差订正后的 4 个定时自记气温值要填写到气象观测簿“空气温湿度”中温度计一栏,将逐时自记气温值填写到“气温自记记录月报表”中。

3. 维护

在严寒时,由于室外气温较低,自记钟会发生停摆现象,这常是由润滑油在轴上冻凝所致。遇到这种情况，应换用备份自记钟将停摆的自记钟进行消洗，并在轴和轴孔里加抗凝的钟表油。如气象站无备份自记钟，可将自记钟拿回室内，盖住钟筒的上下孔(以免机件蒙上水汽)，等自记钟接近室温后，将孔打开，在轴和轴孔里放一滴汽油，使机件滑润后恢复走动。但以后必须对这一自记钟进行清洗，以免机件生锈。当记录值与实测值相比较，误差超过 1.0℃时，应及时调整仪器笔位(姜世中，2020)。

八、温度传感器

温度传感器是指能感受温度并转换成可用输出信号的传感器。温度传感器是温度测量仪表的核心部分，品种繁多。按照传感器材料及电子元件特性分为热电偶和热敏电阻两类。

1. 热电偶传感器

热电偶是温度测量中最常用的温度传感器。它的主要好处是宽温度范围和适应各种大气环境，而且结实，无需供电，价格也是最便宜的。热电偶由在一端连接的两条不同金属线(金属 A 和金属 B)构成，当热电偶一端受热时，热电偶电路中就有电势差，可用测量的电势差来计算温度。

电压和温度间是非线性关系，因此需要为参考温度(T_{ref})进行第二次测量，并利用测试设备软件或硬件在仪器内部处理电压-温度变换，以最终获得热偶温度(T_x)。Agilent 34970A 和Agilent 34980A 数据采集器均有内置的具有测量运算能力的元件。简而言之，热电偶是最简单和最通用的温度传感器，但它并不适合高精度的测量和应用。

2. 热敏电阻传感器

热敏电阻是用半导体材料制成的，大多为负温度系数，即阻值随温度增加而降低。温度变化会造成大的阻值改变，因此它是最灵敏的温度传感器。但热敏电阻的线性度极差，并且与生产工艺有很大关系。制造商给不出标准化的热敏电阻曲线。热敏电阻体积非常小，对温度变化的响应也快。但热敏电阻需要使用电流源，小尺寸也使它对自热误差极为敏感。

热敏电阻在两条线上测量的是绝对温度，有较好的精度，但它比热电偶昂贵，可测温度范围也小于热电偶。它非常适合需要进行快速和灵敏温度测量的电流控制应用。尺寸小，对于有空间要求的应用是有利的，但必须注意防止自热误差。

热敏电阻还有其自身的测量技巧。热敏电阻体积小是优点，它能很快稳定，不会造成热负载。不过它也因此很不结实，大电流会造成自热。由于热敏电阻是一种电阻性器件，任何电流源都会在其上因功率而造成发热，因此要使用小的电流源。如果热敏电阻暴露在高热中，将导致永久性的损坏。

第二节 气 压

一、概述

气压是作用在单位面积上的大气压力，即等于单位面积上向上延伸到大气上界的垂直空气柱的重量。气压以百帕(hPa)为单位,取1位小数。

人工观测时,定时观测要计算本站气压,编发天气报告时还需计算海平面气压。测定气压主要用动槽式水银气压表和定(静)槽式水银气压表。配有气压计的,应进行气压连续记录,并挑选气压的日极值(最高、最低)。

自动观测时,测定气压的仪器用电测气压传感器,可以自动测定本站气压、挑选本站气压的日极值(最高、最低)、计算海平面气压。

二、实验要求

本次实验需完成实验报告一份,围绕以下几点。

(1)实验目的:描述为什么要开展气压的观测工作。

(2)实验内容及要求:根据老师课堂上对动槽式气压表、静槽式气压表以及空盒气压表等仪器的演示操作,熟悉各仪器的操作流程以及注意事项。以小组为单位,小组成员间讨论协作完成课堂上对实验室气压的观测工作。

(3)实验原理:描述气压观测仪器的工作原理。

(4)使用仪器、材料:动槽式气压表、定(静)槽式气压表、空盒气压表。

(5)实验报告:每位同学将小组协作下的对动槽式气压表、静槽式气压表以及空盒气压表读数进行记录,并且写明观测时间和观测的步骤。

三、动槽式水银气压表

气象站常用的仪器有动槽式水银气压表和定(静)槽式水银气压表两种。它是利用作用在水银面上的大气压强和与其相通、顶端封闭且抽成真空的玻璃管中的水银柱对水银面产生的压强相平衡的原理而制成的。

1.基本构造

动槽式(又名福丁式)水银气压表由内管、外套管与水银槽三部分组成(图2.6)。在水银槽的上部有一个象牙针,针尖位置即为刻度标尺的零点。每次观测必须按要求将槽内水银面调至象牙针针尖的位置上。

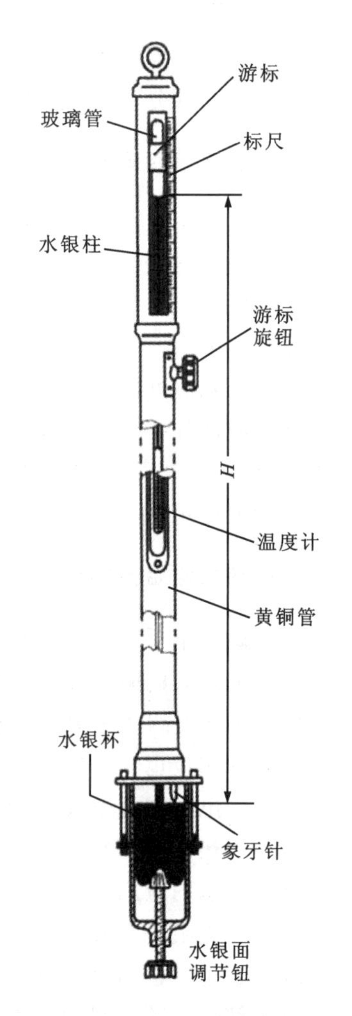

图2.6 动槽式水银气压表
(据崔讲学,2011)

内管是一根直径为8mm,长约1m的玻璃管。玻璃管洗净并抽成真空后,用纯净和干燥的水银灌满,就成为水银气压表的内管。内管装在气压表外部的套管中,用数个软木圈支撑,开口的一端插在盛满水银的槽里。

套管用黄铜制成,管的上半部前后都开有长方形窗孔,用来观测内管中水银柱的高低。窗孔边上有标尺和游标,用来测定气压值的整数和小数部分。套管下部装有一支附属温度表,其球部在内管与套管之间,用来测定水银及黄铜管的温度。套管的下端与水银槽连接。

水银槽分为上、下两部分，中间有一玻璃圈可以看见槽内水银面。槽的上部有由很软的羊皮制成的皮囊，其特性是能通空气而不漏水银。皮囊的一头牢固紧扎在玻璃内管上，木杯中央凸出呈圆筒形，内管即通过此木杯而伸入槽内。用来指示刻度零点的象牙针固定在木杯的平面上，尖端向下。槽的下部有一皮囊，呈圆袋状，袋口扎在一硬木制的木杯下部，此木杯分成上、下两截，以螺旋紧连着，上、下木杯的外面有一用以调节水银面的调整螺旋，螺旋的顶部有一小木托顶住下皮囊以免皮囊磨损。

2. 安装与移运

气压表应安装在温度少变、光线充足、既通风又无太大空气流动的气压室内。气压表应牢固、垂直地悬挂在墙壁、水泥柱或坚固的木柱上，切勿安装在热源（暖气管、火炉）和门窗、空调器旁边以及阳光直接照射的地方。气压室内不得堆放杂物。

安装前，应将挂板牢固地固定在准备悬挂气压表的地方，再小心地从木盒（皮套）中取出气压表，槽部向上，稍稍拧紧槽底调整螺旋 1～2 圈，慢慢地将气压表倒转过来，使表直立，槽部在下。然后先将槽的下端插入挂板的固定环里，再把表顶悬环套入挂钩中，使气压表自然下垂后，慢慢旋紧固定环上的 3 个螺丝（注意不能改变气压表的自然垂直状态），将气压表固定。最后旋转槽底调整螺旋，使槽内水银面下降到比象牙针针尖稍低的位置为止。安装后要稳定 4h，方能观测使用。

移运气压表的步骤与安装相反。先旋动槽底调整螺旋，使内管中水银柱恰好达到外套管窗孔的顶部为止，切勿旋转过度。然后松开固定环的螺丝，将表从挂钩上取下，两手分持表身的上部和下部，徐徐倾斜 45°左右，就可以听到水银与管顶的轻击声音（如声音清脆，则表明内管真空性良好；若声音混杂，则表明内管真空性不良），继续缓慢地倒转气压表，使之完全倒立，槽部在上。将气压表装入特制的木盒（皮套）内，旋松调整螺旋 1～2 圈（使水银有膨胀的余地）。在运输过程中，始终要按木盒（皮套）箭头所示的方向，使气压表槽部在上进行移运，并防止震动。

3. 观测和记录

（1）观测附属温度表（简称“附温表”），读数精确到 0.1℃。当温度低于附温表最低刻度时，应在紧贴气压表外套管壁旁，另挂一支有更低刻度的温度表作为附温表，进行读数。

（2）调整水银槽内水银面，使之与象牙针针尖恰好相接。调整时，旋动槽底调整螺旋，使槽内水银面自下而上地升高，动作要轻而慢，直到象牙针针尖与水银面恰好相接（水银面上既无小涡，也无空隙）为止。如果出现了小涡，则须重新进行调整，直至达到要求为止。

（3）调整游标与读数。先使游标稍高于水银柱顶，并使视线与游标环的前后下缘在同一水平线上，再慢慢下降游标，直到游标环的前后下缘与水银柱凸面顶点刚刚相切。此时，通过游标下缘零点线所对标尺的刻度即可读出气压值的整数部分。再从游标刻度线上找出一根与标尺上某一刻度相吻合的刻度线，则游尺上这根刻度线的数字就是气压值的小数部分。

（4）读数复验后，降下水银面。旋转槽底调整螺旋，使水银面离开象牙针尖 2～3mm。

观测时如果光线不足，可用手电筒或加遮光罩的电灯（15～40W）照明。采光时，灯光要从气压表侧后方照亮气压表挂板上的自磁板，而不能直接照在水银柱顶或象牙针上，以免影响调整的正确性。

4. 维护

应经常保持气压表的清洁。动槽式水银气压表槽内水银面产生氧化物时,应及时清除。对有"过滤板"装置的气压表,可以慢慢旋松槽底调整螺旋,使水银面缓缓下降到"过滤板"之下(动作要轻缓,使水银面刚好流入板下为止,切忌再向下降,以免内管逸入空气),然后再逐渐旋紧槽底调整螺旋,使水银面升高至象牙针附近。用此方法重复几次,直到水银面洁净为止。无"过滤板"装置的气压表,若水银面严重氧化时,应报请上级业务主管部门处理。

气压表必须垂直悬挂,应定期用铅垂线在相互成直角的两个方向上检查校正。气压表水银柱凸面突然变平并不再恢复,或其示值显著不正常时,应报请上级业务主管部门处理。

四、定(静)槽式水银气压表

1. 基本构造

定(静)槽式(又名寇乌式)水银气压表的构造与动槽式水银气压表大体相同,也分为内管、外套管、水银槽3个部分(图2.7)。它所不同的是刻度尺零点位置不固定,槽部无水银面调整装置。因此采用补偿标尺刻度的办法,以解决零点位置的变动。

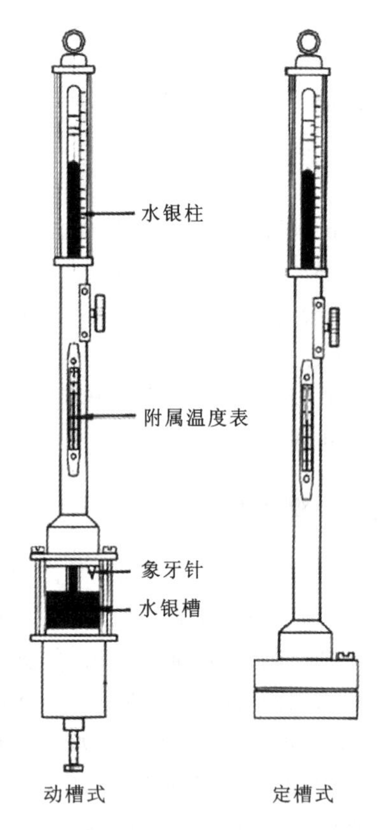

图2.7 动槽式(左)与定槽式(右)水银气压表

2. 安装与移运

安装要求与动槽式水银气压表基本相同。不同点是,当气压表倒转挂好后,定(静)槽式水银气压表要拧松水银槽部上的气孔螺丝,表身应处在自然垂直状态,槽部不必固定。当需要移运时,先将气孔螺丝拧紧,然后从挂钩上取下气压表,将气压表绕自身轴线缓缓旋转,同时徐徐倒转使槽部在上,装入皮套内。运输过程中的要求同动槽式水银气压表。

3. 观测与记录

观测附温表。用手指轻击表身(轻击部位以刻度标尺下部、附温表上部之间为宜)。调整游标与水银柱顶相切。读数并记录。

4. 维护

定(静)槽式水银气压表的水银是定量的,所以要防止漏失水银。其余参照动槽式水银气压表的维护方法。

五、自记气压计

自记气压计是自动、连续记录气压变化的仪器。它由感应部分(金属弹性膜盒组)、传递放大部分(两组杠杆)和自记部分(自记钟、笔、纸) 组成(图 2.8)。由于精度所限,自记气压计记录必须与水银气压表测得的本站气压值比较,进行差值订正,方可使用。

1. 安装

气压计应稳固地安放在水银气压表附近的台架上,仪器底座要求水平,距地高度以便于观测为宜。

图 2.8　自记气压计

2. 观测和记录

每天在 02 时、08 时、14 时、20 时 4 次(一般站 08 时、14 时、20 时 3 次)定时观测,在水银气压表观测完后,读气压计,将读数记入观测簿相应栏中,并作时间记号。作时间记号的方法:轻轻地按动一下仪器右壁外侧的记时按钮,使自记笔尖在自记纸上画一短垂线(无记时按钮的仪器须掀开仪器盒盖,轻抬自记笔杆使其作一记号)。

3. 更换自记纸

日转仪器每天换纸,周转仪器每周换纸一次。换纸步骤如下:

(1)作记录终止的记号(方法同定时观测作时间记号)。

(2)掀开盒盖,拨开笔挡,取下自记钟 (也可不取下),在自记迹线终端上角记下记录终止时间。

(3)松开压纸条,取下自记纸,上好钟机发条(视自记钟的具体情况每周 2 次或 5 天 1 次,切忌上得过紧),换上填写好站名、日期的新纸。上纸时,要求自记纸卷紧在钟筒上,两端的刻度线要对齐,底边紧靠钟筒凸出的下缘,并注意勿使压纸条挡住有效记录的起止时间线。

(4)在自记迹线开始记录一端的上角,写上记录开始时间,按逆时针方向旋转自记钟筒(以消除大小齿轮间的空隙),使笔尖对准记录开始的时间,拨回笔挡并作一时间记号。

(5)盖好仪器的盒盖。

4. 自记记录的订正

在换下的自记纸上,将定时观测的实测值和自记读数分别填在相应的时间线上。气压自记记录以时间记号作为正点。日最高、最低值的挑选和订正的具体步骤和注意事项如下:

(1)从自记迹线中找出一日(前一日 20 时—当日 20 时)中最高(最低)处,标一箭头,读出自记数值并进行订正。订正方法:根据自记迹线最高(最低)点两边相邻的定时观测记录所计算的仪器差,用内插法求出各正点的器差值,然后取距该处最高(最低)点都近的那个正点的器差值进行订正(如恰在两正点中间,则用后一正点的器差值),即得该日最高(最低)值。

在基准站,极值应采用邻近正点(24 次定时)的实测值进行器差订正,当极值出现在两正点中间时,采用后一正点的器差订正值。

(2)按上述订正后的最高(最低)值,如果比同日定时观测实测值还高(低)时,则直接挑选该次定时实测值作为最高(最低)值。

(3)仪器因摩擦等原因,自记迹线在作时间记号后,笔尖未能回到原来位置,当记号前后两处读数大于或等于 0.3hPa(温度大于或等于 0.3℃,相对湿度大于或等于 3%)时,称为跳跃式变化。在订正极值时,器差应按跳跃前后的读数分别计算。

5. 维护

(1)经常保持仪器清洁。感应部分有灰尘时,应用干洁毛笔清扫。当发现记录迹线出现“间断”或“阶梯”现象时,应及时检查自记笔尖对自记纸的压力是否适当。检查方法:把仪器向自记笔杆的一面倾斜 30°～40°,如果笔尖稍稍离开钟筒,则说明笔尖对纸的压力是适宜的;如果笔尖不离开钟筒,则说明笔尖对纸的压力过大;若稍有倾斜,笔尖即离开钟筒,则说明笔尖压力过小。此时,应调节笔杆根部的螺丝或改变笔杆架子的倾斜度,直到适合为止。如经上述调整仍不能纠正时,则应清洗、调整各个轴承和连接部分。

(2)注意自记值同实测值的比较,误差超过 1.5hPa 时,应调整仪器笔位。如果自记纸上标定的坐标示值不恰当,应按本站出现的气压范围适当修改坐标示值。

(3)笔尖须及时添加墨水,但不要过满,以免墨水溢出。如果笔尖出水不顺畅或画线粗涩,应用光滑坚韧的薄纸疏通笔缝;疏通无效,应更换笔尖。新笔尖应先用酒精擦拭,再上墨水。更换笔尖时应注意自记笔杆(包括笔尖)的长度必须与原来的等长。

(4)周转型自记钟一周快慢超过 0.5h,日转型自记钟一天快慢超过 10min,应调整自记钟的快慢针。自记钟使用到一定期限(1 年左右),应清洗加油。

6. 自记纸的整理保存

(1)每月应将气压自记纸(同其他仪器的自记纸),按日序排列装订成册(一律装订口在左端),外加封面。

(2)在封面上写明气象站名称、地点、记录项目和记录起止的年、月、日、时。

(3)每年按月序排列,用纸包扎并注明气象站名称、地点、记录项目及起止年、月、日。

(4)妥善保管,勿使其潮湿、虫蚀、污损(周淑贞,1997)。

六、空盒气压计

空盒气压表是用金属膜盒作为感应元件的气压表,盒内近于真空。利用弹性应力与大气压力相平衡的原理,以它形变的位移测定气压。它的优点是便于携带和安装(图 2.9)。但由于金属膜片的弹性系数随温度变化,须采取温度补偿措施;空盒形变存在弹性滞后,在一定的气压范围内,升压和降压的形变曲线不重合。上述两个因素使空盒气压表的测量精度低于水银气压表。空盒气压计应用空盒气压表的原理制成,它是一种能自动记录的气压表。

1. 工作原理

图 2.9　空盒气压计

空盒气压计以随大气压变化而产生轴向移动的真空膜盒作感应元件，通过拉杆和传动机构带动指针，指示出当时当地的大气压强值，或与之相连通的密闭容器的气体的压强值。它的具体工作过程：当大气压强（或密闭容器内气体压强）增加时，真空膜盒被压缩，带动传动机构使指针顺时针偏转一定角度，气压计读数增大；当大气压强（或密闭容器内气体压强）减小时，真空膜盒就膨胀，带动传动机构使指针逆时针偏转一定角度，气压计读数减小。

2. 使用方法

空盒气压计的主要部件是一个金属真空盒，用皱纹薄片密封。当空气的绝对静压发生变化时，薄片随即向上或向下弯曲，用齿轮和杠杆的机械传动作用，把这种弯曲变化量转变为指针在刻度盘上的转动量，从刻度盘上读出气压的数值（单位为 hPa）。背面外壳上有一小孔，内装一个调整螺旋。用小卡子转动该螺旋，就能调整指针的位置。

使用前须用水银气压计进行校正，即转动空盒气压计的调整螺旋使指针所指的读数和水银气压计的读数一致。测量风流方向中某点的绝对静压时，须使空盒气压计的刻度盘平行于风流的方向。因指针转动比较迟缓，读数之前，用手指轻击几下仪器，待指针稳定后再读取读数，又因真空盒的薄片有一定的弯曲极限，所以读数有一定的范围，一般在 0.05～1.05MPa 之间。在较深的矿井内，有可能超出其最大读数范围，这时指针停在最大读数的位置，不再转动。

七、电测气压传感器

电测气压传感器是将大气压力的变化转换成电信号的变化，再经过电子测量电路对电信号进行测量和处理而获得气压值。常用的电测气压传感器有振筒式气压传感器和膜盒式电容气压传感器。

1. 振筒式气压传感器

该传感器由两个一端密封的同轴圆筒组成。内筒为振动筒，其弹性模数的温度系数很小。外筒为保护筒。两个筒的一端固定在公共基座上，另一端为自由端。线圈架安装在基座上，位于筒的中央。

线圈架上相互垂直地装有两个线圈，其中激振线圈用于激励内筒振动，拾振线圈用来检测内筒的振动频率。两筒之间的空间被排成真空，作为绝对压力标准。内筒与被测气体相遇，于是筒壁被作用在筒内表面的压力张紧，这一张力使筒的固有频率随压力的增加而增加，测出其频率即可算出本站气压。

振筒式气压传感器及其组件安装在采集器内。感应部位与台站水银气压表的感应部位高度一致，如果无法调整到一致，则要重新测定海拔高度。安装或更换传感器时应在切断电源的条件下进行。气压传感器应避免阳光的直接照射和风的直接吹拂。应定期检查通气孔，及时更换干燥剂。

2. 膜盒式电容气压传感器

膜盒式电容气压传感器的感应元件为空膜盒。当大气压力产生变化时，使空膜盒(包括金属膜盒和单晶硅膜盒)的弹性膜片产生形变而引起其电容量的改变，通过测量电容量来计算本站气压。

膜盒式电容气压传感器安装在采集器内，其高度要求与振筒式气压传感器相同。安装或更换传感器时应在切断电源的情况下进行。安装好的传感器要保持静压气孔口畅通，以便正确感应外界大气压力。应定期检查气孔口。

第三节　风

一、概述

空气运动产生的气流，称为风。它是由许多在时空上随机变化的小尺度脉动叠加在大尺度规则气流上的一种三维矢量。地面气象观测中测量的风是二维矢量(水平运动)，用风向和风速表示。

风的观测包括风向和风速的观测。风向是指风吹来的方向，一般分为16个方位，也可用角度表示，例如北(N)、东(E)、西(W)、南(S)4个方位，分别以360°(0°)、90°、180°、270°表示。风速是指单位时间内空气移动的水平距离。风速以米每秒(m/s)为单位，取1位小数。最大风速是指在某个时段(10min)内出现的最大平均风速值。极大风速(阵风)是指某个时段内出现的最大瞬时风速值。瞬时风速是指3s的平均风速。

风的平均量是指在规定时间段的平均值，有3s、1min、2min和10min的平均值。人工观测时，测量平均风速和最多风向。配有自记仪器的要做风向、风速的连续记录并进行整理。自动观测时，测量平均风速、平均风向、最大风速、极大风速。

测量风的仪器主要有EL型电接风向风速计、EN型系列测风数据处理仪、海岛自动测风站、轻便风向风速表、单翼风向传感器和风杯风速传感器等。当没有自由定风向、风速的仪器，或虽有仪器但因故障而不能使用时，可目测风向和风速。

二、实验要求

本次实验需完成实验报告一份，围绕以下几点。

(1)实验目的：描述为什么要开展对风的观测工作。

(2)实验内容及要求：根据老师课堂上对EL型电接风向风速计、DEM6型轻便三杯风向风速表等仪器的演示操作，熟悉各仪器的操作流程以及注意事项。以小组为单位，每位小组成员各自完成实验楼与气象观测场两处观测地点1min内的风速与风向读数工作。

(3)实验原理：描述风观测仪器的工作原理。

(4)使用仪器、材料：DEM6型轻便三杯风向风速表。

(5)实验报告:每位同学将各自观测到的两组风向与风速的读数进行记录,并且写明观测时间和观测的步骤。

三、EL 型电接风向风速计

1. 结构

EL 型电接风向风速计是由感应器、指示器、记录器组成的有线遥测仪器。感应器由风向和风速两部分组成。风向部分由风标、风向方位块、导电环、接触簧片等组成。风速部分由风杯、交流发电机、蜗轮等组成。指示器由电源、瞬时风向指示盘、瞬时风速指示盘等组成。记录器由 8 个风向电磁铁、1 个风速电磁铁、自记钟、自记笔、笔挡、充放电线路等部分组成(图 2.10)。

图 2.10 EL 型电接风向风速计

2. 安装

(1)安装前应进行运转试验,如运转正常,方可进行安装。

(2)感应器应安装在牢固的高杆或塔架上,并附设避雷装置。风速感应器(风杯中心)距地高度 10～12m;若安装在平台上,风速感应器(风杯中心)距平台面(平台有围墙者,为距围墙顶) 6～8m,且距地面高度不得低于 10m。

(3)感应器中轴应垂直,方位指南杆指向正南。为检查校正方位,应在高杆或塔架正南方向的地面上,固定一个小木桩作标志。

(4)指示器、记录器应平稳地安放在值班室内桌面上,用电缆与感应器相连接;电缆不能架空,必须铺设在电缆沟(管)中。

(5)电源使用交流电(220V)或干电池(12V)。若使用干电池,应注意正负极不能接错。

3. 观测记录和换纸

打开指示器的风向、风速开关,观测 2min 内风速指针摆动的平均位置,读取整数,小数位补零,记入观测簿相应栏中。风速小的时候,把风速开关拨在“20”挡,读 0～20m/s 标尺刻度;风速大时,应把风速开关拨在“40”挡,读 0～40m/s 标尺刻度。观测风向指示灯,读取 2min 内的多个风向,用 16 个方位对应符号记录。

静风时,风速记 0.0m/s,风向记 C;平均风速超过 40.0m/s,则记为“>40.0”;作日合计、日平均时,按 40.0 统计。

因电接风向风速计故障,或冻结现象严重而不能正常工作时,可用轻便风向风速表进行观测,并在备注栏注明。

自记纸的更换方法和步骤基本同气压计。不同点是笔尖在自记纸上作时间记号是采用下压风速自记笔杆的方法;换纸后不必用逆时针法对时,对准时间后必须将钟筒上的压紧螺帽拧紧。

4. 自记纸的整理

(1)时间差订正。以实际时间为准,根据换下自记纸上的时间记号,求出自记钟在 24h 内的计时误差,按变差分配到每个小时,再用铅笔在自记迹线上作出各正点的时间记号。当自记钟在 24h 内的计时误差不超过 20min 时,不必进行时间差订正,但要尽量找出造成误差的原因,并加以消除。

(2)各时风速。计算正点前 10min 内的风速,按迹线通过自记纸上平分格线的格数(1 格相当于 1.0m/s) 计算。如通过 5 格记 5.0,3 格记 3.3, 2～3 格记 2.7。静风时,风速记 0.0m/s,风向记 C。风速自记部分是按空气行程 200m 电接 1 次,风速自记笔相应跳动 1 次来记录的。如 10min 内跳动 1 次,风速便是 0.3m/s; 如 10min 内笔尖跳动 2 次,风速便是 0.7m/s;因此,风速的小数位只能是 0、3 和 7。因风速记录机失调而造成风速笔尖跳动 1 次就上升或下降 1 格,或跳动 3 次上升或下降 2 格等现象时,应根据风速笔尖在 10min 内跳动的实际次数(不是格数)来计算风速。如某正点前 10min 内风速笔尖跳动 4 次,但通过的水平分格线是 4 格,则该时风速应是 1.3m/s,而不能计算为 4.0m/s。

(3)各时风向。从各正点前 10min 内的 5 次风向记录中挑取出现次数最多的风向。如果最多风向有 2 个出现次数相同,应舍去最左面的 1 次划线,而在其余 4 次划线中来挑取;若仍有 2 个风向相同,再舍去左面的 1 次划线,按右面的 3 次划线来挑取。如果 5 次划线均为不同方向,则以最右面的 1 次划线的方向作为该时风向记录。正点前 10min 内,风向记录中断或不正常(如风向笔尖漏跳),如属下列情况,可视为对正点记录无影响:风向漏跳 2 次,在未漏跳的 3 次划线中,方向是相同的;风向漏跳 1 次,其余的 4 次或其中 3 次划线为同一方向的;风向漏跳 1 次,在其余的 4 次划线中,前面的 2 次方向不同,后面的 2 次为同一方向的,或者剩余 4 次划线中,第 3 次、第 4 次为同一方向,其余为不同方向的;部分风向笔尖迹线虽有中断,但从实有的 5 次划线中挑取的最多风向为 NNE、ENE、ESE、SSE、SSW、WSW、WNW、NNW 之一的;风向记录有中断、连跳等情况发生时,但从实有记录中,参照上述方法可以判定对正点记录无影响的。

(4)日最大风速。从每日(前一日20时—当日20时)风速记录迹线较陡的几处线段上,分别截取10min线段的风速进行比较,选出最大值作为该日10min最大风速,并挑取相应的风向,注明该时段的终止时间。

当日最大风速出现2次或以上相同时,可任挑其中1次的风向和终止时间。

挑取日最大风速,可跨日、跨月、跨年挑取,但只能上跨,不能下跨。例如:4日19:51到5日20:01的风速是在5日任意10min内挑出的最大风速,则5日最大风速取这10min的风速及风向,时间记20:01。

5. 维护

(1)因感应器与指示器是配套检定的,所以在撤换仪器时两者应同时成套撤换。

(2)电源(串联的干电池)电压如已低于8.5V(测量电压时,要切断交流电源,打开风向扳键开关),就不能保证仪器正常工作,应全部调换新电池。干电池与整流电源并联使用时,要经常检查干电池。干电池发软或者有微量糊状物冒出,应该立即更换以免腐蚀仪器。如经常发生这种情况,可能是电源电压太高或短路造成,应检查原因,如由电源电压太高造成,应改换电源变压器的输出梢头;如仍不见效,就不宜将干电池和整流电源并联使用。

(3)如风向划线后笔尖复位超越基线过多,可能造成判断错误,应向里调节笔杆上的压力调整螺钉,以加大笔尖压力。如划线后回不到基线上,有起伏,就应调节螺钉减小笔尖压力。

(4)风向方位块应每年清洁一次。如发现风向指示灯泡严重闪烁,或时明时暗时灭,应及时检查感应器内风向接触弹簧片的压力和清洁方位块表面。

(5)更换风向指示灯泡时,应从灯罩后面拧下正中的一颗大螺钉,再把装灯泡的底板连同后半个胶木壳一起拔出来。换好灯泡后,重新放回时,应注意使前后两胶木壳的色点对准,否则灯泡相应的方位就会错乱。调换风向指示灯泡时,要用同样规格(6~8V,0.15A)的,切不可使用超过0.15A的灯泡。

(6)5个笔尖不在同一时间线上时,应首先调好风速笔尖在笔杆上的位置,然后将风向笔尖沿笔杆移动至与风速笔尖对齐。移动、清洗或调换笔尖时,均应注意勿使笔杆变形;感到难于拨动时,可先将笔杆拆下来,再细心处理。

(7)自记钟的走时有较大误差,应调整快慢针。若偏慢较多,应检查套在钟轴上的双片大齿轮上下齿轮有无相对转动一个角度,钟机内的2.5min自动开关对双凸轮的压力是否过大,并加以调节;若无效,应进行检修(姜世中,2020)。

四、轻便风向风速表

轻便风向风速表是测量风向和1min内平均风速的仪器,一般用于野外考察或气象站仪器损坏时的备份。其中DEM6型轻便三杯风向风速表是比较常见的一种轻便风向风速表。

1. 基本构造

DEM6型轻便三杯风向风速表用于测量风向和1min内的平均风速。它是一种手持观测的机械式仪器,由于它具有体积小、质量小、便于携带、操作简单等优点,因此除了在常规气象台站都有配备用于野外观测以外,还在工矿、医药、渔业、制冷等企事业单位得到大量使用。

DEM6 型轻便三杯风向风速表由风向表、风速表和手柄 3 个部分组成(图 2.11)。平时仪器拆散分装在专用仪器盒中。风速表又由十字护架、转杯和风速表主机体组成。十字护架与主机体通过螺纹连接,用扁平螺母固定。若在装卸时不小心,就可能使螺母松动,从而使十字护架与风速表主机体松动,风速部分的蜗杆偏离正常位置。安放时东撞西碰,就会损坏齿轮系统或钟表机构。如果匆忙地把它拧紧,就可能损坏蜗杆轴头和轴承,压弯蜗杆,增大摩擦,使测得的风速偏小,严重时可能无法工作。

为避免上述故障发生,要求使用人员必须掌握仪器装卸的基本要领,熟练操作。在仪器组装时,首先将风速表和手柄分别从仪器盒中取出,一只手握住风速表主机体,另一只手将手柄拧到风速表下端的螺丝孔内,直到拧紧为止;然后用左手的 3 根手指(即拇指、食指和中指)轻抓十字护架,手掌和另两根手指捏紧主机体壳,用右手将风向表拧到风速表十字护架上。在仪器拆卸时,其操作方法相同,十分重要的是要保持十字护架与主机体间固定牢靠,螺母不得松动。一旦十字护架或固定螺母发生松动,蜗杆轴头脱出轴承时,不要轻率装配,应将主机体壳后盖取下,用镊子夹住蜗杆轴头拨正,插入轴承孔内,再缓慢地拧旋十字护架。拧旋时,要同时注意蜗杆上端轴头是否在轴承孔中。拧紧以后,要检查转杯旋转是否灵活,然后将螺母固定。若遇轴承孔簧片损坏、蜗杆变形等情况,应停止使用,送给有关部门修理。

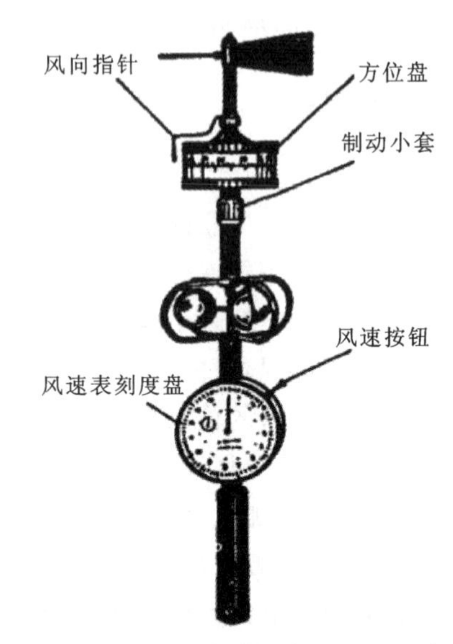

图 2.11　DEM6 型轻便三杯风向风速表

起动杆是风速表的关键部件,它直接控制着“时间控制盘”“擒纵调速器”“离合控制架”“风速指针回零”等重要部件进行工作。因此,按压起动杆的力要适当,切勿用力过大、过猛。手指放开时动作要缓慢。当风速表主机体内钟表机构(即擒纵调速器)已经工作时,不要再按压起动杆。平时不要随便按压,以免损坏零件或使零件位置变位,产生故障。若遇风速指针不能回零时,不要使劲连续按压,要检查指针凸轮(俗称梨形物)是否离位,拨杆是否变形弯曲等失控现象,待查明原因并修复后再启用。

制动小套是用来定向的,在测定风向风速前,用两根手指把制动小套向下拽,拽到底后向右转动一点,上面的方位盘就能自由地指向南北。当观测完后,再把制动小套向左转动一点,制动小套就会自动上移,从而将方位盘固定住。

DEM6 型轻便风向风速表是较精密的气象仪器之一,常常由于仪器在盒内放置不妥,移运中又受到挤压碰撞,造成十字护架变形,蜗杆上、下轴承轴心偏移或者蜗杆弯曲,摆轮轴头折断等致命损伤。为防止损坏和减少故障,使用时,要小心地将仪器从盒内取出;放置时,要按原位将各部件放入泡沫模槽中;盖盒盖时,不可强压盒盖;使用中不可用手触摸风杯,以免油脂沾污仪器,也不能挤压转杯,以免造成杆臂失去平衡。因此,仪器在使用和移运中一定要按要求操作,切勿发生摔、撞等现象(龚正元,1982)。

2. 观测和记录

(1)观测时应将仪器带至空旷处,由观测者手持仪器,高出头部并保持垂直,风速表刻度盘与当时风向平行,然后将方位盘的制动小套向右转一角度,使方位盘按地磁子午线的方向稳定下来,注视风向标约 2min,记录其摆动范围的中间位置。

(2)在观测风向时,待风杯转动约 0.5min 后,按下风速按钮,启动仪器,又待指针自动停转后,读出风速示值;将此值从该仪器订正曲线上查出实际风速,读数保留 1 位小数。

(3)观测完毕,将方位盘制动小套向左转一角度,固定好方位盘。

3. 维护

(1)保持仪器清洁、干燥。若仪器被雨、雪淋湿,使用后须用软布擦拭干净。

(2)仪器应避免碰撞和震动。非观测时间,仪器要放在盒内,切勿用手触摸风杯。

(3)平时不要随便按风速按钮,在计时机构运转过程中亦不得再按该按钮。

(4)轴承和螺帽不得随意松动。

(5)仪器使用 120h 后,须重新检定。

五、螺旋桨式风向风速感应器

该感应器的头部是一组螺旋桨叶片,风向标部分制成与飞机机身相似的外形,保持良好的流线型(图 2.12)。在风向尾翼作用下,叶片旋转平面始终对准风的来向。风速测量是利用一个低惯性的三叶螺旋桨作为感应元件,桨叶随风旋转并带动风速码盘进行光电扫描,输出相应的电脉冲信号。风向测量是由竖直安装在机身的尾翼测定的,风作用于尾翼,使机身旋转并带动风向码盘旋转,此码盘按 8 位格雷码编码进行光电扫描,输出脉冲信号。

图 2.12　螺旋桨式风向风速感应器

六、海岛自动测风系统

该系统是专门为测量海岛出现的强风而设计的,其特点是具有较好的测强风能力。系统由两个部分组成:一个是自动采集部分,另一个是接收部分。采集部分由风向风速传感器、数据处理器、调制解调器、无线电收发讯机、太阳能板和蓄电池等组成。接收部分由计算机、调制解调器、无线电收发讯机和打印机组成。采集部分对风向风速传感器采样,然后计算出风向、风速的平均值。通过无线通信实现采集数据到接收部分的传输。有日照时,采集部分采用太阳能对蓄电池充电。

第四节 湿 度

一、概述

空气湿度(简称湿度,下同)是表示空气中水汽含量和潮湿程度的物理量。地面气象观测中测定的是离地面1.50m高度处的湿度。在一定的温度下,在一定体积的空气中含有的水汽越少,则空气越干燥;水汽越多,则空气越潮湿。通俗来说,空气的干湿程度称为"湿度"。在此意义下,常用水汽压、相对湿度和露点温度3种基本形式来表示湿度。

(1)水汽压(c):空气中水汽部分作用在单位面积上的压力。以百帕(hPa)为单位,取1位小数。

(2)相对湿度(U):空气中实际水汽压与当时气温下的饱和水汽压之比。以百分数(%)表示,取整数。

(3)露点温度(T_d):空气在水汽含量和气压不变的条件下,降低气温达到饱和时的温度。以摄氏度(℃)为单位,取1位小数。

配有湿度计的气象站应进行相对湿度的连续记录,并挑选日最小值。测量湿度的仪器主要有干湿球温度表、毛发湿度表、通风干湿表和湿敏电容湿度传感器。

二、课堂任务

本次实验需完成实验报告一份,围绕以下几点。

(1)实验目的:描述为什么要开展湿度的观测工作。

(2)实验内容及要求:根据老师课堂上对毛发湿度表、干湿球温度表、通风干湿表等仪器的演示操作,熟悉各仪器的操作流程以及注意事项。以小组为单位,小组成员间讨论协作完成课堂上对实验室湿度观测工作。

(3)实验原理:描述湿度观测仪器的工作原理。

(4)使用仪器、材料:干湿球温度表、毛发湿度表、通风干湿表。

(5)实验报告:每位同学在小组协作下,完成对毛发湿度表的读数,分别对百叶箱干湿球温度表和通风干湿表进行读数,并且通过使用《湿度查算表》查读实验室空气的水汽压、相对湿度以及露点温度等。将这些数据在各自实验报告中进行记录,要求写明观测时间和观测的步骤。

三、毛发湿度表

人的头发经过脱脂后会随着空气相对湿度变化而有改变长度的特性。实验表明,当相对湿度由0增加到100%时,毛发伸长量为原来长度的2.5%,但在不同湿度上其伸长量是不均等的。利用这一特性可以制成毛发湿度表(图2.13)。

毛发测湿仪器常产生如下一些误差:首先,毛发对相对湿度的感应存在着滞后性。试验表明,毛发湿度表的指标常常落后于湿度的实际变化。气温愈低,滞后时间愈长。到-40℃以下,毛发几乎失去感应能力。其次,毛发本身的长度也随温度的变化而胀缩,同时固定毛发的金属架随温度的升降也有胀缩，这些都是引起毛发测湿误差的原因。

1. 安装

凡冬季使用毛发湿度表进行正式记录的气象站，应配备两个毛发湿度表，并妥善保管。在气温降到－10.0℃的多年平均日期以前约一个半月内，用软刷蘸蒸馏水对毛发湿度表的毛发进行预湿，并将两个毛发湿度表都安装好。一个作为现用表垂直地悬挂在温度表支架的横梁上，表的上部用螺钉固定；另一个固定在百叶箱南壁上或备份在百叶箱内。若现用毛发湿度表出现故障，可将备份毛发湿度表安装到支架上。

图 2.13　毛发湿度表

2. 观测和记录

按毛发湿度表指针指示的位置读数，记入观测簿相应栏。观测读数取百分数的整数。观测时，如果怀疑指针由于轴的摩擦或针端碰到刻度尺而被卡住，可以在读数后轻轻地敲一下毛发湿度表表架，或小心地把指针向左边（刻度小的一端）轻拨一下，如发现它停在新的位置上，说明有摩擦现象，应重新读数，更改记录，并将仪器情况记入观测簿备注栏。

如果读数时发现指针超出刻度的范围，应当用外延法读数，若为上超，按 90～100 的刻度尺距离外延到 110；若为下超，按 10～0 的刻度尺距离外延到－10。估读指针在延伸刻度上的数值，得出读数记入观测簿相应栏。

为了获得较正确的湿度记录，毛发湿度表的读数须用订正图法加以订正。经订正后记入观测簿相对湿度栏。定时观测记录应待当月订正结果出来后，用其进行订正。在编发天气报告或加密天气报告时，为了及时发报，可临时使用上月订正图查出编报所需湿度。

3. 毛发湿度表的订正图

在气温降到－10.0℃的多年平均日期以前约一个半月内，用每天定时观测的干湿球温度表测得的相对湿度和毛发湿度表读数来编制订正图。用一张方格纸，以纵坐标表示干湿球温度表查算出的相对湿度，横坐标表示毛发湿度表读数，用每次的毛发湿度表读数和干湿球温度表查算出的相对湿度依次点在坐标纸相应的交点上（重复的点要用较小的点画在原有点的旁边，不能不画），全图中的点要有 100 个或以上，以 02 时、08 时、14 时、20 时的记录为主。若个别区段点偏少，则应从其他时次记录中选取相应的点进行补充。

如果仪器情况良好，观测准确，这些点就会密集在由左下角到右上角的一条狭带内，狭带与横坐标轴约成 45°。穿过狭带正中，画一均匀平滑的线，使两侧点数大致相等（离开密集点相当远的点，画线时不必考虑）。这根线就是毛发湿度表读数的订正线。当气温降低到－10.0℃以下时，就可以根据毛发湿度表的读数，利用这条订正线，求出经过订正的相对湿度。

为了使用方便,可以根据订正线,事先做好一张换算表。表的最左一行和最上一行,是毛发湿度表的读数(纵行为十位数,横行为个位数)。表中纵横相交的格子中,就是毛发湿度表的读数经过订正的相对湿度。例如毛发湿度表读数为67%,由换算表中查出经过订正的相对湿度为68%。

订正图上必须注明绘制订正图时的起止日期、仪器号码和用来订正的毛发湿度表的示值,以备查考。使用毛发湿度表测定湿度期间,当气温低于-10.0℃时,必须用干湿球温度表与毛发湿度表同时测定湿度,并点绘订正图。

若某月气温低于-10.0℃的记录在100次或以上时(包括补充天气报告观测记录),一律使用本月的记录绘制订正图。如果本月气温低于-10.0℃的记录不足100次时,应向前或向后顺延,毛发湿度表因示值超过100%而用外推法读数的记录,在制作订正图时,应按外推的实际读数点绘。

若订正图上的点分布过于分散,应根据在订正线(±5%的区域内)的点是否达到或超过总点数的三分之二来确定,若不足三分之二,这张图则不能使用。订正线突然变化,即毛发湿度表数值变化1%,而换算后的相对湿度值却变化了6%或以上的,这张图也不能使用。

订正线弯弯曲曲以致订正值不连续者,该图不能使用。若毛发湿度表中途发生非性能变化,应将变化前的记录点绘一张订正图(不足100点时,向前沿用上月记录补足),将变化后的记录点绘另一张订正图(不足100点时,向后沿用下月记录补足),绘制出两张订正图分别订正前后两段记录。若毛发湿度表本身性能变劣,则应使用备份毛发湿度表代替(并绘制订正图订正)。如果没有其他湿度记录可供代替时,则记录从缺。

现用和备份毛发湿度表应当同时进行观测,并分别编制毛发湿度表的订正图。当备份的毛发湿度表也失效时,可使用湿度计测定湿度。采用湿度计作为观测记录时,亦应编制订正图。观测时发现毛发湿度表、备份毛发湿度表和湿度计均因故损坏,气温虽在-10.0℃以下,仍可用干湿球温度表读数查算湿度,并在观测簿备注栏注明。

自动站进入单轨业务运行后,北方冬季原使用毛发湿度表观测空气湿度的台站,仍保留毛发湿度表,并按时采用湿敏电容湿度传感器测定相对湿度记录和毛发湿度表读数制作订正图、订正表和订正系数。

配备计算机的人工观测站,首先通过运行业务软件,在输入干湿球温度表读数与毛发湿度表读数后,会自动绘制订正图,并求出订正系数;然后利用相应的回归方程自动计算出相对湿度;最后打印输出毛发湿度表订正图和换算表,以备人工查算用。

4. 维护

(1)禁止用手触摸毛发,以免手上的油脂覆盖毛发小孔,影响其正常感应。

(2)如果毛发及其部件上附有雾、冰或水滴,应轻敲金属架,使它脱落,或从百叶箱拿回室内,使它慢慢地干燥。但注意不能使表接近炉子,也绝不能触及毛发,要等它干燥后,再将其放回原处。

(3)毛发湿度表不用时,应放在盒子里。如果没有盒子,应把指针移向左边,使毛发放松,并用手指将指针贴紧刻度尺,用线绳扎住,或将指针卡在刻度尺的后面,妥善包装保存。

(4)空气湿度很大时,如果毛发湿度表的指针常超出刻度范围,应调整示度。调整示度应选在编制订正图前，相对湿度在70%或以上时进行。方法是旋动调整螺丝，将指针往小的刻度方向调，调整的幅度按超出刻度的最大范围再加上3%来确定。在正式编制订正图和冬季正式使用时，则不能进行调整。

四、自记湿度计

自记湿度计是自动记录相对湿度连续变化的仪器(图2.14)。它的构造分为3部分，感应部分也分为3部分。感应部分是一束脱脂人发，传递放大部分比较特殊，是采用两次放大的杠杆装置，自记部分(自记钟、纸、笔)与自记温度计相同。

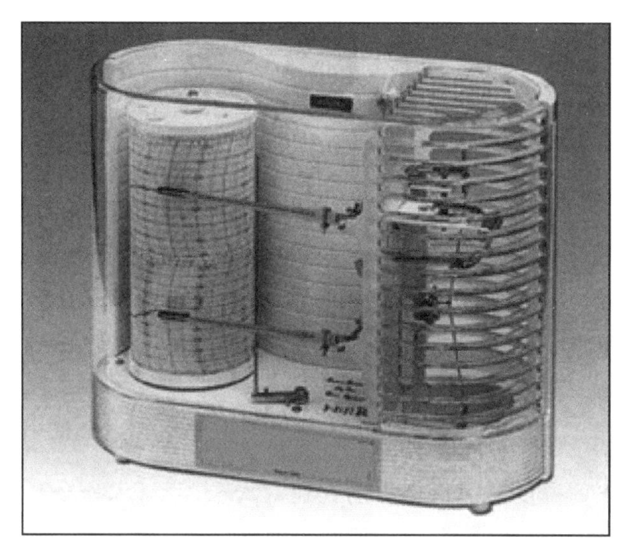

图2.14　自记湿度计

1. 安装与维护

湿度计应稳固地安装在大百叶箱内温度计后方的架子上，底座保持水平。

湿度计的毛发应保持清洁，切勿用手触摸。毛发上如果有雾凇、冰、雪等，就轻敲金属架，使它脱落。如敲不下，只能把湿度计暂时放在室内，使它自然干燥，切勿把仪器接近火炉。放回室内这段时间的记录，作缺测处理。

遇毛发脱钩时，应立即用镊子使其复位。一般每季度用洁净毛笔蘸蒸馏水(或加适量酒精)清洗毛发一次(注意不要影响日极值的挑选)；当有沙尘暴、扬沙等天气影响，使毛发变脏时，应及时清洗。冬季使用湿度计测定湿度的气象站，在点绘和使用订正图期间不清洗。

当记录值与实测值相比较，误差较大时，应及时调整仪器笔位，其他同温度计及毛发湿度表的有关部分。

2. 观测和记录

湿度计的读数方法同温度计，但只取整数，不记小数。02时、08时、14时、20时4次(一般站08时、14时、20时3次)定时观测，根据笔尖在自记纸上的位置观测读数，记入观测簿相应栏，并作时间记号。换自记纸的方法同温度计。读数时，若湿度计笔尖超出自记纸下沿

(0%),但未靠着钟筒的底沿;或笔尖超出自记纸上沿(100%),但未超出自记纸,则按外延法读数,并进行订正。若笔尖已抵靠钟筒底沿或超出自记纸上沿,除按外延法读数并进行订正外,还需在备注栏中注明。订正后的值大于100时,记为100;订正后的值小于0时,记为0。

3. 日最小相对湿度

(1)在1日自记迹线中的最低处,标出箭头并读数。

(2)进行仪器差订正,方法同气压自记记录。但冬季用湿度计读数(经订正图订正)作为定时观测的相对湿度正式记录时,该月的日最小相对湿度也用订正图订正求得。

(3)经订正后的最小相对湿度,仍大于该日某次定时(基准站和自动气象站均为24次)记录时,应直接选该定时记录作为日最小相对湿度。

(4)若订正后的最小相对湿度小于0时,记为0(周淑贞,1997)。

五、干湿球温度表

干湿球温度表是同时测定空气温度和湿度的一对规格相同、装置在小百叶箱中的温度表(图2.15)。一支用来测定气温,称"干球温度表";另一支球部包扎一条纱布,纱布的下部浸到一个带盖的水杯内,杯口距球部3cm,杯中盛蒸馏水(只允许用医用蒸馏水),供湿润湿球纱布用,称"湿球温度表"。湿度是根据热力学原理由干球温度表与湿球温度表的温度差值计算得出。在空气未饱和时,湿球纱布上的水分蒸发,蒸发消耗的热量直接来自湿球本身及周围的薄层空气,当湿球因蒸发所消耗的热量和周围空气中获得热量相平衡时,湿球温度不再下降。因此干湿球温度表有一个差值,称为"干湿差"。空气湿度越小,湿球纱布水分蒸发越快,消耗的热量越多,干湿差越大;反之,干湿差就越小。根据干湿球温度表读数,通过查表或计算可以得到各种空气湿度参量值。

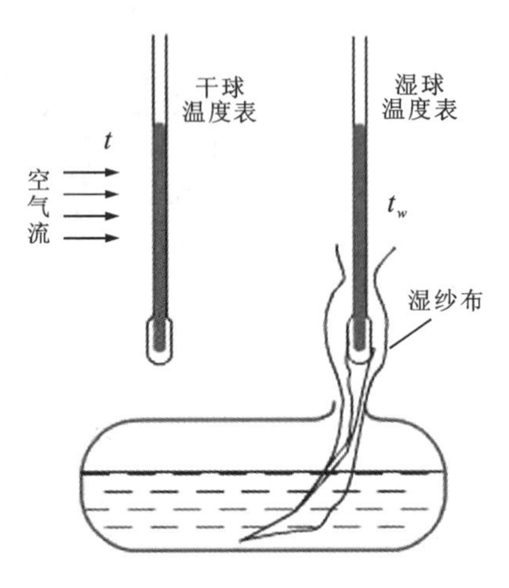

图2.15　干湿球温度表

1. 观测程序

先读干球温度表,后读湿球温度表,读数精确到0.1℃。记录后复读干球温度表和湿球温度表,再读毛发湿度表,然后读最高、最低温度表,复读记录后,调整最高、最低温度表。放回最高温度表时应先放球部、后放顶部,放最低温度表时应先放顶部、后放球部。干湿球温度表每天观测3次或4次;最高、最低温度表每天20时观测一次。然后观测大百叶箱的温度计、湿度计并作时间记录;每天14时换纸。

2. 观测注意事项

①熟悉仪器的刻度,温度观测要求记录精确到0.1℃,初次使用一支温度表,应先了解其最小刻度单位。②避免视差,应用视线在水银柱顶端附近刻度线是否直来校正。③因温度表感应较快,所以读数时动作要迅速,先读小数、后读整数,同时注意勿使头、手和灯接近球部,

并尽量不要对温度表呼吸。④为了防止产生 5℃和 10℃的误差(有时也可能读错 1℃或 2℃),应该进行复读。

六、通风干湿表

1. 结构原理

通风干湿表主要用于野外考察或自动气象站在气温或湿度采集出现故障时进行补测使用。它由干湿球温度表、通风装置、金属套管、双层保护膜和上水滴管等组成(图 2.16)。它的作用、原理与百叶箱中的干湿球温度表基本相同。通风干湿表的温度表球部装在与风扇相通的管形套管中,利用机械或电动通风装置,使风扇获得一定转速,球部处于 2.5m/s(电动通风可达 3m/s 以上)的恒定速度气流中。由于球部双层金属护管表面镀有保护膜,是良好的反射体,能防止太阳对仪器的直接辐射。

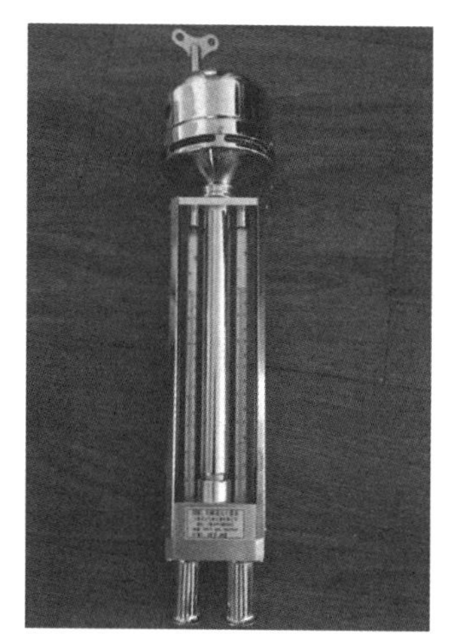

图 2.16　通风干湿表

2. 观测记录

使用通风干湿表测量空气温湿度,在观测前需要把通风干湿表挂在测杆上,感应部分高度 1.50m,暴露一段时间以适应环境,使温度表感应部分与环境空气之间的热量交换达到平衡,通常要暴露 10min 以上,一般夏天暴露 15min 左右,冬天暴露约 0.5h,以消除温度差异。在适应环境时,要上发条进行通风,使通风干湿表能够充分感应周围环境空气的温度、湿度状况。

用橡皮囊吸满蒸馏水(水温应与当时气温相近),管口向上,轻捏橡皮囊,使玻璃管中水面升到离管口约 1cm 处,将玻璃管插入湿球感应球部的护管中,8～10s 后抽出。每湿润一次纱布,白天可维持 8～10min,夜间可维持 20min。上发条使通风器的风扇开始转动通风,但上发条时不要上得过满,以免折断发条。将通风干湿表悬挂在测杆的横钩上,干湿表的感应球部处在所要测量的高度。当所测的高度在 100cm 或以上时,通风干湿表通常采用垂直悬挂;当所测的高度在 100cm 以下时,通风干湿表通常采用水平悬挂,以便于进行观测读数。

在完成上述步骤后,应等待 4min 左右,让通风干湿表充分感应测量高度空气的温度、湿度状况。之后即可对干湿表进行读数,先读干球温度表,再读湿球温度表。读数时切忌用手接触双重护管,身体也不要与仪器靠得过近。当风速大于 4m/s(约 3 级风)时,应将防风罩套在通风器的迎风面上,防风罩的开口部分顺着风扇旋转的方向。

3. 维护与检查

仪器的金属部分,特别是下端保护管的镀镍面应细心保护,使其不要受到任何损伤。每次观测后,应用纱布擦净外壳,并放回盒中。从盒中取出仪器时,应拿着风扇帽盖下的颈部,不要捏在金属护板处,也不能用手触摸防护管。

注意定期检查风扇旋转是否正常。可以用风扇中央的发条盒旋转速度来判断,在发条盒上绘有短划或箭头,从圆顶上小窗孔可以看到。上发条后,发条盒每转一周的时间,如果与检定证上所给的时间相差不到 5s,则可认为风扇转速正常。如果转速显著降低则应进行修理。湿球纱布应经常保持清洁。

必须注意保持干湿球温度表的正常状态。如发现温度表内刻度磁板破损,毛细管内有水银滴黑色沉淀的氧化物或水银柱中断等情况,应同时更换、报废。干球温度表应经常保持清洁、干燥。观测前巡视设备和仪器时,如发现干球上有灰尘或水,须立即用干净的软布轻轻拭去。

湿球纱布必须经常保持清洁、柔软和湿润,一般每周换 1 次。遇有沙尘等天气,湿球纱布上明显有灰尘时,应立即更换。在海岛、矿区或烟尘多的地方,纱布容易被盐、油、烟尘等污染,应缩短更换纱布的期限。水杯中的蒸馏水要时常添满,保持洁净,一般每周更换 1 次。

由于通风干湿表表面镀有反射性能很好的镍或铬,同时温度表感应球部又处于能防止热传导的双层护管中,所以通风干湿表可以在太阳光下进行观测,是野外观测的常用仪器,但由于有金属机械部分,因此不能在雨天使用,以免机械生锈(中国气象局,2003)。

七、湿敏电容湿度传感器

1. 结构原理

湿敏电容湿度传感器是用有机高分子膜作为介质的一种小型电容器,湿敏电容器上电极是一层多孔金膜,能透过水汽;下电极为一对刀状或梳状电极,引线由下电极引出。底板是玻璃。整个感应器由两个小电容器串联组成。

传感器置于大气中,当大气中水汽透过上电极进入介电层,介电层吸收水汽后,介电系数发生变化,导致电容器电容量发生变化,电容量的变化正比于相对湿度,从而计算出湿度。在某些自动气象站中,铂电阻温度传感器与湿敏电容湿度传感器制作成为一体。

2. 安装与维护

湿敏电容湿度传感器应安装在百叶箱内,传感器的中心点离地面 1.50m。湿敏电容湿度传感器的头部有保护滤纸,应防止感应元件被尘埃污染。每月应拆开传感器头部网罩,若污染严重应更换新的滤纸。禁止用手触摸湿敏电容,以免影响正常感应。

八、遥测通风干湿球传感器

1. 结构原理

遥测通风干湿球传感器中的干球和湿球感应元件是性能相同的两支铂电阻。传感器上都装有储水箱,可自动上水;电阻温度表水平安装,与气流方向垂直,有利于热交换。湿球温度表的感应部分套有纱布套,并从纱布套的两端润湿,这样可使湿球的润湿更加均匀,与气流的接触面也增大。定时通风,通风速度大于 3.5m/s。

2. 安装与维护

遥测通风干湿球传感器安装在百叶箱内,干球的中心线离地面 1.50m。每天要定时巡视一次储水箱的水位,当水位影响到润湿湿球纱布时,要及时加水。每周要给湿球换纱布。在污染较严重的地方，要缩短更换纱布的期限。每天要定时检查一次迎风电机，看它是否能定时启动。当气温接近 0℃时，该传感器停用，要将水箱的水放干，以免冻裂水箱。

第五节　降　水

一、概述

降水是指从天空降落到地面上的液态或固态（经融化后）的水。降水观测包括降水量和降水强度的观测。降水量是指某一时段内的未经蒸发、渗透、流失的降水，在水平面上积累的深度。以毫米（mm）为单位，取 1 位小数。降水强度是指单位时间的降水量，通常测定 5min、10min 和 1h 内的最大降水量。气象站观测每分钟、时、日降水量。

雨量器由承水器（漏斗）、储水筒（外筒）、储水瓶组成，并配有与其口径成比例的专用量杯。常用测量降水的仪器有雨量器、翻斗式雨量计、虹吸式雨量计，自动观测仪器有翻斗式雨量传感器、称重式雨量计等。自动气象站雨量传感器主要测量降水量的连续变化，用于天气报告和挑取年最大降水量等。降水量的气候记录如气候资料的分析、月年降水量的统计分析、降水时段资料分析等主要是以雨量器观测的资料为准。

二、实验要求

本次实验需完成实验报告一份，围绕以下几点。

实验目的：阐述为什么要开展降水的观测工作，我国气象站的降水和蒸发观测包括哪些内容，什么是降水量和降水强度，测量降水量的主要仪器有哪些，什么是蒸发量，测量蒸发的主要仪器有哪些。

实验内容及要求：根据老师课堂上对虹吸式雨量计、雨量筒、翻斗式雨量计等仪器的演示操作，学生熟悉各仪器的操作流程以及注意事项。以小组为单位，小组成员间讨论协作完成课堂上对降雨的实验观测。请按照测试记录和给出的参数计算测试的雨量和降水强度。

实验原理：描述蒸发与降水观测仪器的工作原理。掌握降水、降水强度、降水量的定义，了解雨量器的结构、安装、维护。

使用仪器、材料：单翻斗雨量计、双翻斗雨量计、雨量筒。

使用仪器规格参数：直径为 20cm 的标准量筒，单翻斗口径为 15.96cm，分辨率为0.1mm，双翻斗口径为 20cm（配备的量杯口径为 20cm 双翻斗的，须换算成单翻斗口径为 15.96cm）。

实验报告：用两种雨量传感器进行降水量的测试，即单翻斗雨量传感器和双翻斗雨量传感器。人工测试 10mm 的雨量，2 人一组，一人用标准雨量杯均匀缓慢倒水，两人同时数翻斗数，一人计时。每位同学在小组协作下对模拟降水的雨量计进行读数，并且写明观测时间和观测的步骤。

三、虹吸式雨量计

虹吸式雨量计能连续记录液体降水量和降水时数，从降水记录上还可以了解降水强度。它可用来测定降水强度和降水起止时间，适用于气象台（站）、水文站、农业、林业等有关单位。

承水口使用铸铜件,筒身使用镀锌铁板锡焊成型(姜世中,2020)。

虹吸式雨量计构造及原理:由承水器、虹吸、自记和外壳4个部分组成(图2.17)。在承水器下有一浮子室,室内装一浮子与上面的自记笔尖相连。雨水流入筒内,浮子随之上升,同时带动浮子杆上的自记笔上抬,在转动钟筒的自记纸上绘出一条随时间变化的降水量上升曲线。当浮子室内的水位达到虹吸管的顶部时,虹吸管便将浮子室内的雨水在短时间内迅速排出而完成一次虹吸。虹吸一次,雨量为10mm。如果降水现象继续,则又重复上述过程。最后可以看出一次降水过程的强度变化、起止时间,并算出降水量。

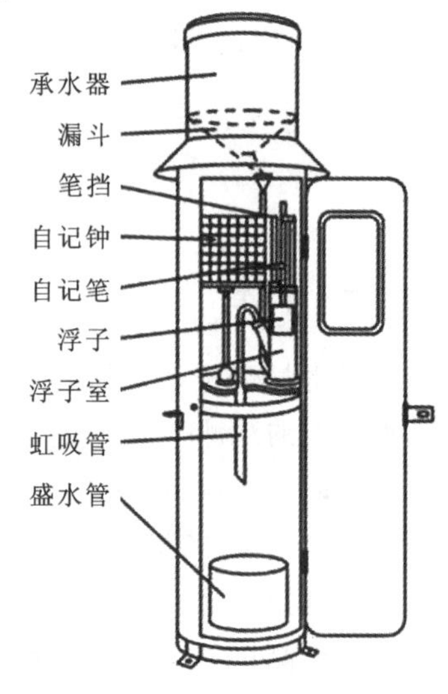

图2.17 虹吸式雨量计

虹吸式雨量计的安装:先将浮子室安装好,使进水管刚好在承水器漏斗的下端,再用螺钉将浮子室固定在座板上,将装好自记纸的钟筒套入钟轴,最后把虹吸管插入浮子室的测管内,用连接螺帽固定。虹吸式雨量计的调试使用前应对其零点和虹吸点进行检查。首先调整零点,往盛水器里倒水,直到虹吸管排水为止,观察自记笔是否停在自记值零线上。往盛水器加注10mm清水,观察自记笔尖移动是否灵活。继续将水注入承水器,检查虹吸管位置是否正常。以上几点都很重要,若安装维护不当会使降水资料产生误差,影响降水记录的准确性、代表性、比较性。每日08时观测并更换自记纸,读数精确到小数点后一位。

四、称重式雨量计

称重式雨量计可以连续记录接雨杯上的以及存储在其内的降水质量(图2.18)。记录方式可以用机械发条装置或平衡锤系统,将全部降水的质量如数记录下来,并能够记录雪、冰雹及雨雪混合降水。

图2.18 称重式雨量计

称重式雨量计利用一个弹簧装置或一个质量平衡系统,将储水器连同其中积存的降水的总质量作连续记录。没有自动倒水,固定容积,需减小蒸发损失(加油或其他蒸发抑制剂),特别适合测量固体降水。它用于连续测量记录降水量、降水历时和降水强度,适用于气象台(站)、水文站、环保、防汛排涝以及农、林等有关部门。

称重式雨量计是利用电子秤称出容器内收集的降水质量,然后换算为降水量。一般电子秤可以分辨0.1g的质量,气象业务上使用的只要能分辨0.1mm降水的质量即可,因此采用称重式雨量计可以达到很高的精度。称重式雨量计口径为200mm,自然降水0.1mm,即可获得降水31.4mL,相当于3.14g。也就是说要测量0.1mm降水,称重传感器能分辨1g质量即可满足。称重总质量为12kg,那么仅相当于万分之二左右，而风以及温度、随机误差的影响每分钟就产生0～4g的变化量，如何区分这些变化量是由降水，还是由于风、温度或者随机误差引起的，是至关重要的。这也涉及数据的滤波算法，该算法的目的是消除误差因子引起的波动，尽量得到真正的降水变化量。

在使用过程中需要注意以下事项：①承水器与筒体配合应保证安装方便，并能保证承水器在正常使用中不会因风力影响而脱开。②所有与水接触的部位应光滑，其相互配合或连接部焊缝应严密、牢固，不得有渗漏水现象。③雨量计各零部件的装配应正确，不应有松脱、变形及其他影响使用的缺陷。④雨量计各零部件所敷保护层应牢固、均匀、光洁，不得有脱层、锈蚀等缺陷。⑤雨量计与安装框架应保证安装方便，并能保证雨量计在正常使用中不会因风力影响而脱开。⑥附件小漏斗一只、雨量杯一只、储水器一个、安装框架一个，应齐备。

五、翻斗式雨量计

翻斗式雨量计是由感应器及信号记录器组成的遥测雨量仪器，感应器由承水器、上翻斗、计量翻斗、计数翻斗、干簧管开关等构成；记录器由计数器、记录笔、自记钟、控制线路板等构成（图2.19）。它的工作原理：雨水由最上端的承水口进入承水器，落入接水漏斗，经漏斗口流入翻斗，当积水量达到一定高度（比如0.1mm）时，翻斗失去平衡翻倒。而每一次翻斗倾倒，都使开关接通电路，向记录器输送一个脉冲信号，记录器控制自记笔将雨量记录下来，如此往复即可完成对降水过程的测量。

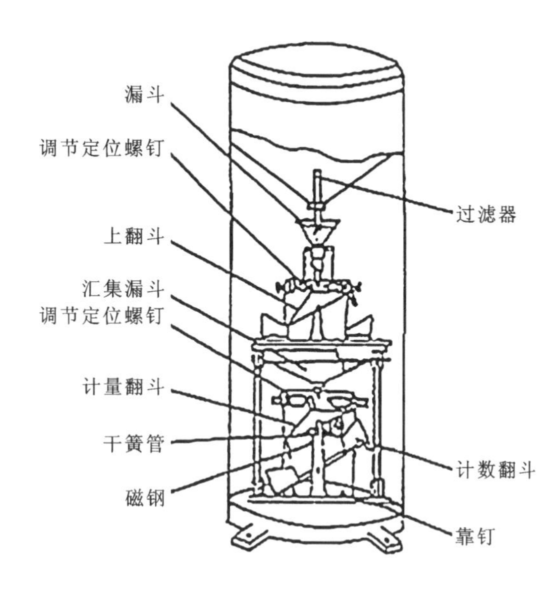

图2.19 翻斗式雨量计

第六节 蒸 发

一、概述

气象观测中的蒸发量是指一定口径容器内的水，经过一段时间因蒸发而消耗的水层深度。蒸发量的测定对于农业、水利甚为重要，特别是干旱和半干旱气候地区。气象上通常使用盛有一定水量的蒸发器——蒸发皿或蒸发池来观测蒸发量，但这类观测的结果通常不能代表实际自然条件下水体和土壤的水分蒸发。土壤水分蒸发另有专门的土壤蒸发器进行观测。

按仪器所在的空间位置划分，蒸发器可划分为3种类型：①埋入式，池的主体放置在地表以下，蒸发面在未受扰动的地表高度或邻近这个高度。②架装式，整个器或池的蒸发面位于地表之上的一个小的高度（一般不超过1m）上。③漂浮式，蒸发器在湖泊或水体上一个固定漂浮平台上，使风和温度的条件尽量符合水体实际状况。地面气象观测项目中的蒸发观测多用前两种,水文部门的蒸发观测多用后一种。各类水体蒸发器的性能如表2.1所示。

表2.1 各类水体蒸发器的性能

类型	优点	缺点
埋入式	可减少边界辐射效应,减弱空气与器皿间的热交换影响	杂物易进入,难于维护;对周围植被条件要求较高
架装式	使用简便,易于维护和洁净,费用低,水不易进入	由于边界辐射效应,测得蒸发量大于埋入式(如用绝热式器皿费用高)
漂浮式	比上两类的岸上蒸发器更能代表湖面的蒸发	热容量性质不同于湖面,观测不易,容易溅入水,费用高

二、实验要求

本次实验需完成实验报告一份,围绕以下几点。

(1)实验目的:阐述为什么要开展蒸发的观测工作。

(2)实验内容及要求:根据老师课堂上对蒸发器等仪器的演示操作,学生熟悉各类仪器的操作流程以及注意事项。以小组为单位,小组成员间讨论协作完成课堂上对蒸发的实验观测。

(3)实验原理:描述蒸发仪器的工作原理。

(4)使用仪器、材料:小型蒸发器。

(5)实验报告:每位同学将小组协作下的对1h户外蒸发量进行观测记录,并且写明观测时间和观测的步骤。

三、蒸发器

我国常用的测量蒸发仪器有两种:一种是小型蒸发器;另一种是E-601型蒸发器。

小型蒸发器是内径为200mm、高度约为100mm的金属圆盆(图2.20)。蒸发器为金属圆形结构,内壁应圆滑,蒸发器刃口不得有毛刺或碰伤等缺陷。所有与水接触的部位应光滑,其相互配合或连接部焊缝应严密、牢固,不得有渗漏水现象。蒸发器各零部件的装配应正确,不得有松脱、变形及其他影响使用的缺陷。蒸发器各零部件所敷保护层应牢固、均匀、光洁,不得有脱层、锈蚀等缺陷。蒸发器与安装框架应安装方便,并能使蒸发器在正常使用中不会因风力影响而脱开。蒸发器旁有小嘴,以便于倒出盛水;口成刀刃形,口上还有一个用铜丝制成的蒸发罩,以防鸟兽饮水影响记录的准确性。但在降水时应将此罩取下,以免雨水溅入器内。小型蒸发器安装在一个短木柱上,器口离地面高度同雨量器(70mm)。如有降水时,应将降水量减去。

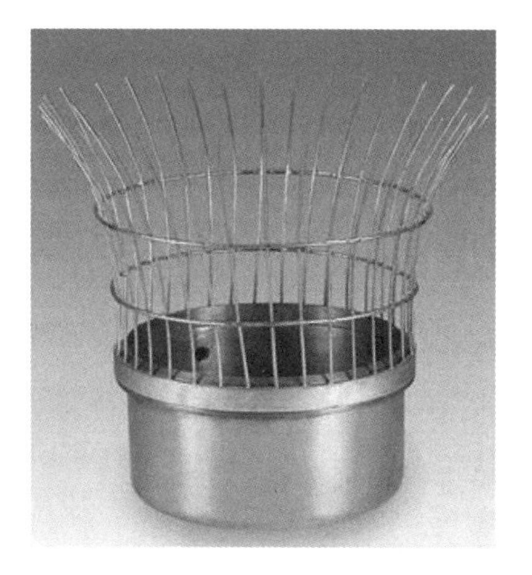

图 2.20　小型蒸发器

图 2.21　E-601 型蒸发器

E-601 型蒸发器是一种测蒸发量的仪器，器口面积为 3000cm^2，主要由蒸发桶、水圈、溢流桶和测针 4 部分组成，如图 2.21 所示。为使水温保持相对稳定，圆桶埋入地下，其四周以 4 个弧形水槽组成一个水圈，用以减少溅水对蒸发的影响。水圈宽 20cm，深 18cm，应保持圈内水面与蒸发器内水面接近。水圈与地面之间的拥土宽度为 30cm。在可能发生暴雨的地区，还设有溢流桶，以免桶口溢水，溢流桶桶口面积为 300cm^2。

图 2.21 中测针用于测量蒸发器内水面高度，使用时将测针的插杆插在蒸发桶中的测针管座上，测杆下部的圆盘与座口相接，测杆上的游标尺可使读数精确到 0.1mm。测杆下端有一针尖，可调整到与水面相切，针尖的外围水面上套有杯形静水器，器底有孔，使水内外相通。读出水面高度 h，则蒸发量 $E=(h'-h)+R$，其中 h' 为前一天的水面高度，R 为降水量。

第七节　日　照

一、概述

气象上通常采用日照计观测日照时数。日照时数是指太阳在一地实际照射的时间，世界气象组织对日照时数的定义是在给定时间内太阳直接辐照度达到或超过 120W/m^2（±20%）的各段时间总和，它是所有地面气象台站必须观测的基本项目。观测日照对于了解太阳直接辐射变化、监测天气气候状况、分析和预报未来天气、指导农业生产、开发太阳能、规划与设计建筑、监测环境等都有重要意义。

日照计是指记录一天中太阳直接辐射达到一定辐照度所需时间的仪器，主要的类型有聚焦式日照计、暗筒式日照计、直接辐射表、总辐射表、散射辐射表等。目前的日照计按原理可分为烧痕法、直接辐射测量法、总辐射测量法、对比法和扫描法等。烧痕法测量日照时数的原理是通过聚集太阳直接辐射，产生烧焦记录纸的阈值效应，由烧痕读出日照时间。基于此原理的仪器主要有暗筒式日照计和聚焦式日照计两种（周淑贞，1997）。

二、实验要求

本次实验需完成实验报告一份,围绕以下几点。

(1)实验目的:阐述为什么要开展对日照的观测工作。

(2)实验内容及要求:根据老师课堂上对日照计等仪器的演示操作,学生熟悉各类仪器的操作流程以及注意事项。

(3)实验原理:描述日照计的工作原理。

(4)使用仪器、材料:日照计。

(5)实验报告:每位同学按小组将日照计的观测结果进行整理分析。

三、暗筒式日照计

暗筒式(或称乔唐式)日照计的测量原理是太阳光通过仪器上的小孔射入筒内,使涂有感光药剂的日照纸上留下感光迹线,根据感光迹线的长短来计算日照时数。仪器包括金属圆筒(底端密闭,筒口带盖,两侧各有一进光小孔,筒内附有压纸夹)、隔光板、纬度刻度盘和支架底座,如图 2.22 所示。当太阳直接辐照度达到或超过 120W/m^2 时,日照计内的自记纸会产生感光迹线,日照时数是依据换下的日照纸感光迹线的长短计算,因此日照纸能否正确感光,成为是否造成误差的关键。

图 2.22　暗筒式日照计

对于日照纸,药液的配置比例、日照纸的涂刷方法和浸泡时间都会影响测量的准确性,因此需严格按照操作规范进行。此外,日照纸的记录还与天气条件有关,在太阳时蔽时露的多云天气里,日照纸烧灼的焦痕往往比实际日照时数偏多;而夜间或阴雨天日照纸受潮往往使焦痕显不出来,从而造成记录偏少。由于该仪器的日照纸需人工制作、安装和更换,日照时数需要根据感光迹线进行人工判断,自动化程度较低,由此导致测量结果主观性强,精度相对较低,资料可比性和一致性难以得到保证。

由于暗筒式和聚焦式日照计的业务观测离不开人工操作,准确度较低,且无法实现自动化,随着当前地面气象观测自动化的发展,该类型仪器已不能满足自动化业务观测的需求,亟待突破关键技术,研制能够投入业务运行的无人值守日照计。

日照时数的观测与日照率的计算步骤:

(1)配制药液与日照纸的涂抹,赤血盐(g)∶水(mL)=1∶10;柠檬酸铁铵(g)∶水(mL)=3∶10。二者等量混匀后,均匀涂抹于日照纸上,在阴暗处晾干。

(2)把日照纸正确安装于暗筒式日照计中,10 时箭头对准筒口白线,14 时线对准筒底白线。

(3)调至当地纬度,并置于野外,高头对准正北方向。

(4)观测结束后,取出日照纸。

(5)统计日照时数,依感光线长短描出钢笔线。日照纸上每小格为 0.1h,每大格为 1h。

(6)计算日照率,日照率=(实际日照时数/昼长)×100%。

四、聚焦式日照计

聚焦式日照计,又称“坎贝尔-斯托克斯日照计”,是利用玻璃球聚焦原理而设计的测定实际日照时数的仪器(图 2.23)。

仪器由固定在弧形支架两端的实心玻璃球、金属槽(安装自记纸用)、纬度刻度尺和底座等构成。其中实心玻璃球被支撑于弧架两端支架上,整个弧架可以转动,以对准纬度。与玻璃球同心的金属槽,则是用以安放日照纸的,其半径恰好等于玻璃球的焦距。

图 2.23　聚焦式日照计

聚焦式日照计是利用太阳光经玻璃球聚焦后烧灼日照纸(卡片)留下的焦痕,来记录日照时数的。因地球公转,一年中每天同一时间的太阳高度角不相同,玻璃球的焦点位置也在移动,因此在仪器的球形截断面上设置有相互重叠的三副槽沟,以便在装入日照纸后能适用于一年中不同的季节。下槽安放夏季日照纸(长弧型),凸边向上,从 4 月 16 日—8 月 31 日适用;中槽安放春、秋季日照纸(直线型),从 3 月 1 日—4 月 15 日,9 月 1 日—10 月 15 日适用;上槽安放冬季日照纸(短弧型),凹边向上,从 10 月 16 日至次年 2 月底适用。放纸时,12 时的时间线应该与槽内中线对齐。

聚焦式日照计安置的地方要求与暗筒式日照计相同。如果仪器安置正确,在晴朗无云时,焦痕应该与日照纸中间的横线完全平行,两端呈尖形,距 12 时线一样长,否则应检查仪器的安装情况。

聚焦式日照计同样在每天日落后换纸。换纸时应使上午线位于西边,12 时线对准金属槽中央的白线,并用穿针将纸固定。高纬度地区日照过长时使用的极地型日照计,一天应换两次纸,分别在中午与午夜进行。

记录处理:应注意纸型与季节是否匹配,是否插在相应的那一道槽沟内。换下纸后,根据换下的日照纸上的焦痕(不论烧灼程度如何,只要看得出是焦痕就可以),计算逐时和全日的日照时数。次日应由白天值班员进行复校。每月至少检查一次设置的方位、水平、纬度等是否正确。

聚焦式日照计的误差主要由日照纸卡的温度和湿度特性及过烧效应产生。特别是在少云的情况下,在中、高纬度地区常常由于露水或霜影响早晨的日照值。

平时应注意保持玻璃球的清洁,如有灰尘可用鹿皮或软布擦去,但绝不能用粗布或麻布擦拭,以免磨损玻璃球。如果玻璃球上蒙有霜、雾或雾凇等凝结物时,应在日出前用软布蘸酒精擦除。遇有降水时,应加上防雨罩保护,但在降水稀疏且有日照时,应及时去掉防雨罩。

第八节　云

一、概述

云和雾都是由悬浮于空中的小水滴或冰晶组成的,云为空中之雾,雾为地面之云。云底不接地,但有一定的高度和形状。云中的水滴比雾中的大。云的形成过程中,以绝热冷却为主,雾则以辐射冷却和平流冷却为主。

云是大气中的水蒸气遇冷液化成的小水滴或凝华成的小冰晶所混合组成的飘浮在空中的可见聚合物。云是地球上庞大的水循环的有形结果。太阳照在地球的表面,水蒸发形成水蒸气,一旦水汽过饱和,水分子就会聚集在空气中的微尘(凝结核)周围,由此产生的水滴或冰晶将阳光散射到各个方向,这就产生了云的外观。并且云可以形成各种形状,也因在天空中的不同高度、形态而分为许多种。

云吸收从地面散发的热量,并将其反射回地面,这有助于地球保温。但是云同时也将太阳光直接反射回太空,这样便有降温作用。哪种作用占优势取决于云的形状和位置。

从地面向上十几千米的大气中,越靠近地面,温度越高,空气也越充足;越往高空,温度越低,空气也越稀薄。另一方面,江河湖海的水面,以及土壤和动植物的水分,随着蒸发到空中变成水汽。水汽进入大气后,成云致雨,或凝聚为霜露,然后又返回地面,渗入土壤或流入江河湖海,以后又再蒸发(汽化),再凝结(凝华)下降。周而复始,循环不已。

水汽从蒸发表面进入低层大气,这里的温度高,所容纳的水汽较多,如果这些湿热的空气被抬升,温度就会逐渐降低,到了一定高度,空气中的水汽就会达到饱和。如果空气继续被抬升,就会有多余的水汽析出。如果那里的温度高于 0℃,则多余的水汽就液化成小水滴;如果温度低于 0℃,则多余的水汽就凝华为小冰晶。在这些小水滴和小冰晶逐渐增多并达到人眼能辨认的程度时,我们所说的云就形成了(中国气象局,2004)。

云的观测主要包括:判定云状、观测云量和测定云高,可根据需要选择观测内容。

二、实验要求

本次实验需完成实验报告一份,围绕以下几点。

(1)实验目的:阐述为什么要开展对云的观测工作。

(2)实验内容及要求:结合已学云方面知识以及《对云观测手册》进一步深入学习。以小组为单位,每小组选派 1~2 位代表成员将小组收集整理好的云图片进行课堂展示,并且将云所指示的天气现象进行讲解。

(3)实验原理:描述云的观测分辨方法。

(4)使用仪器、材料:《对云观测手册》。

(5)实验报告:每位同学将各自观测的云进行分类、归纳、总结,并且说明所观测的云代表的天气类型、特征及天气过程等。

三、云的分类

比较笼统地说，云主要有 3 种形态：一大团的积云、一大片的层云和纤维状的卷云。而科学上云的分类最早是由法国博物学家让·巴普蒂斯特·拉马克(Jean Lamarck)于 1801 年提出的。1929 年国际气象组织以英国科学家路克·何华特(Luke Howard)于 1803 年制定的分类法为基础，按云的形状、组成、形成原因等把云分为十大云属。而这十大云属则可按其云底高度把它们划入 3 个云族：高云族、中云族、低云族(表 2.2)。另一种分法则将积雨云从低云族中分出，称为直展云族。这里使用的云底高度仅适用于中纬度地区(除英、美等国外，世界气候组织与各国一般采用国际单位制)。

表 2.2 云的分类

云族	学名	缩写	云类	缩写
低云 100m<H<2000m	积云	Cu	淡积云	Cu hum
			碎积云	Fc
			浓积云	Cu cong
	积雨云	Cb	秃积雨云	Cb calv
			鬃积雨云	Cb cap
	层积云	Sc	透光层积云	Sc tra
			蔽光层积云	Sc op
			积云性层积云	Sc cug
			堡状层积云	Sc cast
			荚状层积云	Sc lent
	层云	St	层云	St
			碎层云	Fs
	雨层云	As	雨层云	Ns
中云 2000m<H<6000m	高层云	As	透光高层云	As tra
			蔽光高层云	As op
	高积云	Ac	透光高积云	Ac tra
			蔽光高积云	Ac op
			荚状高积云	Ac lent
			积云性高积云	Ac cug
			絮状高积云	Ac flo
			堡状高积云	Ac cast

续表 2.2

云族	学名	缩写	云类	缩写
高云 $H>6000$m	卷云	Ci	毛卷云	Ci fil
			密卷云	Ci dens
			伪卷云	Ci not
			钩卷云	Ci unc
	卷层云	Cs	毛卷层云	Cs fil
			薄幕卷层云	Cs nebu
	卷积云	Cc	卷积云	Cc

四、云的判读

天空有各种不同颜色的云,有的洁白如絮,有的乌黑一块,有的灰蒙蒙一片,有的发出红色和紫色的光彩。这里面,云的厚薄决定了颜色,我们所见到的各种云的厚薄相差很大,厚度厚的可达 7～8km,薄的只有几十米。很厚的层状云或者积雨云,太阳的光线很难透射过来,看上去云体就很黑;稍微薄一点的层状云和波状云,看起来是灰色,特别是波状云,云块边缘部分色彩更为灰白;很薄的云,光线容易透过,特别是由冰晶组成的薄云,云丝在阳光下显得特别明亮,带有丝状光泽,天空即使有这种层状云,地面物体在太阳光下仍会映出影子。有时云层薄得几乎看不出来,但只要发现在太阳光附近有一个或几个大光环,仍然可以断定有云,这种云叫做“薄幕卷层云”。孤立的积状云,因云层比较厚,向阳的一面,光线几乎全部反射出来,因而看起来是白色的;而背光的一面以及它的底部,光线就不容易透射过来,看起来比较灰黑(表 2.3)。日出和日落时,由于太阳光线是斜射过来的,穿过很厚的大气层,空气中的分子、水汽和杂质使得光线的短波部分大量散射,而红色、橙色的长波部分散射得不多,因而照射到大气下层时,长波光特别是红光占绝对多数,这时不仅日出、日落方向的天空是红色的,就连被它照亮的云层底部和边缘也变成了红色。由于云的组成有的是水滴,有的是冰晶,有的是两者混杂在一起的,因而光线通过时,还会形成各种美丽的光环或彩虹。由于篇幅的原因,加之本书主要为简略介绍云的判读,想了解更多关于各云类判读的方法可参考相关书籍或互联网资料。

表 2.3　云的判读

判断特征 云高	颜色	形状结构	视感
高云	发白发亮、白	纤维状、丝缕状	飘逸、柔
中云	灰白	块状、条状	结实、致密
低云	灰黑、灰暗	团状、堆状	松散、边缘清晰可见

第九节　气象卫星图与雷达图

一、概述

20 世纪 50 年代后期，空间技术迅速发展，出现了人造卫星。人造卫星是进行现代科学研究的重要工具，目前人造成卫星已广泛应用于天文、气象、地质、地理、海洋、农业、军事和通信等各个领域。1960 年 4 月 1 日，美国成功发射了第一颗气象试验卫星 TIROS-1（泰罗斯-1），开创了人造卫星应用于气象探测的新纪元。至今全世界有许多国家发射了自己的气象卫星。

1. 气象卫星

人造星体，在宇宙空间、确定的轨道上飞行，携带各种气象探测仪器，以对地球及其大气和海洋进行气象观测为目的，测量诸如温度、湿度、风、云、辐射等气象要素，以及降雨、冰雹、台风、雷电等天气现象。

气象卫星是对地球及大气层进行气象观测的人造地球卫星，具有范围大、及时迅速、连续完整的特点，并能把云图等气象信息发给地面用户。气象卫星的本领来自它携带的气象遥感器，这种遥感器能够接收和测量地球及其大气的可见光、红外光与微波辐射，并将它们转换成电信号传送到地面。地面接收站再把电信号复原绘出各种云层、地表和洋面图片，进一步处理后就可以发现天气变化的趋势。

2. 气象雷达

雷达（radar）是利用目标物对发射的电磁波辐射反射，探测目标物方位和距离的无线电工具，又名无线电定位。用于气象探测目的的雷达称为气象雷达。目前在气象台站业务中的气象雷达主要用于测量降水分布，这种雷达称为测雨雷达，是首先用于气象的地对空遥感仪器。

气象雷达多为脉冲雷达，它以一定的重复频率发射出持续时间很短（0.25～4μs）的脉冲波，然后接收被降水粒子散射回来的回波脉冲。降水对雷达发射波的散射和吸收与雨滴谱、降水强度、降水粒子的相态、冰晶粒子的形状和取向等特性有关。因此，分析和判定降水回波，可以确定降水的各种宏观特性和微物理特性。在降水回波功率和降水强度之间已建立有各种理论和经验的关系式，利用这些关系，可以根据回波功率测定雷达探测范围内的降水强度分布和总降水量（陈渭民，2017）。

二、实验要求

本次实验需完成实验报告一份，围绕以下几点。

（1）实验目的：解释为什么需要使用卫星和雷达开展气象观测与分析。

（2）实验内容及要求：根据老师课堂上对气象卫星与气象雷达的讲授，学生要对气象卫星系统和气象雷达系统的组成以及基本工作原理具有初步的了解，并且能够基本掌握分析气象卫星图和气象雷达图的要领。

（3）实验原理：使用气象卫星图和气象雷达图分析天气状况。

(4)使用仪器、材料:气象卫星图、气象雷达图。

(5)实验报告:选取自己感兴趣的区域结合最新发布的气象卫星图和气象雷达图对该区域天气状况进行简要分析。

三、气象卫星遥感的特征与意义

遥感是指在一定距离之外,不直接接触被测物体和有关物理现象,通过探测器接收来自被测物体(目标物)反射或发射的电磁波辐射信息,并对其进行处理、分类和识别的一种技术。收集电磁波辐射信息的装置(如扫描辐射仪、相机等观测仪器)称传感器;装载传感器的设备(如卫星、飞机、火箭等)称运载工具。利用卫星这一个运载工具进行遥感探测称卫星遥感,而利用气象卫星对大气进行遥感探测称为气象卫星遥感。

1. 气象卫星的观测特点

(1)在空间固定轨道上进行观测。气象卫星一旦进入轨道,便只能在固定的轨道上观测地球大气,而不是像飞机那样可以自由选择观测路线。当卫星选用一定的轨道,则观测范围和区域就确定了,所以对于一定的观测目的,轨道的选择是重要的。卫星在轨道飞行的另一个优点是不再需要像飞机那样提供飞行动力,工作时间可长达几年以上。

(2)自上而下对地球-大气系统进行观测。气象卫星在空间自上而下观测地球大气,这与地面观测是不同的。如对云的观测,卫星观测到的是云顶特征。在有几层云时,卫星首先观测到的是高云;若高云很薄,则可透过高云看到中低云;如果高云很厚,就无法看到中低云。如果卫星看到的云很白,说明云很厚,在地面观测这块云时就很暗。气象卫星不但能进行大范围的水平观测,而且可以对大气作垂直探测,为研究天气系统的结构提供资料。

(3)可以实现全球和大范围观测。气象卫星在离地面几百千米到几万千米的宇宙空间,不受地理条件的限制,对地球大气进行大范围观测。如泰罗斯-N卫星在约850km高空对地球东-西方向扫描观测,可达3000km左右;地球静止气象卫星在约36 000km高空对地于某一固定区域的观测面积达$1.7\times10^8 km^2$,约为地球表面积的1/3。

(4)采用遥感探测方式。气象卫星不能直接接触地球大气,只能采用遥感的方法获取大气和地面目标物的特性。遥感探测具有观测速度快、项目多、信息量大和测量系统不干扰被测目标物,以及资料代表性好等优点。例如卫星采用多个光谱段,以短的时间间隔测量,能及时掌握云系演变和各种气象要素,为天气预报提供依据。卫星测量比地面观测更具有内在的均匀性,在全球表面是连续的。此外,对一颗气象卫星用一台仪器对世界各地观测,资料统一,不像地面观测采用型号不同、性能不完全一致的仪器工作,需要对大量仪器进行定标。

(5)有利于发展和推广应用探测新技术。

2. 气象卫星的分类

根据卫星运行轨道的不同可以将气象卫星分为两类,即近极地轨道卫星和地球静止轨道卫星。

(1)近极地轨道卫星的观测特点。优点:近极地轨道气象卫星较低的轨道高度可以进行高分辨率全球观测、地表自然灾害和生态环境监测;可以实现全球大气三维要素场的垂直探测，为提高长期数值天气预报精度提供高价值数据和产品。缺点：无法实现高频次观测。

(2)地球静止轨道卫星的观测特点。优点：观测范围大，一颗卫星可以观测地球面积的1/4～1/3；观测频次高，每0.5h获得一次全圆盘观测结果，还可以分钟级获得局部区域的观测结果。缺点：难以实现全球观测(尤其两极地区)；高纬度观测分辨率降低；轨道高，提高可见光和红外遥感的空间分辨率、实现微波遥感(全天候探测)存在困难。

3. 卫星资料广泛使用

气象卫星观测体系的建立，大大地丰富了气象观测的内容和范围，使大气探测技术和气象观测进入了一个新阶段，突破了人类只能在大气底层观测大气的局限性。一些难以观测的资料和地区，现在都可以从气象卫星上得到实现。当前气象卫星可以提供以下有价值的资料：①每日的可见光、红外和水汽等多谱段图像资料；②大气垂直探测资料；③微波探测资料；④太阳质子、粒子资料等。

以上这些资料包含有大量地球大气信息，由这些信息可得以下气象和其他领域的各种参数与现象：①云系的大范围分布和各类天气系统的位置、形成、发生、发展等，灾害性天气的发生、发展；②云类、云量、云顶温度(云顶高度)、云的相态等；③气溶胶、沙尘暴、吹沙、浮尘、冰雪覆盖等；④陆面温度、植被分布、蒸发、土壤湿度、地面反照率等陆面参数；⑤大气温度、湿度垂直分布，大气中水汽总量、臭氧总量；⑥降水量和降水区、地面水资源、洪水等；⑦给定区域的云风矢量；⑧入射地球大气系统的太阳辐射和地球大气系统反射总辐射，长波辐射总量，地气系统辐射收支等；⑨海洋表面温度、洋流、悬浮物质浓度、叶绿素浓度和海冰等海洋表面状态；⑩监视森林火灾、树木生长状况；⑪由可见光和近红外云图提取植被指数、监视农作物生长、估计作物产量；⑫监视太阳质子、粒子、电子通量密度和能量谱以及卫星高度上的粒子总能量(陈渭民，2017)。

四、气象卫星云图的观测

1. 可见光云图

可见光云图是指通过卫星在可见光谱段大气窗区接收地面和云面反射或入射到地球的太阳辐射而得到的图像。它的特征包含以下5个方面：

(1)云图色调存在日变化、季节变化和地理位置变化等。

(2)太阳高度角一定时，反射率越大，云图的色调越白；反之，越暗。

(3)云的反射率决定云的厚度和相态；水面反射率一般小于陆地，但镜面反射除外。

(4)太阳高度角越大，云图的色调就越暗；反之，越白。

(5)外太空不反射太阳光，为黑色；有时会看到月光。

2. 红外云图

红外云图是指通过卫星在大气窗区10.5～12.5μm接收地面发射的红外辐射而得到的云图，反映地球表面的温度分布。它的特征包含以下3个方面：

(1)与可见光云图的显示方式相同——反相显示。

(2)白天,红外云图同时包含红外辐射和太阳辐射信息,云图显得比较奇怪。

(3)夜间,红外云图只有红外辐射信息,与长波红外云图比较相似,但受水汽影响小,比长波红外云图清晰。

3. 水汽图

水汽图是指通过卫星在大气水汽吸收带接收地球大气中水汽发射的辐射而得到的云图。它的特征包含以下 4 个方面:

(1)很难看到地表和低云(低于 850hPa),它们的辐射被大气吸收而无法到达卫星。

(2)色调越白,水汽含量越多;反之,水汽含量越少。

(3)色调浅、白的区域是对流层上部的湿区,一般与上升运动相联系;色调暗、灰的区域是大气中的干区,一般与下沉运动相联系。

(4)积雨云和卷云的特征比较显著。

五、气象卫星云图中天气系统分析

气象卫星云图中天气系统分析主要包括以下 4 个方面:

(1)根据气象卫星云图可以确定冷锋位置、移动方向、云系的范围。

(2)监视暴雨、强雷暴等灾害性天气系统。卫星云图可以监视周期短、强度大的中小尺度灾害性天气系统,可以监测暴雨、冰雹、龙卷等云系,如出现在各地的强雷暴灾害性天气的云系。

(3)监视热带洋面上的低压、台风等天气系统。卫星云图可以确定台风中心位置、强度和移动方向。

(4)监测大气污染、雾霾、沙尘暴等。

六、气象雷达的组成

气象雷达由以下几个基本部分组成:发射机,产生高频脉冲;定向天线,发射探测脉冲和接收回波脉冲;接收机,放大回波脉冲信号;显示器,显示气象目标物(如降水区、风暴)相对于雷达的位置、回波强度和结构。天气雷达常用的显示器有 3 种:

(1)距离显示器(A 显或 A/R 显),显示不同距离上气象目标物的回波强度的一种仪器。

(2)平面位置显示器 (PPI),以雷达站为显示中心,把气象目标物的方位和距离的平视图以极坐标形式显示出来的一种指示仪器。它可反映降水区、风暴等的水平分布。

(3)距离高度显示器 (RHI),把在给定方位的铅直平面内气象目标物的距离和高度以直角坐标形式显示出来的一种指示仪器。它可反映降水区风暴等的铅直结构。

20 世纪 70 年代以后,定量探测的气象雷达还附有小型计算机的数字处理系统。

七、测雨雷达的工作原理

传统的测雨雷达由天线、天线转换开关(用于发射信号与接收信号间转换)、触发信号发生器、发射机、接收机和显示器组成,为控制天线的转动还需要天线伺服系统。

(1)天线:测雨雷达天线是用于发射电磁辐射和接收由云雨粒子对雷达发射电磁波辐射

的反向散射辐射，天线的作用是将由发射机发出的电磁波辐射集中为窄的波束，向某一方向发射，因此雷达天线具有很强的方向性。

由雷达确定云雨粒子的方向和距离，也必须以与发射方向的相反方向接收雷达发出的电磁波辐射，因此只有当雷达发出的电磁波辐射遇到云雨粒子时，雷达才能接收到返回的电磁波，这种返回的电磁波称为雷达回波。此时雷达发射和接收电磁波的方向就是云雨粒子目标的方向（方位和仰角）。

(2)天线转换开关：由于雷达只使用同一个天线发射和接收电磁波辐射，为此必须使用一个天线转换开关。交替发射和接收电磁波辐射信号，在雷达发射期间，断开接收机通路，在雷达接收期间又与发射通路断开，完成发射和接收电磁波辐射的任务。

(3)触发信号发生器：雷达发射的电磁波是由一个称之为雷达信号发生器，以一定的时间间隔发生的触发信号触发发射机，然后发射机发出一个强度高的高频振荡电磁信号，通过天线向外发射。

(4)发射机：在触发信号发生器作用下产生强的高功率电磁辐射波。

(5)接收机：起接收信号的作用。

(6)显示器：测雨雷达接收云雨粒子返回的电磁波辐射通过接收机的变换处理，把雷达回波的位置、距离、强度和降水结构等显示出来。

第十节　天　气　图

一、概述

天气图是指填有各地同一时间气象要素的特制地图。在天气图底图上，填有各城市、测站的位置以及主要的河流、湖泊、山脉等地理标志。气象科技人员根据天气分析原理和方法进行分析，从而揭示主要的天气系统、天气现象的分布特征和相互的关系，是目前气象部门分析和预报天气的一种重要工具。天气图分地面天气图及高空天气图，主要层次如85hPa、70hPa、50hPa、30hPa、20hPa等天气图，同一时刻上、下层次配合，可了解天气系统的三维空间结构，根据需要可选用不同范围的天气图，在我国通常用欧亚范围的天气图，有时也用北半球范围、低纬度(30°N—30°S)图或某一省图，地区范围的小图作辅助分析用。各地气象台站按照统一规定时间进行观测，把收集到的有关风、云、大气压力、温度、湿度等气象资料，用各种天气符号按照一定格式填在一种专门设计的空白图上，这种图就是天气图。

二、实验要求

本次实验需完成实验报告一份，围绕以下几点。

实验目的：解释为什么要开展天气图的识读工作。

实验内容及要求：根据老师课堂上对天气图的讲解，学生要熟悉天气图的作用、种类和天气图底图上填写的符号所代表的各气象要素。对海平面气压场分析，用绘等值线法画等压线。初步学习地面天气图分析，基本掌握利用地面要素场及其变化，确定锋线位置，进行锋面分析,并绘制地面天气图。

实验原理:描述对天气图识读的方法与要求。

使用仪器、材料:天气图填图、黑色铅笔、蓝色铅笔、红色铅笔、橡皮。

实验报告:每位同学需描述在天气图识读过程中所采用的方法与步骤,以及通过识读天气图初步分析天气的过程等。

三、天气图的种类

天气图是目前气象台站进行天气预报的工具,通过分析天气图确定天气系统,探讨天气系统的发生、发展及演变规律,从而预测未来天气。

(1)地面天气图。它是填有各地同一时刻观测的地面气象要素值(气温、露点、风向、风速、能见度、海平面气压)和部分空中气象要素(云状、云量、降水和各种天气观象)以及反映最近短时间内气象要素变化趋势(3h 变压,最近 6h 内出现的天气现象)的一种气象图。因此,地面天气图是综合性天气图,是天气分析和预报中最基本的天气图。

(2)高空天气图,又称空中等压面图。它是填有各地同一时刻的空中某一等压面气象资料(位势高度、气温、风向、风速、温度露点差)的一种天气图。通常空中等压面分为 850hPa、700hPa、500hPa、400hPa、300hPa、200hPa、100hPa 共七层。一般气象台最常用的高空等压面图有 850hPa、700hPa、500hPa 三层。

(3)辅助图:配合地面图和等压面图使用的辅助图,种类很多,没有一定的规格,根据不同分析预报的需要而异。它大体分为两大类,一类为地面辅助图,如天气实况演变图、变压图、变温图、降水量图、危险天气现象图等;另一类为高空辅助图,如流线图、变温图、变高图、温度-对数压力图、单站空中和垂直剖面图等。

四、地面天气图的绘制

地面天气图分析的项目和步骤并无完全一致的规定,预报员可根据当时预报重点及自己的经验灵活掌握。一般采用下列顺序进行分析:①绘制等变压线($\Delta P3$),一般分析图时,这一步骤简化,只勾画或标注正(负)变压数值大的中心;②勾画规范所规定的天气区域符号;③描绘峰和高低压中心的过去位置,并注明时间和强度;④从最近几张连续的地面与高空图上,了解最近天气过程中的一般形势及发展趋向,并和本张图上云和降水的符号及区域相对照,掌握天气大致演变情况;⑤初步确定锋的位置,轻描等压线,然后绘制出气压场及天气分布情况用来与确定的锋区相校正,再确定锋的位置和类型,完成绘图工作包括等压线描实及其他规定的符号,最后审查。

掌握地面天气图分析的原则、内容与方法。

(1)等值线的分析基本原则:①同一条等值线上要素值处处相等;②等值线一侧的数值必须高于另一侧的数值;③等值线不能相交,不能分支,不能在图中中断;④相邻两根等值线的数值必须是连续的;⑤遵循地转风的关系,即等压线和风向平行。

(2)绘制等压线时的注意事项:①等压线用黑色铅笔绘制。②等压线一般应保持平滑,避免不规则的小弯曲和突然的曲折(但通过不连续线时除外)。③相邻两站间气压变化比较均匀时,等压线的位置可用内插法确定。在风速大的地区,等压线可分析得密集一些;在风速小的地区,等压线可分析得稀疏一些。④根据梯度风的原则,在低压区,等压线分析得密集一些;在高压区,分析得稀疏一些,在高压中心附近基本上应是均压区。⑤两条数值相等的等压线,要尽量避免互相平行并相距很近。⑥绘制等压线时,应尽可能地参考风的记录。⑦等压线通过锋面时,必须有明显的折角,或为气旋性曲率的突然增加,而且折角指向高压一侧。⑧等压线的暖锋前有比较明显的气旋性弯曲,冷锋后有明显的反气旋性弯曲。

(3)绘制地面图上等压线时,应遵循下列规定:①在亚洲、东亚、中国区域地面天气图上,等压线每隔 2.5hPa 画一条(在冬季气压梯度很大时,也可以每隔 5.0hPa 画一条),等压线的数值规定为 1 000.0hPa、1 002.5hPa、1 005.0hPa 等,其余依此类推。在北半球、亚欧地面天气图上,则每隔 5.0hPa 画一条,规定绘制 1000hPa、1005hPa、1010hPa 等压线,其余依此类推。②在地面天气图上等压线应画到图边,否则应闭合起来。在没有记录的地区可作例外,但应将各条并列的等压线末端排列整齐,落在一定的经线或纬线上。如果等压线是闭合的,则在等压线的上端开一小缺口,在缺口中间标注气压数值,这数值标注与纬线平行。③在低压中心用红色铅笔注"低"(或"D"),代表低压;高压中心用蓝色铅笔注"高"(或"G"),代表高压,在台风中心用红色铅笔注台风的符号。

(4)地形等压线的绘制在山地区域,有时由于冷空气在山的一侧堆积,造成山的两侧气压差异很大,使画出来的等压线有明显的变形或突然密集,但是在这一带并无很大的风速与此相适应。为了说明这种现象是由山脉所造成的,将这里的等压线画成锯齿形,并称这样的等压线为地形等压线。当地形等压线很拥挤时,可把几根等压线用锯齿状连接起来,但数根等压线不能相交于一点,而且要进出有序,两者条数相等;地形等压线要画在山的迎风面或冷空气一侧。此外,还要注意地形的特点和冷空气的活动情况,地形等压线要与山脉的走向一致,不能横穿山脉。我国最常见的地形等压线是天山地形等压线。当冷空气从天山以北下来时,受天山阻挡大量聚集在天山以北,而不能立即到达天山以南地区,故天山南、北两侧气压差别很大,在地面图上即可分析出地形等压线。我国常出现地形等压线的地区还有帕米尔、祁连山、长白山等地(姜世中,2020)。

五、高空天气图的绘制

高空天气图上填写的气象要素是同一等压面上各点的高度,因而分析绘制的是相隔一定数值的等高线。等高线画好后,就能看出当时高空的气压形势(低压槽、高压脊),然后再画出等温线,标出冷、暖中心。根据冷、暖中心与低压槽、高压脊的配置情况,预报人员就可对未来的气压形势作出大致的判断。

空间气压相等的点所组成的曲面称为等压面。由于同一高度上各地的气压不可能都相等,因此等压面不是一个水平面,而是一个像地形一样起伏不平的面。用来表示空间等压面起伏形势的图称为等压面形势图,简称等压面图。

等压面的起伏形势可采用绘制等高线的方法表示出来。具体地说,将各地上空某一等压面所在的高度值填在图上,然后连接高度相等的各点绘制出等高线,从等高线的分布即可看出等压面的起伏形势。如图 2.24 所示,P 为等压面,H_1,H_2,…,H_5 为厚度间隔相等的若干水平面,它们分别和等压面相截(截线以虚线表示),因每条截线都在等压面 P 上,故所有截线上各点的气压均等于 P,将这些截线投影到水平面上,便得出 P 等压面上距海平面分别为

$H_1, H_2, \cdots, H_5$ 的许多等高线,其分布情况如图 2.24 下半部分所示。

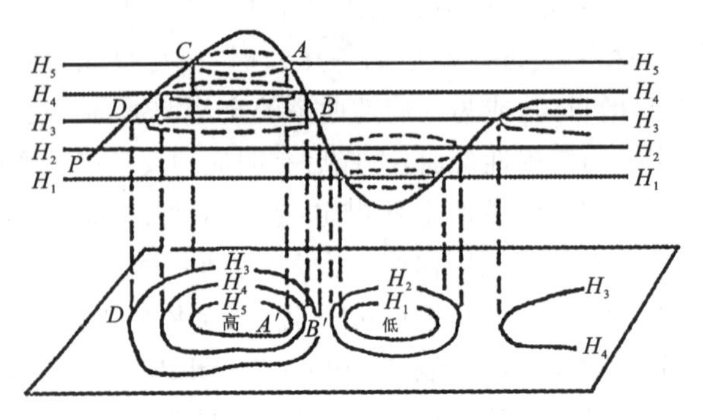

图 2.24　等压面形势与等压面图

对于高空天气图,首先是绘制等值线、等温线。把海面到指定等压面的高度(单位:gpm①)用每 60gpm 的等高线进行分析,但在 300hPa 面上每 120gpm 画等高线。夏季高度线的间隔较宽时用虚线画 30gpm 间隔的等高线。等温线一般每 3℃用棕色或红色铅笔画等温线。在观测资料多的地方,采用内插法可以相当准确地分析出来,在观测资料较少的地方,如海上,做出预报分析则较困难。这种地方的等温线分析一般利用与其等压面较近的上、下等压面之间的平均气温的分布进行。高空天气图上槽线、脊线分别用棕色粗实线和棕色粗虚线标出。

(1)绘制等压面图的技术规定。①等高线用黑色铅笔以平滑实线绘制。②各等压面上的等高线均每隔 40gpm 画一条。在每条线的两端均需标明位势高度值的千位、百位和十位数,并规定:在 850hPa 图上分析数值为…,144,148,152,…的等高线;在 700hPa 图上分析数值为…,296,300,304,…的等高线;在 500hPa 图上分析数值为…,496,500,504,…的等高线。③各等压面上等高线的高值区(高压区)中心用蓝色标注"G"字,低值区(低压区)中心用红色标注"D"字。日本、美国、英国等国家分析的等压面图,等高线间隔采用每隔 60gpm 分析一条,高、低值中心分别用"H"和"L"标注。

由此可知,分析等高线时,同样需要遵循下述规则:等高线的走向和风向平行,在北半球,背风而立,高值区(高压区)在右、低值区(低压区)在左;等高线的疏密(即等压面的坡度)和风速的大小成正比。

(2)绘制等温线图的技术规定。①等温线用红色铅笔细实线绘制。以 0℃ 为基准,每隔 4℃绘制一条。所有等温线两端须标明温度数值。②温度场的暖、冷中心,分别用红色铅笔(实线)标注"W"字(或"暖"字)和蓝色铅笔(实线)标注"C"字(或"冷"字)。等温线的分析原则:绘制等温线时,除了主要依据等压面上的温度记录以外,还要参考等高线的形势进行分析。这是因为温度越高,则空气的密度

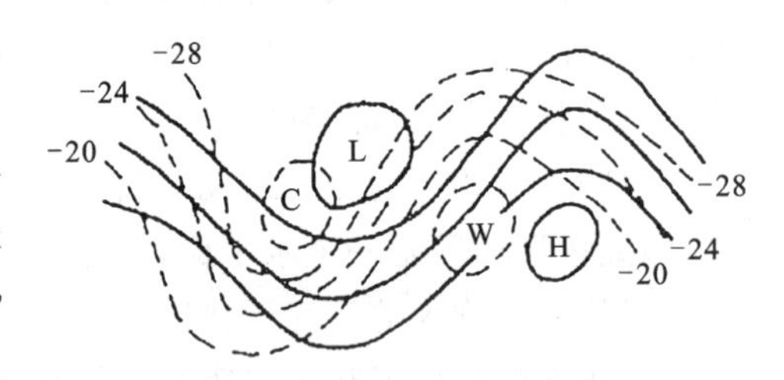

图 2.25　常见的温压场配置
[实线为等压线,虚线为等温线(℃)]

① gpm 为位势米,是位势高度的单位,在气象学中常用。

越小，气压随之降低。一般700hPa或500hPa以上的等压面，高温区往往是等压面高度较高的区域；反之，低温区往往是等压面高度较低的区域。因此，在高压脊附近往往有温度场的暖脊存在，而在低压槽附近往往有温度场的冷槽存在，图2.25表示了较常见的温压场的配置情况。

六、天气图的填写

把各地同一时刻观测的气象资料通过电报传到各通信中心，收集好台、站资料后，通信中心电传到各地的气象台和气象站。各台、站接收各地气象资料报告后，使用规定的符号和数字填在天气图底图上，经绘制分析以便作天气预报（图2.26）。

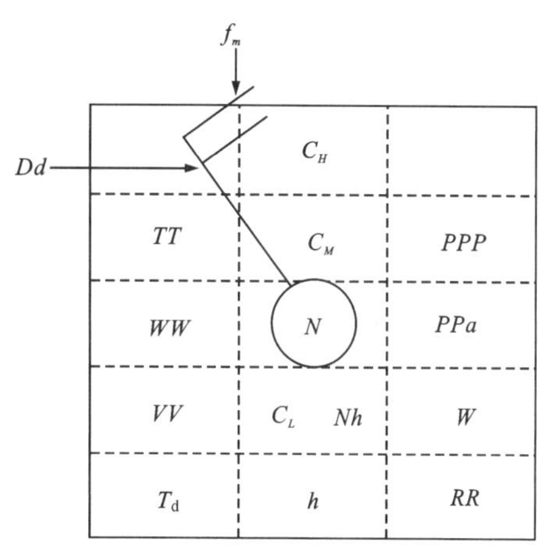

图2.26　陆地测站填图格式

在图2.26中，h代表云底低于2500m的云底高度；N代表总云量；C_H、C_M和C_L分别代表高、中、低云云状；Nh代表云底低于2500m的低云或中云的总量；T_d代表露点温度；VV代表有效水平能见度；WW代表现在天气现象；TT代表气温；RR代表过去6h内（包括本次观测时）的降水量；W代表过去天气现象；PPa代表过去3h气压倾向；PPP代表海平面气压；Dd代表风向，以矢杆表示，矢杆方向指向站圈[①]，标示风的来向。静风时不填任何符号，f_m代表风速。

风速杆分为3种：长划，每一长划代表4m/s，长度以0.4cm为宜；短划，每一短划代表2m/s，长度为长划的一半；三角旗，每一三角旗代表20m/s，三角旗是高为0.4cm的空心三角形（表2.4）。

表2.4　风速换算表

风速/m·s^{-1}	填图符号	风速/m·s^{-1}	填图符号	风速/m·s^{-1}	填图符号
0		13～14		29～30	
1		15～16		31～32	
2		17～18		33～34	
3～4		19～20		35～36	
5～6		21～22		37～38	

① “站圈”用空白底图中的圆圈图案表示，即相应的测站。

续表 2.4

风速/ $m \cdot s^{-1}$	填图符号	风速/ $m \cdot s^{-1}$	填图符号	风速/ $m \cdot s^{-1}$	填图符号
7～8		23～24		39～40	
9～10		25～26		41～42	
11～12		27～28		43～44	

注:超出表内数值时可依此类推。

第十一节　气候资料的统计分析

一、概述

在气象资料整理工作中,气候资料的基本统计即各气象要素的多年观测记录按不同方式的统计,其统计结果称为气候统计量,又称气候要素。它们是分析和描述气候特征及其变化规律的基本资料。通常使用的有均值、总量、频率、极值、变率、各种天气现象的天数及其初、终日期,以及某些要素的持续天数等(黄嘉佑和李庆祥,2015)。

气候统计量通常要求有较长年代的记录,以便使所得的统计结果比较稳定,一般取连续30年以上的记录即可。为了对某区域或全球范围的气候进行分析比较,必须采用相同年份或相同年代的资料。为此,世界气象组织曾先后建议把1901—1930年和1931—1960年两段各30年的记录,作为全世界统一的资料统计数据。在一些气候变化不大的地区或对于一些年际间变化较小的要素,其连续10年以上的统计结果,也具有一定的代表性。

二、实验要求

(1)了解气候资料统计分析的一般性原则和方法。

(2)了解地面基本气象与气候资料的观测月报表的内容。

(3)结合气象实习的内容和要求开展气候资料的调查。

(4)掌握温度、湿度、降水、风和日照百分率的统计方法。

三、气象资料的汇总

每天观测到的气象和气候资料记录在观测记录簿上和自记纸上,这是地面气象观测的原始记录。每天要将原始资料按要求和规定进行整理,并在该月终将该月每日的资料整编和统计成《地面基本气象观测月报表》;每年年终将该年各月资料整编成《地面基本气象观测年报》。它们是气象资料的主要来源。

《地面基本气象观测月报表》的资料整编,应将气温、气压、水汽压、相对湿度、云量、地温等项目作成各定时(02时、08时、14时、20时)及日合计、日平均栏，各旬应作旬计，下旬应作平均，月终应作月合计、月平均。旬、月合计，平均值，均用纵行统计，而该月各日4次的定时观测累加值即日合计，除以4即为日平均值，应作横行统计。

四、基本气候指标的统计方法

1. 总数

总数又称为总量，是某气象要素观测值在一定时段内的累积量。如某年7月的月降水量，就是该年7月1—31日所有各日降水量的总和；某年的年降水量则为该年1—12月各月降水量的总和。统计总量的要素有降水量、日照时数、蒸发量和辐射量等。

有些气候要素需要用总数表示，例如日照、降水、积温等，需要统计在某一时段(如日、月、年)内的总数。总数(X)的计算公式：

$$X = x_1 + x_2 + x_3 + \cdots + x_n \tag{2.1}$$

式中，$x_1, x_2, x_3, \cdots, x_n$ 为该时段内每次观测记录的数值。

例如，积温就是温度的总和，积温通常用来表述某地的热量条件。积温有活动积温和有效积温两种统计法。活动积温是指在作物生长期内，高于生物学最低温度(如≥5℃，≥10℃，≥15℃等)的日平均温度的累积。如某地某年在4月21日至10月7日之间，169d的日平均温均在15℃以上，这169d的日平均温的总和，就是该地这一年大于或等于15℃的积温。有效积温是指活动温度与生物学最低温度差值的累积。如在上例中，在每日日均温中减去15℃之后，所余冬日差值的累积，即为该地的有效积温。

2. 平均值

平均值是基本气候资料中最常用的统计量。必须统计平均值的气象要素有气压、气温、湿度、风速和云量等。日平均值是一昼夜的24次、8次或4次观测值的平均数据。候平均值、旬平均值和月平均值，分别为每5d、10d和30d(或31d)中的日平均值的平均数据。年平均值则为一年12个月的月平均值平均所得的数据。多年平均值为某要素逐年同期的平均值，在相当长(至少连续30年)的时期内平均所得的数据。为了解气候的变化或某气象要素的变化，还常用距平值。它是一系列数值中的个别值与平均值之差。个别值大于平均值者称正距平，小于平均值者称负距平。主要有对多年平均值的偏差、气候要素在某一特定地点的数值与该要素在该地所在纬圈的平均值之差等。

通常用的平均值多为算术平均值(还有滑动平均值)。平均值有日、候、旬、月、年等时段的平均值。

统计方法是将某一气象要素的观测记录资料，逐次、逐日、逐月或逐年相加，除以相加的次数(n)，就可得该时段的平均值(X)，计算公式如下：

$$X = \frac{(x_1 + x_2 + x_3 + \cdots + x_n)}{n} \tag{2.2}$$

现以气温的平均值为例，说明各种平均值的计算法：

(1)日平均气温在一天有24次(每小时一次)观测记录的气象资料，将24次观测记录值相加,除以 24,就得出该日的日平均温。一般气象站只有 4 次观测,其日均值就是 4 次观测值的平均数。若每日只有 08 时、14 时、20 时 3 次观测的气象站或学校,其日平均气温的计算法:用当天最低气温和前一天 20 时的观测值的平均值,代替 02 时的气温值,与其他 3 次观测值相加,除以 4,其商即是日平均气温。日平均气温是各种平均气温统计的基础。

观测 3 次的相对湿度、地温等日平均值的计算,则为:2×(08 时观测值与 14 时和 20 时的观测值相加)/4。

(2)候平均气温是以 5d 为时段的日平均气温的算术平均值。每月分为 6 候,不足或超过 30d 的月份,最后一候可跨月计算。全年为 73 候。

(3)旬平均气温是以 10d 为时段的日平均气温的算术平均值。每月分上、中、下三旬,下旬为 10d 或 11d(2 月除外)。

(4)月平均气温是某月各日日平均气温的算术平均值。

(5)年平均气温是一年 12 个月月平均气温的算术平均值。

在表述一地气候特征或气候形成时,常用各气候要素的多年平均值。如地理书中所说“某地年平均气温”,即指该地区多年年平均气温的算术平均值。

3. 众数

众数是指某一气象要素的一系列数值中,出现频数最多的数值,它能代表大多数情况。

4. 极值和较差

极值为某气象要素自有观测记录以来的极端数值或在某特定时段的极端数值。实际应用的有平均极值、极端极值和一定保证率的极值 3 种。平均极值是指对每天观测到的某项极值(如最低温度)进行旬、月、年与多年平均的结果。如北京在 1951—1970 年的 20 年间,7 月平均最高气温为 31.1℃,1 月平均最低气温为-10.0℃。极端极值是从某要素在某时段的全部极值观测记录中挑选出的最极端的数值。如北京在 1951—1970 年的 20 年中,极端最高气温曾达到 40.6℃(1961 年 6 月 10 日),极端最低气温为-27.4℃(1966 年 2 月 22 日)。

气候资料中的极端极值与统计的时段(候、旬、月、年)和记录的年代有关,时段和记录的年代不同,极端极值就可能不同。

在解决许多实际生产任务时,往往不取极端极值,而取某种保证率的极值,如取 30 年(或 50 年、100 年甚至更长时段)一遇的极值。这种极值是根据一定时间的实测资料,按照数理统计极值频数分配理论计算出来的。

平均值只能表示某一气候要素在一定时期内的平均状况,而不能说明其变化情况,因此需要用极值和较差表述某气候要素的变化情况。极值有绝对极值和平均极值。绝对极值即观测时期内所出现的最大(高)值和最小(低)值。如某地 7 月的绝对最高气温 38.0℃,是指该地某年 7 月每日最高气温中的最高值;而 7 月的平均最高气温为 35.1℃,是指该月某日最高气温的算术平均值。前者为绝对极值,后者为平均极值。

较差又称振幅,是指同一时期内某气象要素最大值和最小值之差,如日较差、年较差等。绝对最大值和绝对最小值之差,称为绝对较差,表示所统计时期内某气象要素的最大变动范围。例如,某地多年绝对最高气温为 40.3℃,绝对最低气温为-11.2℃,则该地的气温绝对较差为 51.5℃。平均最大值和平均最小值之差,称为平均较差。例如某地 1 月平均气温(月平均气温最大值)为-50.1℃,7 月平均气温(月平均气温最大值)为 15.1℃,则该地的平均年较差为 65.2℃。

5. 距平和变率

个别年(月)份气象要素值(x)与多年(或月)平均值(X)之差,称为距平(d),$d=x-X$。例如,某水文站年平均降水量为 1 143.0mm,而实际每年降水量,有的大于或小于多年平均值,则大的为正距平,小的为负距平。将各年距平的绝对值相加除以统计的年数,则为平均距平,其计算公式如下:

$$d=\frac{(d_1+d_2+d_3+\cdots+d_n)}{n} \tag{2.3}$$

变率有绝对变率和相对变率,上述平均距平值即为绝对变率。平均距平值与年平均值的百分比为相对变率(D):

$$D=\frac{d}{X}\times 100\% \tag{2.4}$$

在进行降水量统计时,除为分月、分年统计其平均降水量外,特别要注意其极值(最大和最小年降水量)和变率。例如,某水文站 1983 年的记录,年平均降水量为 1143.0mm;而 1941 年降水量达 1659.3mm,正距平为 516.3mm,最大正变率为(+)45.2%;1972 年降水量则只有 709.2mm,该年负距平为-433.8mm,最大负变率为(-)38.0%。该站的年降水量平均相对变率为 11%。

变率的大小表示该要素年际间变化的程度。降水变率是使用较广的一种统计量,常用来比较不同地区降水的多年变化特征和旱涝特征。例如,开罗和仰光两地降水量的年平均绝对变率虽然都是 17mm,但是年平均降水量却分别为 34mm 和 2540mm,所以开罗年降水量的平均相对变率为 50%(17/34),而仰光则为 0.68%(17/2540)。这表明开罗年降水量的年际间变化很大;而仰光则很小,年降水量相当稳定。中国大部分地区的降水变率都比较大。

6. 频率

频率是指某气象要素在一定时段内出现的次数与该时段内观测总次数的百分比。例如,某地某年 6 月 20 时观测曾出现雷暴 8 次,则该地 6 月 20 时出现雷暴的频率为 26.7%(8/30)。又如某地 6 月平均气温在 22.0~27.0℃范围内变动,经常出现在 23.0~26.0℃范围内的频率为 87.5%。可见频率能表示一地某气候要素在某一时段内出现的频繁程度,它对表述一地气候特征也是非常必要的。

将某气象要素的全部观测序列,按数值大小分成若干组,各组中所含的次数称为频数;各组的频数占总次数(即各组频数的总和)的百分比即称为频率。将频率按一定顺序逐个累加的结果,称为累积频率。

为表示某地在一定时间内的风向和风速的频率,常用形似玫瑰花朵的风向玫瑰图。风向一般用 8 个方位或 16 个方位表示。风向玫瑰图的模量表示各风向的频率。频率最高,表示该风向出现的次数最多。风向玫瑰图通常有年、季和月等多种,也有按特定风速绘制的风向玫瑰图,如大于10.0m/s或小于3.0m/s的风向玫瑰图等。风向玫瑰图可供城市规划、港口和机场设计、工厂建筑设计以及气候研究等方面使用。

7. 年变化与日变化

年变化是指气象要素以年为周期的变化,通常以12个月的多年平均值的变化来表示。气候要素受太阳辐射的影响,其年变化主要由地球绕太阳公转所致。如冬季,太阳直射赤道以南,北半球的太阳高度角小,白昼时间短,地面获得的日射量小;夏季,太阳直射赤道以北,北半球的太阳高度角大,白昼时间长,地面获得的日射量也大;至于春、秋两季,地面获得的日射量则介于冬、夏之间。这是造成各种气象要素年变化的主要原因。而地理纬度、海陆分布、大气环流以及地面状况等的不同,则造成了各地气象要素年变化的不同特征。如海口、上海、北京在气温、降水和湿度等要素方面,都有各自的年变化特征。

气温年变化是指气温以年为周期的变化。赤道附近(南、北回归线之间)的地区,一年中气温的年变化较小,有些地方出现两个峰值和两个谷值,但在南(北)回归线以南(北)的地区,这种年变化的幅度比赤道附近大,而且在一年之中,气温只有一个峰值和一个谷值。南半球的最高气温一般出现在1月或2月,北半球则一般出现在7月或8月;南半球的最低气温出现在7月或8月,北半球则出现在1月或2月。一年中最暖月的平均气温与最冷月的平均气温之差,称为气温年较差。它一般随纬度的增高而增大,随海拔高度的增高而减小。有时可用它来表示气温年变化的大小。在我国珠江流域的气温年较差约为16℃,长江中下游为24～26℃,华北达32℃,黑龙江流域最大达44℃以上。

绝对湿度的年变化与气温相似。在赤道附近的一些地区,一年中有两个峰值和两个谷值,其他地区绝对湿度的最大值一般出现在夏季,最低值出现在冬季。气压年变化在大陆上,冬季最高,夏季最低;在海洋上,气压的年变化较小,规律性也不明显。气压的年变化随纬度的增高而增大,赤道附近的年变化最小。此外,气压的年变化还随海拔高度的增高而减小。

日变化是指气象要素以日为周期的变化,通常以多年的每日1～24时的逐时平均值表示。日变化主要由地球自转所引起。以气温为例,一般在白天,地面受到太阳照射而增温,至13～15时达到最高值,称最高气温。然后,随太阳高度角的减小,气温逐渐下降。日落以后,地面辐射使气温进一步降低,至次日日出之前出现最低值,称最低气温。此外,海陆物理性质的不同和地面状况的差别对气象要素的影响也很大。因此,气温、气压、风速和湿度等的日变化都各有其显著的特征。

气温日变化是气温以日为周期的变化。这种变化离地面愈近愈明显。一般与纬度高低、下垫面情况和季节变化等因素有关,还受当地云量、风速和天气系统等变化的影响。它反映了当地的气候特点。气温日变化的大小,可用一天中最高气温和最低气温的差值,即气温日较差来表示。在我国气温日较差的年平均值,由东南沿海到西北内陆,约从6℃增大至16℃。

通常,在海洋及其沿岸地区和大陆的湿润地区,绝对湿度随温度的升高和蒸发的加强而增大,其日变化为单峰型。但大陆在暖季时,早晨绝对湿度随着温度的升高和水分蒸发的加快而增大;中午前后温度进一步升高,湍流交换加强,近地面层空气中的水汽被带至高层,地面的绝对湿度减小；午后温度降低，湍流减弱，近地面的绝对湿度再次升高，日变化便呈双峰型。而相对湿度一般则随气温上升而减小，随气温降低而增大。

风速日变化表现为陆地上风速一般在清晨最小，午后达最大值，之后，又迅速减小。海上风速的日变化则小于陆地，而且最大风速的出现时刻也较陆地迟。

风向日变化主要由温度的周期性日变化所致。一般在山区、海陆交界地区最为明显，如山谷风、海陆风等。风向的周期性日变化常受天气系统的影响而破坏。

气压日变化表现为气压在一天中有两个最高值（在 9～10 时和 21～22 时）和两个最低值（在 3～4 时和 15～16 时），其振幅随纬度的增加而减小。

在某时段（旬、月、年）内，出现某种天气现象的天数，称为该天气现象的日数（如降水日数、大风日数等）。天气现象的日数反映各种现象在某时段内的频繁程度，是表示某地气候特征的一种统计量。在气候统计分析中，常用的天气现象日数有降水（雨、雪）日数、冰雹日数、雾日数、沙暴日数、雷暴日数、大风日数等。

通常把一天内降水量达 0.1mm 以上的当天（不考虑降水时间的长短），称为一个降水日，又称雨日。一月或一年内降水日的总数，是相应时段的降水日数。有时，需统计日降水量达 10mm 以上的中雨日数、25mm 以上的大雨日数和 50mm 以上的暴雨日数。冰雹日数的统计主要因为冰雹是固态降水物，它是一种灾害性天气，所以在统计降水日数之外，往往还要专门进行统计。只要当日降雹，无论其量是否达到 0.1mm，均按冰雹日计算。

雾日数是指近地面几米至几百米高度的大气层有雾形成或移来，使水平能见度小于 1000m 的日数。

沙暴日数是指有沙（尘）暴使能见度小于 1000m 的日数。

雷暴日数是指观测站上既见闪电又闻雷声，或只闻雷声而不见闪电的日数。

大风日数是用仪器测量时，瞬间风速达到或超过 17m/s 的日数；用目力观测时，指风速达 8 级以上的日数。

初、终日数指某种天气现象在年度内第一次出现和最后一次出现的日期。通常统计初、终日期的项目有霜、雪、积雪、结冰，以及最低气温小于或等于 0℃、地面最低温度小于或等于 0℃等各种界限温度和雷暴等。初日至终日的期间为该现象的出现期。如初霜日至终霜日之间为霜期，其余时间为无霜期。

农业指示温度是指在农业生产上有指示意义的温度，如 0℃、5℃、10℃、15℃和 20℃等。0℃表示土壤解冻（冻结）的界限；5℃是大多数木本植物开始（停止）生长的界限；10℃是大多数作物开始（停止）活跃生长的界限；15℃是水稻栽插的适宜界限；20℃是水稻分蘖和迅速增长的界限。一般认为 0℃以上的持续期为温暖期或农事期，5℃以上的持续期为生长期，10℃以上的持续期为生长活跃期等。统计上述界限温度的初、终日期和持续的日数，可以供给生产部门以及有关方面参考使用。

五、气候统计图的绘制

为了将整理后的气候资料更醒目地表示出来，可绘制成气候统计图，如面积图、曲线图、直方图和多边形图等。

1. 面积图

面积图是以圆面积代表某一气候要素值出现的总次数,用圆内扇形面积表示此要素在不同情况下出现的次数的相对值(占总数的百分比)。

2. 曲线图和直方图

对于连续性变化的气象要素,如气温常用曲线图表示;对于连续性较差的气象要素,如降水则常用直方图表示。

绘制气温变化曲线图,是以横坐标表示日期,纵坐标表示温度。绘制气温年变化曲线图,要求温度变化曲线平滑,则可先作气温直方图,然后根据直方图画出气温的年变化曲线。绘制气温直方图,是以横坐标表示月份(1cm 代表 1 月),纵坐标表示月平均温度(1cm 代表 1℃)。先将各月平均温度点在该月月中的相应位置上,然后逐月作直方图,直方块高为月平均温度,直方块底为月份。直方块的面积表示全月各日温度总和。连接温度年变化曲线时,用光滑曲线,使其从直方块一边切去的面积和从另一边增加的面积相等。这样全月的温度总和并未改变。一年中各月降水量大小常用直方图表示。

3. 极坐标图

极坐标图通常用来表示风向频率,又称风向玫瑰图。绘制方法是由中心向外画出几个同心圆,用以代表风的频率值,再从中心引出 8 条线代表 8 个方位,连接各方位频率值便可绘成一个风向玫瑰图,从而可以看出该地某一时期的各风向频率的大小(黄嘉佑和李庆祥,2015)。

六、单站气候资料的分析

单站多年逐日气压、温度、湿度平均值的变化特点,可以看作当地及气候类型相同的区域中大气环流平均演变情况的反映。而单站气候背景划分的不同时段,反映了大气环流在各时段内的平均状况。各气候背景时段中气压、温度、湿度的配置特征,则是某特定的环流特征在气象要素上的具体体现。因此利用单站多要素分析气候背景,比仅用某一要素场(如常用的温度场)更能全面地反映大气演变的内在规律(朱洪绩,1979)。

1. 三要素曲线演变的一般性状

取时间为横坐标(以 1d 为时距),要素值为纵坐标,制作多年日平均气压(p)、温度(T)、水汽压(e)的曲线图。它的一般性状:p、T、e 三要素曲线的年变化均呈似正弦曲线形态,T、e 曲线同位相变化,p 曲线与之相反。在曲线总体的升降趋势中,有相对的稳定变化时段和猛升、猛降的突变时段。

表 2.5 列出了 p、T、e 的极值、出现时间、变化幅度、时间间隔等特征量。

表 2.5　该站多年平均气压、温度和水汽压

要素	$\overline{p}$/hPa		$\overline{T}$/℃		$\overline{e}$/hPa	
	极小值($\overline{p}_m$)	极大值($\overline{p}_M$)	极小值($\overline{T}_m$)	极大值($\overline{T}_M$)	极小值($\overline{e}_m$)	极大值($\overline{e}_M$)
数值	1 001.8	1 028.7	1.5	29.5	4.9	33.3
出现日期(月.日)	7.7	1.5	1.16	7.19	1.5	7.23
变化幅度	26.9		28.0		28.4	
时间间隔/d	184		185		200	

可以看出:①p、T 曲线变化的半波长约半年,说明 p、T 的平均变化率是稳定的,而 $\overline{e}_m$ 到 $\overline{e}_M$ 的平均变化率比 $\overline{e}_M$ 到 $\overline{e}_m$ 要小。计算可得,p 的下降率为 0.146hPa/d,上升率为 0.148hPa/d;T 的上升率为 0.153℃/d,下降率亦为 0.153℃/d,e 的上升率为 0.142hPa/d,下降率为 0.171hPa/d。②三要素变化幅度是很相近的。因此,计算某时段内三要素的总体变化量就可以比较出各要素在该时段内的稳定程度。

2. 稳定值分析

在 p、T、e 曲线的演变过程中,三要素各有两段相对稳定区:稳定高值区和稳定低值区。稳定高(低)值区,其间每天的要素值都在某数值之上(下),其数值要素、出现时间、持续长度列于表 2.6 中。

表 2.6　该站气压、温度和水汽压的高低值

要素配置	高压、低温、低湿			低压、高温、高湿		
要素特征	$\overline{p}_M$/hPa	$\overline{T}_m$/℃	$\overline{e}_m$/hPa	$\overline{p}_m$/hPa	$\overline{T}_M$/℃	$\overline{e}_M$/hPa
数值要求	≥1 024.7	≤4.1	≤6.5	≤1 006.5	≥27.8	≥31.3
起止时间(月.日)	前一年 12.24—当年 2.12	12.24—2.13	12.25—2.12	6.7—8.23	7.12—8.18	7.10—8.18
持续天数/d	51	52	50	78	38	40
一致时段(月.日)	12.25—2.12			7.12—8.18		

单站要素值的稳定性反映了稳定的环流形势背景。在冬季,稳定的高压、低温、低湿表示单一冷气团控制,是严冬的标志;在夏季,稳定的低压、高温、高湿表示单一暖气团控制,是盛夏的标志。因此,上述三要素稳定值的一致时段,就是特定的气候背景时段。从表 2.6 中可以看到,高压、低温、低湿的起止时间和持续长度都十分相近,而低压、高温、高湿的持续长度差异较大。也就是说,严冬季节的单站三要素特征基本上是同时效的,而盛夏季节,温、湿特征更具代表性。

3. 突变过程分析

在 p、T、e 的稳定高、低值之后，其曲线变化表现为下降趋势和上升趋势。虽然曲线是多年的平均变化情况，但在升降趋势中却存在着明显的突变现象。为了表示这种过渡，在上升趋势中，要求曲线连升且要素值有明显的上升量。同样，在下降趋势中，要求曲线连降，且要素值有明显的下降量。这种升降量用累计变化量表示。p 的累计变化量的临界值取 3.0hPa，T 取 2.5℃，e 取 2.5hPa。若三要素同时发生突变现象的时段称为突变时段，取相连的突变时段为一次突变过程，则三要素各有 11 次突变现象，4 次突变时段，2 次突变过程。2 次突变过程的时间段是 3 月 25 日—4 月 14 日和 11 月 8 日—11 月 22 日。

4. e、T 曲线相对位置的变化

由于 e、T 取等值坐标，所以 e、T 相对位置的变化就表示了 $e-T$ 的符号变化。$e-T$ 是单站常用的复合因子，它表示了气团的温湿特性。表 2.7 列出了 $\bar{e}-\bar{T}>0$，$\bar{e}-\bar{T}<0$ 和 $\bar{e}$、$\bar{T}$ 交叉 3 种情况出现的时间。

表 2.7　该站平均水汽压($\bar{e}$)与平均温度($\bar{T}$)的对比

$\bar{e}$、$\bar{T}$ 值情况	$\bar{e}-\bar{T}>0$	$\bar{e}$、$\bar{T}$ 交叉	$\bar{e}-\bar{T}<0$
出现时间(月.日)	11.30—3.16 6.12—9.14	3.17—3.30 9.15—10.1 11.21—11.29	3.31—6.11 10.2—11.20

表 2.7 说明，$e-T$ 的符号，在不同时段内，其基本特性是不相同的。在全年的变化过程中，有 2 段时间 e 值稳定大于 T 值；有 2 段时间 e 值稳定小于 T 值，有 3 段时间 e、T 交叉。这种 e、T 交叉的情况，从另一个角度反映了气候背景的转变特征。

5. 气候背景时段的划分

通过要素稳定值，突变过程，e、T 相对位置变化 3 个特殊性状的分析，把表示背景转换的突变过程和 e、T 交叉加以组合，就可把该站全年分为 11 个气候背景时段。各气候背景时段的起止时间、长度和该时段内气压、温度、湿度的平均值，湿度、温度差值，背景名称等均列于表 2.8 中。

从表 2.8 还可以看出，若考虑气候背景时段的温、湿特征($e-T>0$ 和 $e-T<0$)，则可将序号①—③、④—⑤、⑥—⑧、⑨—⑪分别定为冬、春、夏、秋四季，相应地可有四季的平均起止日期和长度，见表 2.8 最后两行。

表 2.8　该站特殊性状特征

特殊性状时段(月.日)	稳定值 突变过程 $\bar{e}$、$\bar{T}$交叉 $\bar{e}-\bar{T}>0$ $\bar{e}-\bar{T}<0$	11.30—	12.25— 2.12 ——	—3.16	3.25— 4.14 3.17— 3.30 3.31	—6.11	6.12—	7.12— 8.18 ——	—9.14	9.15— 10.1	10.2—	11.8— 11.22 11.21— 11.29 —11.20
背景时段(月.日)		11.30—12.24	12.25—2.12	2.13—3.16	3.17—4.14	4.15—6.11	6.12—7.11	7.12—8.18	8.19—9.14	9.15—10.1	10.2—11.7	11.8—11.29
背景代号		①	②	③	④	⑤	⑥	⑦	⑧	⑨	⑩	⑪
平均长度/d		25	50	32	29	58	30	38	27	17	37	22
要素平均值	P/hPa	1025.3	1026.0	1022.6	1017.8	1010.2	1004.2	1003.9	1007.8	1014.1	1019.8	1024.0
	T/℃	5.2	2.7	5.6	11.1	19.1	25.2	28.6	25.9	21.4	16.4	10.7
	e/hPa	7.2	5.8	7.5	10.5	18.0	27.5	32.3	28.5	21.3	15.4	10.2
	$e-T$	2.0	3.1	1.9	−0.6	−1.1	2.3	3.7	2.5	−0.1	−1.0	−0.5
背景名称		初冬	严冬	后冬	冬春过渡	春	初夏	盛夏	后夏	夏秋过渡	秋	秋冬过渡
四季	名称 起止(月.日) 长度/d	冬 11.30—3.16 107			春 3.17—6.11 87		夏 6.12—9.14 95			秋 9.15—11.29 76		

6. 各气候背景时段要素特征的比较

背景时段的要素平均值表示了背景时段的要素特征。

为了说明各背景时段要素特征的差异，取差值的绝对值之和为统计量，即：

$$L_{ij}=\sum_{K=1}^{3}\mid Q_{K_i}-Q'_{K_j}\mid \tag{2.5}$$

式中，L 为差值的绝对值之和；Q 为要素值；i、j 代表背景时段序号；$k=1,2,3$，分别为气压、温度、湿度。

由于各背景时段气压、温度、湿度的平均值随着背景时段序号的变化而有规律地变化，所以，这里仅计算相邻两背景时段的 L 值，L 值越大，表示该相邻两背景时段的差异性越大。计算结果见表 2.9。

表 2.9　该站气压、温度与湿度的差值对比

$i-j$	1—2	2—3	3—4	4—5	5—6	6—7	7—8	8—9	9—10	10—11	11—12
$\mid P_i-P_j\mid$	0.7	3.4	4.8	7.6	6.0	0.3	3.9	6.3	5.7	4.2	1.3
$\mid T_i-T_j\mid$	2.5	2.9	5.5	8.0	6.1	3.4	2.7	4.5	5.0	5.7	5.5
$\mid e_i-e_j\mid$	1.4	1.7	3.0	7.5	9.5	4.8	3.8	7.2	5.9	5.2	3.0
L	4.6	8.0	13.3	23.1	21.6	8.5	10.4	18.0	16.6	15.1	9.8

为了说明在总体的差异性中,各要素对差异的贡献,现作如下处理:首先计算各背景时段中,逐日气压、温度、湿度与该时段气压、温度、湿度平均值的差值,再计算3个差值的绝对值之和,取其中最小值的日期为该背景时段的特征日期,则相邻两背景时段的特征日期之间的间隔就可以算得。根据气压、温度、湿度各自的平均上升率和下降率,可计算在该时间间隔内气压、温度、湿度的平均变化量,将表2.9中各对应的数值与之相比较,差值越大,说明该要素对相邻两背景时段的差异性有显著贡献。计算结果见表2.10。

表2.10　该站气压、温度与湿度的平均值对比

$i-j$	1—2	2—3	3—4	4—5	5—6	6—7	7—8	8—9	9—10	10—11	11—12
p	−6.3	−1.0	0.3	1.6	−1.2	−3.5	−2.2	3.0	2.0	0.1	−2.4
T	−4.8	−1.7	0.8	1.7	−1.4	−0.6	−3.3	1.1	1.2	1.4	1.7
e	−5.4	−2.6	−1.4	1.7	2.5	1.1	−3.2	3.4	1.6	0.4	−1.0

除利用特征日期来计算两相邻背景时段的时间间隔外,还可以用各时段的中间日期来表示。这两个日期,除背景时段②(严冬)和⑦(盛夏)有差别外,其他时段都很一致。用同样的方法计算各要素对差异性的贡献,其结果是相同的。

上述分析说明,在各背景时段中,三要素的平均变化率是稳定的,而各相邻两背景时段之间,其平均变化率是有差异的。

7. 历年气候背景时段的确定

在气候分析中,逐年气候背景时段的确定是很重要的。为此,我们以气候背景分析的结果为依据,首先确定冬季和夏季的起止时间,从而就可确定春季和秋季,再根据严冬和盛夏的特殊性,确定严冬和盛夏的起止时间,从而就可以确定前冬、后冬和初夏、后夏;在春季时段内,确定春季的开始时间,从而就可以确定冬春过渡,在秋季时段内,确定了秋季的起止时间,就可以确定夏秋过渡和秋冬过渡。

前面已经提到,考虑四季的温湿特性,$e-T>0$是冬季和夏季的特征,$e-T<0$是春季和秋季的特征。逐年资料的分析表明,这个特征也同样是显著的。冬季,$e-T>0$,最长的可连续95d;夏季,最长的可连续93d;春季,$e-T<0$,最长的可连续20d;秋季,最长的可连续41d。

因此,首先分析历年逐日$e-T$的符号,将连续7d以上的正号或负号作为一次同号过程。在冬季,以$e-T>0$的第一个同号过程的开始日期作为冬季的始日,以最后一个同号过程的结束日期作为冬季的终日。冬季始日后,当连续3d同时具备下列条件,其第一天作为严冬的开始:$T\leqslant2.7$℃,$e\leqslant5.8$hPa,$e-T\geqslant3.1$。严冬始日后,当最后一次连续3d同时具备下列条件,其最后一天作为严冬的结束:$T\leqslant2.7$℃,$e\leqslant5.8$hPa。夏季,以$e-T>0$的第一个同号过程的开始日期作为夏季的始日(在夏季开始的同号过程中,允许有1~2个异号相间),以最后一个同号过程的结束日期作为夏季的终日。夏季始日后,当连续3d同时具备下列条件,其第一天作为盛夏的开始:$T\geqslant28.6$℃,$e\geqslant32.3$hPa。盛夏始日后,当最后一次连续两天同时具备下列条件,其最后一天作为盛夏的结束:$T\geqslant28.6$℃,$e\geqslant32.3$hPa。在春季时段内,当连续3d同时具备下列条件,其第一天即为春季的开始:$T\geqslant14.8$℃,$e\geqslant13.0$hPa。在秋季时段内,以

$e-T<0$ 的第一个同号过程的开始日期作为秋季的始日，以最后一个同号过程的结束日期作为秋季的终日。这样，历年的各个背景时段即可确定。

相同的气候背景时段，其要素特征具有相似性。因此，可以利用历年同一气候背景时段来制作中短期预报工具，使预报工具建立在较稳定的气候背景条件的基础上。从而可以克服按固定的天文日期时段（如按月）制作预报工具时，由于气候背景不同而引起要素不连续的缺陷。另外，历史资料提供了历年各气候背景时段的起止时间和持续长度，对于未来各气候背景时段开始的早、晚，持续时间的长、短，以及各气候背景时段的其他要素预报，就比较好解决了。

气候背景是客观存在的，各气候背景之间的差异是显著的，气候背景的转换也是有规律可循的。利用单站要素进行气候背景的分析，对于扩大预报思路、选择预报因子、提高单站的预报水平也是有益的。随着历史资料的逐渐增多，分析结果将会更趋稳定（朱洪绩，1979）。

第三章　地质学基础实验与野外判别

第一节　常见矿物的特征与识别方法

一、实验目的

(1)通过观察和认识矿物的形态及物理性质,初步掌握肉眼鉴定矿物的操作方法。

(2)掌握描述矿物标本的一般方法。

二、实验内容及要求

(1)观察主要造岩矿物的形态和物理性质。

浅色矿物:石英、长石、方解石、石膏、高岭石等。

暗色矿物:橄榄石、黑云母、角闪石、辉石、赤铁矿、磁铁矿、黄铜矿、黄铁矿、石榴子石、方铅矿、石墨等。

(2)认识常见矿物的基本特征,鉴定常见矿物。

描述浅色矿物和暗色矿物的形态及物理性质等特征,包括矿物名称、分子式、形态、物理性质、用途等内容。

三、实验原理

不同的矿物,外表特征和物理性质有所不同,因此,可以对矿物进行肉眼鉴定。一般可从矿物的形态、物理性质、光学性质、力学性质等方面来对矿物进行鉴定。

1. 矿物的形态

外形具有晶体结构的矿物在条件允许时,往往能生成具有一定形态的单晶体。有的沿一个方向生长,成为柱状、棒状等;有的沿两个方向发展,成为板状、片状等;有的是三向等长,成为立方体、菱面体等。在野外,很少能见到矿物的单晶体,常见到的却是矿物晶粒的集合体或是没有结晶结构的矿物的微粒集合体。因此,观察时首先应区分是矿物的单体还是集合体,然后进一步确定属于何种形态。

(1)矿物单体形态:晶形(单形、聚形)、结晶习性、晶面花纹等。一向伸长型呈针状、柱状晶形;二向延长型呈片状、板状晶形;三向等长型呈粒状或等轴状晶形。

(2)矿物集合体形态:粒状、片状、鳞片状、针状、纤维状、放射状、致密块状、晶簇等。一向伸长型呈晶簇状、纤维状、放射状、束状、毛发状、柱状;二向延长型呈片状、鳞片状、板状;三向等长型呈粒状或块状。

一般单晶体为一向伸展的，集合体常为纤维状、毛发状；单晶体为两向伸展的，集合体常为鳞片状；单晶体为三向伸展的，集合体常为粒状或块状。此外，矿物的集合体还有些特殊形态，如放射状、晶簇状、肾状、钟乳状等。

2. 矿物的主要物理性质

(1)颜色：矿物吸收可见光后所呈现的色调。矿物由化学成分和内部结构决定的颜色是固定不变的，这为鉴定矿物提供了重要的依据。如黄铜矿为黄铜色，孔雀石为翠绿色。许多透明矿物由于外来的原因，常常出现不很固定的颜色，如纯净的石英为无色，混有杂质则呈现不同的颜色。

(2)条痕：矿物粉末的颜色。一般将矿物在一白色无釉的瓷板上擦划，瓷板上就留下矿物粉末痕迹的颜色。条痕对某些金属矿物具有重要的鉴定意义，如赤铁矿的颜色虽有不同，但条痕固定为樱红色。由于透明矿物的条痕都是白色或无色，因而条痕对于鉴定透明矿物的意义不大。

(3)光泽：矿物对可见光的反射能力。金属矿物一般表现为金属光泽，非金属矿物一般表现为非金属光泽。非金属光泽又分为金刚光泽、玻璃光泽、油脂光泽、丝绢光泽、珍珠光泽、土块光泽等。

(4)透明度：矿物可以透过可见光的程度。它主要分为透明、半透明、不透明。矿物薄片能透过光线的称为透明矿物，否则称为不透明矿物。一般来说，所有的非金属矿物都是透明矿物；所有的金属矿物都是不透明矿物。

(5)硬度：矿物抵抗外力刻划的能力。通常选出10种矿物作为衡量矿物硬度的标准。莫氏硬度计：1—滑石、2—石膏、3—方解石、4—萤石、5—磷灰石、6—长石、7—石英、8—黄玉、9—刚玉、10—金刚石。一般将需要鉴定的矿物同标准硬度矿物或代用品相互刻划，即可得出它的硬度。如某矿物能划破方解石，又能被萤石划破，该矿物的硬度则介于3与4之间。在野外工作及室内实习中，常用小刀(硬度)、指甲(硬度)代替硬度计，将硬度大致分为三级：低、中等、高。

(6)解理：矿物被打击时，常沿一定方向有规则地裂开形成光滑平面的性质。平坦光滑的裂开面叫解理面。解理可分为五级：极完全解理，如云母、绿泥石等；完全解理，如方解石、方铅矿；中等解理，如长石；不完全解理，如磷灰石；无解理，如石英、磁铁矿。

(7)断口：矿物受敲击后沿任意方向裂开成凹凸不平的断面。根据矿物断口形状，可分为贝壳状断口，如石英；锯齿状断口，如自然铜等。

(8)弹性和挠性：矿物受外力作用时发生弯曲而不断开，外力解除后能恢复原状的性质称为弹性；不能恢复原状的性质称为挠性。如云母与绿泥石的主要区别之一就是前者具有弹性，后者具有挠性。

四、使用仪器、材料

(1)矿物标本。

(2)矿物比色标本。

(3)工具:放大镜、小刀、磁铁、报告纸等。

五、重要矿物

1. 方铅矿

学名:方铅矿(图 3.1)。

化学式:PbS。

矿物分类:硫化物。

主要鉴定特征:晶体呈立方体、八面体,通常为粒状或块状集合体。颜色铅灰,条痕灰黑色。强金属光泽,完全的立方体解理。相对密度 7.4~7.6,硬度 2~3,性脆。

成因与产状:主要产于气液或火山成因矿床中。与闪锌矿、黄铁矿、黄铜矿等共生。

用途:组成铅矿石的重要有用矿物。

图 3.1　方铅矿

2. 闪锌矿

学名:闪锌矿(图 3.2)。

化学式:ZnS。

矿物分类:硫化物。

主要鉴定特征:通常为粒状或致密块状的集合体。颜色由浅褐色、棕褐色至黑色。条痕为白褐色,树脂、金刚光泽。相对密度 3.9~4.1,硬度 3~4。

成因与产状:主要产于气液或火山成因矿床中。与方铅矿、黄铁矿、黄铜矿共生。

用途:组成锌矿石的重要有用矿物。

图 3.2　闪锌矿

3. 辰砂

学名：辰砂(图 3.3)。

化学式：HgS。

矿物分类：硫化物。

主要鉴定特征：晶体呈细小的厚板状或菱面体形，多为粒状、致密块状、被膜状集合体。颜色鲜红，条痕红色。相对密度 8.09，硬度 2～2.5。

成因与产状：形成于低温热液矿床。常与辉锑矿、黄铁矿等共生。

用途：组成汞矿石的重要有用矿物。

图 3.3　辰砂

4. 黄铁矿

学名：黄铁矿(图 3.4)。

化学式：FeS_2。

矿物分类：硫化物。

主要鉴定特征：晶体呈立方体或五角十二面体，相邻晶面常有互相垂直的晶面条纹，集合体呈致密块状、浸染状、结核状等。浅铜黄色，条痕绿黑色。相对密度 4.9～5.2，硬度 6～6.5。金属光泽，性脆，无解理，参差状或贝壳状断口。

成因与产状：分布极广，可形成于各种成因的矿床中，具开采价值者多为热液型。能与氧化物、硫化物、自然元素等各种矿物共生。

用途：主要用于制造硫酸或提制硫磺。

图 3.4　黄铁矿

5. 黄铜矿

学名:黄铜矿(图 3.5)。

化学式:$CuFeS_2$。

矿物分类:硫化物。

主要鉴定特征:晶体少见,通常为致密块状及粒状块体。铜黄色,条痕绿黑色,解理不完全。相对密度 4.1~4.3,硬度 3~4。金属光泽,性脆,能导电。

成因与产状:可形成于各种条件下,主要产于气液及火山成因矿床,常与各种硫化物矿物共生。

用途:组成铜矿石的重要有用矿物。

图 3.5 黄铜矿

6. 萤石

学名:萤石(图 3.6)。

化学式:CaF_2。

矿物分类:卤化物。

主要鉴定特征:晶体为立方体、八面体,集合体常呈粒状或块状。无色透明者少见,常呈绿、黄、浅蓝、紫等各种颜色。加热时可失去颜色。玻璃光泽。相对密度 3.18,硬度 4,性脆,八面体的四组完全解理。紫外线下发荧光。

成因与产状:大部分形成于热液矿床中,与石英、方解石等共生,也有沉积形成的。

图 3.6 萤石

用途:可作为冶金工业溶剂;也用于化学工业,即尖端技术中;无色透明者可作光学仪器。

7. 赤铁矿

学名:赤铁矿(图 3.7)。

化学式:Fe_2O_3。

矿物分类:氧化物。

主要鉴定特征:晶体呈片状或板状,通常呈致密块状、鱼子状、肾状等集合体。常呈钢灰色或红色。相对密度 5~5.3,硬度 5.5~6,金属—半金属光泽。性脆,无解理,火烧后具有弱磁性。结晶呈片状并

图 3.7 赤铁矿

具金属光泽的赤铁矿，称为镜铁矿；红色粉末状的赤铁矿，称为铁赭石。

成因与产状：形成于各种不同成因类型的矿床和岩石中，在氧化条件下形成。分布十分广泛。

用途：组成铁矿石的重要有用矿物。

8. 石英

学名：石英(图 3.8)。

化学式：SiO_2。

矿物分类：氧化物。

主要鉴定特征：晶体常为六方柱、六方双锥等所形成的聚形，集合体多呈粒状、块状或晶簇状。常为白色，含杂质时可呈紫、玫瑰、黄、烟黑等各种颜色。相对密度 2.65，硬度 7，晶面玻璃光泽，断口油脂光泽，无解理，贝壳状断口。隐晶质的石英称石髓；呈结核状者称燧石；具不同颜色的同心层或平行带状者称玛瑙。

图 3.8　石英

成因与产状：形成于各种成因的岩石或矿床中。分布极广泛，但大的晶体常形成于伟晶岩或热液充填矿床的晶洞中。

用途：一般石英可作玻璃、陶瓷、磨料等；优质晶体可作光学仪器、压电石英；色美者可作宝石。

9. 磁铁矿

学名：磁铁矿(图 3.9)。

化学式：Fe_3O_4。

矿物分类：氧化物。

主要鉴定特征：晶体多呈八面体，少数呈菱形十二面体，晶面上有平行于菱形晶面长对角线的条纹，集合体多呈致密粒状块体，颜色和条痕均为铁黑色。相对密度 4.9～5.2，硬度 5.5～6，半金属—金属光泽，无解理，但常发育八面体裂开。不透明，强磁性。

成因与产状：主要形成于内生和变质矿床中，常与赤铁矿、钛铁矿、铬铁矿等伴生。

用途：组成铁矿石的重要有用矿物。

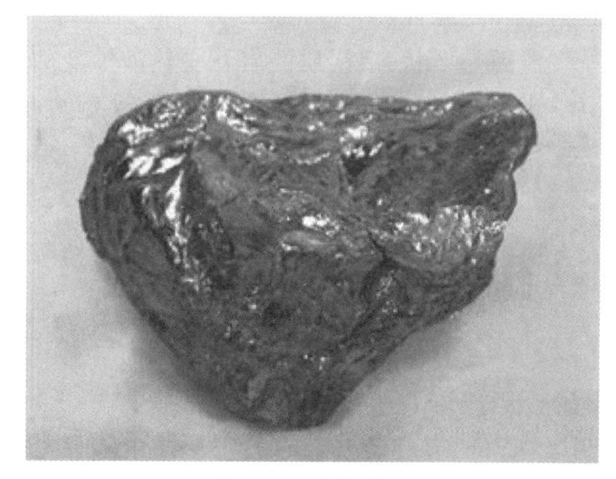

图 3.9　磁铁矿

10. 铬铁矿

学名:铬铁矿(图 3.10)。

化学式:$FeCr_2O_4$。

矿物分类:氧化物。

主要鉴定特征:晶体呈细小的八面体,通常呈粒状、豆状、致密块状等集合体,黑色,条痕褐色。相对密度 4~4.8,硬度 5.5~7.5,半金属光泽,具弱磁性。

成因与产状:岩浆成因的矿物,常存在于超基性岩中。与橄榄石密切共生。

用途:组成铬矿石的唯一有用矿物。

图 3.10 铬铁矿

11. 滑石

学名:滑石(图 3.11)。

化学式:$Mg[Si_4O_{10}](OH)_2$。

化学分类:硅酸盐。

主要鉴定特征:晶体呈板状,但少见,通常呈片状或致密块状集合体。白色,微带浅黄、浅褐或浅绿等色,有时染色很深。相对密度 2.7~2.8,硬度 1,玻璃光泽或油脂光泽,解理面显珍珠光泽。一组解理极完全。薄片有挠性,且具滑感和绝缘性。

图 3.11 滑石

成因与产状:富镁质的岩石受热液蚀变的产物。常与菱镁矿、赤铁矿等共生。

用途:造纸、陶瓷、橡胶、香料、药品、耐火材料的重要原料。

12. 高岭石

学名:高岭石(图 3.12)。

化学式:$Al_4[Si_4O_{10}](OH)_8$。

化学分类:硅酸盐。

主要鉴定特征:常呈疏松鳞片状,晶体颗粒细小。多呈致密粒状、土状、疏松块状等集合体。主要为白色或灰白色,也有浅黄、浅绿、浅褐等色。相对密度 2.58~2.60,硬度 1~2.5,土状光

图 3.12 高岭石

泽。一组极完全解理。鳞片具挠性，干燥时具吸水性，潮湿后具可塑性。黏舌，有粗糙感。

成因与产状：主要为富含铝硅酸盐矿物的火成岩及变质岩风化而成。有时也为低温热液对围岩蚀变的产物。

用途：用于陶瓷、造纸、橡胶工业等。

13. 白云母

学名：白云母（图 3.13）。

化学式：$KAl_2[AlSi_3O_{10}](OH)_2$。

化学分类：硅酸盐。

主要鉴定特征：晶体呈板状或片状，集合体多呈致密片状，块体。薄片一般无色透明，并具弹性。相对密度 2.76～3.10，解理面显珍珠光泽，一组极完全解理。绝缘性极好。具有丝绢光泽的隐晶质块体称为绢云母。

图 3.13　白云母

成因与产状：内生和变质作用均可形成。常见于花岗岩、伟晶岩、云英岩和变质岩中，与黑云母共生。

用途：电气工业上用作绝缘材料。超细粉可作橡胶、塑料、油漆、化妆品、各种涂料的填料。云母粉还可以制成云母陶瓷、云母纸等。

14. 普通辉石

学名：普通辉石（图 3.14）。

化学式：$Ca(Mg,Fe,Al)[(Si,Al)_2O_6]$。

化学分类：硅酸盐。

主要鉴定特征：晶体常呈短柱状，横断面近等边的八边形，集合体呈致密粒状。颜色为黑绿色或褐黑色，条痕灰绿色，相对密度 3.2～3.6，硬度 5～6，玻璃光泽，两组完全解理。

图 3.14　普通辉石

成因与产状：岩浆成因的矿物。常见于基性岩中，与橄榄石、基性斜长石等矿物共生。

用途：工业原料等。

15. 普通角闪石

学名:普通角闪石(图 3.15)。

化学式:$Ca_2Na(Mg,Fe)_4(Al,Fe)[(Si,Al)_4O_{11}]_2(OH)_2$。

化学分类:硅酸盐。

主要鉴定特征:晶体呈柱状。绿黑色至黑色,条痕微带浅绿的白色。相对密度 3.1~3.3,硬度 5.5~6,玻璃光泽,横断面呈假六方形,两组解理中等,交角为 56°。

成因与产状:岩浆成因或变质成因矿物,常见于基性、中性岩浆岩和变质岩中。

用途:用作水泥优质充填材料。

图 3.15　普通角闪石

16. 斜长石

学名:斜长石(图 3.16)。

化学式:$(100-n)Na[AlSi_3O_8] \cdot nCa[Al_2Si_2O_8]$。

化学分类:硅酸盐。

主要鉴定特征:晶体呈板状或板柱状,双晶常见,通常为粒状、片状或致密块状集合体。常为白色或灰白色。相对密度 2.61~2.76,硬度 6~6.5,玻璃光泽,两组解理完全,其解理交角为 86°24′~86°50′。

成因与产状:内生、变质作用均可形成。广泛产于岩浆岩和变质岩中。主要造岩矿物之一。

图 3.16　斜长石

用途:用于陶瓷工业;色彩美丽者制可作装饰品。

17. 正长石

学名:正长石(图 3.17)。

化学式:$K[AlSi_3O_8]$。

化学分类:硅酸盐。

主要鉴定特征:晶体呈短柱状或厚板状,双晶常见,集合体为粒状或致密块状,多为肉红色或黄褐色。相对密度 2.57,硬度 6~6.5,玻璃光泽,两组解理完全,其交角为 90°。当两组解理交角为 89°30′时,称为钾微斜

图 3.17　正长石

长石。

成因与产状：主要形成于岩浆期和伟晶岩期，多存在于酸性及部分中性岩浆岩中。

用途：用作陶瓷、玻璃和钾肥的原料。

18. 方解石

学名：方解石（图 3.18）。

化学式：$CaCO_3$。

化学分类：碳酸盐。

主要鉴定特征：晶形多样，常见的有菱面体，集合体多呈粒状、钟乳状、致密块状、晶簇状等。多为白色，有时因含杂质染成各种色彩。相对密度 2.6～2.8，硬度 3，玻璃光泽，透明或半透明，无色透明，晶形较大者称为冰洲石。完全的菱面体解理。加冷 HCl 不起泡。

图 3.18　方解石

成因与产状：各种地质作用均可形成。可用于各种岩石中，是灰岩的主要组成矿物。

用途：可作石灰、水泥原料、冶金溶剂等。冰洲石（无色透明的方解石）具有极强的双折射率和偏光性能，被广泛应用于光学领域。

19. 菱铁矿

学名：菱铁矿（图 3.19）。

化学式：$FeCO_3$。

化学分类：碳酸盐。

主要鉴定特征：晶体呈菱面体形，集合体呈粒状、结核状、钟乳状等。颜色为浅褐色、灰色或深褐色。相对密度 3.9，硬度 3.5～4.5，玻璃光泽，性脆。加热 HCl 起泡，加冷 HCl 时缓慢作用，形成黄绿色的 $FeCl_3$ 薄膜。碎块烧后变红，并显磁性。

成因与产状：形成于还原条件下。沉积成因的菱铁矿常产于黏土、页岩及煤层内，也有热液成因的。

用途：组成铁矿石的有用矿物。

图 3.19　菱铁矿

第二节　常见岩浆岩的特征与识别方法

一般情况下,岩浆岩类型主要考虑岩石的基本特征和产状两大因素。在划分岩浆岩类型时,岩石化学成分中的酸度和碱度是主要考虑因素之一。岩石的酸度是指岩石中含有 SiO_2 的质量百分数。通常,SiO_2 含量高时,酸度也高;SiO_2 含量低时,酸度也低。而岩石酸度低时,说明它的基性程度比较高。

SiO_2 是岩浆岩中最主要的一种氧化物,因此,它的含量有规律的变化是岩浆岩分类的主要基础。根据 SiO_2 含量,可以把岩浆岩分成四大类:超基性岩[$w(SiO_2)\leqslant 45\%$]、基性岩[$w(SiO_2)$ 45%~53%]、中性岩[$w(SiO_2)$ 53%~66%]和酸性岩[$w(SiO_2)\geqslant 66\%$]。

岩石的碱度即指岩石中碱的饱和程度,岩石的碱度与碱含量多少有一定关系。通常把 Na_2O 与 K_2O 的质量百分数之和称为全碱含量。$W(Na_2O+K_2O)$ 越高,岩石的碱度越大。Rittmann 等(1957)考虑 $w(SiO_2)$ 和 $w(Na_2O+K_2O)$ 之间的关系,提出了确定岩石碱度比较常用的组合指数(σ)。σ 值越大,岩石的碱性程度越强。每一大类岩石都可以根据碱度大小划分出钙碱性、碱性和过碱性岩 3 种类型。$\sigma<3.3$ 时,为钙碱性岩;$\sigma=3.3\sim 9.0$ 时,为碱性岩;$\sigma>9$ 时,为过碱性岩。

除了岩石化学成分之外,矿物成分也是岩浆岩分类的依据之一。在岩浆岩中常见的一些矿物,它们的成分和含量由于岩石类型不同而随之发生有规律的变化。如石英、长石呈白色或肉红色,被称为浅色矿物;橄榄石、辉石、角闪石和云母呈暗绿色、暗褐色,被称为暗色矿物。通常,超基性岩中没有石英,长石也很少,主要由暗色矿物组成;而酸性岩中暗色矿物很少,主要由浅色矿物组成;基性岩和中性岩的矿物组成位于两者之间,浅色矿物和暗色矿物各占有一定的比例。

根据产状,也就是根据岩石侵入到地下还是喷出到地表,岩浆岩又可以分为侵入岩和喷出岩。侵入岩根据形成深度的不同,又细分为深成岩和浅成岩。每个大类的侵入岩和喷出岩在化学成分上是一致的,但是由于形成环境不同,它们的结构和构造有明显的差别。深成岩位于地下深处,岩浆冷凝速度慢,岩石多为全晶质、矿物结晶颗粒也比较大,常常形成大的斑晶;浅成岩靠近地表,常具细粒结构和斑状结构;而喷出岩由于冷凝速度快,矿物来不及结晶,常形成隐晶质和玻璃质的岩石。

根据上述原则,首先把岩浆岩按酸度分成四大类,然后再按碱度把每大类岩石分出几个岩类,它们就是构成岩浆岩"大家族"的主要成员。比如超基性岩大类:钙碱性系列的岩石是橄榄岩-苦橄岩类;偏碱性的岩石是含金刚石的金伯利岩;过碱性岩石为霓霞岩-霞石岩类和碳酸岩类。基性岩大类:钙碱性系列的岩石是辉长岩-玄武岩类;相应的碱性岩类是碱性辉长岩和碱性玄武岩。中性岩大类:钙碱性系列为闪长岩-安山岩类;碱性系列为正长岩-粗面岩类;过碱性岩石为霞石正长岩-响岩类。酸性岩类主要为钙碱性系列的花岗岩-流纹岩类。

1. 超基性岩类

在四大类岩石中,超基性岩类在地表分布很少,是其中最小的一个分支,仅占岩浆岩总面积的 0.4%。超基性岩体的规模也不大,常形成外观像透镜状、扁豆状的岩体,它们好像一串大小不同的珠子一样沿着一定方向延伸，断断续续排列，有时可以追索上千千米。

超基性岩颜色比较深，大部分为黑灰色、墨绿色，相对密度也很大，一般在3.0以上，因此很坚硬，常具致密块状构造。它的化学成分特征是酸度最低，$w(SiO_2)$小于45%；碱度也很低，一般情况下$w(K_2O+Na_2O)$不足1%；但铁、镁含量高，通常$w(FeO+Fe_2O_3)$在8%～16%之间，$w(MgO)$范围较宽，在12%～46%之间。超基性岩基本上由暗色矿物组成，主要是橄榄石、辉石，二者含量可以超过70%，其次为角闪石和黑云母，不含石英，长石也很少。这类岩石最常见的侵入岩是橄榄岩类，喷出岩是苦橄岩类。

2. 基性岩类

基性岩类岩石颜色比超基性岩浅，相对密度也稍小，一般在3左右。侵入岩很致密，喷出岩常具有气孔状和杏仁状构造。它的化学成分特征是$w(SiO_2)$为45%～53%，$w(Al_2O_3)$可达15%，$w(CaO)$可达10%；而铁、镁质含量各占6%左右。在矿物成分上，铁镁质矿物约占40%，而且以辉石为主，其次是橄榄石、角闪石和黑云母。基性岩和超基性岩的另一个区别是出现了大量斜长石。

这类岩石的侵入岩是辉长岩，分布较少；而喷出岩为玄武岩，大面积分布。虽然玄武岩构成的火山和台地在陆地上比较多见，但是和海洋底部玄武岩的分布情况相比，就逊色得多，因为海洋底部几乎全部由玄武岩形成。

辉长岩的成分和玄武岩很相近，但是结构上差别较大。辉长岩因为在地下深处，斜长石和辉石同时结晶，因此矿物颗粒形态发育比较完整，大小也差不多。玄武岩一般由斑晶和基质两部分组成，斑晶主要是斜长石、辉石、橄榄石，基质就是岩浆喷发时没有来得及结晶的玻璃质或者是只有在显微镜下才能看出的隐晶质。

3. 中性岩类

中性岩类岩石颜色较浅，多呈浅灰色，相对密度比基性岩要小。它的化学成分特征是$w(SiO_2)$为53%～65%，Fe、Mg、Ca含量比基性岩低，$w(Al_2O_3)$16%～17%，比基性岩略高，而$w(Na_2O+K_2O)$可达5%，比基性岩明显增多。闪长岩是侵入岩，相应的喷出岩是安山岩。闪长岩既可以向基性岩辉长岩过渡，也可以向酸性岩花岗岩过渡。同样，喷出岩之间关系密切，如安山岩和玄武岩、流纹岩也常常共生在一起。

4. 酸性岩类

酸性岩类中以人们熟悉的花岗岩类出露最多，是在大陆壳中分布最广的一类深成岩，常形成巨大的岩体。喷出岩是流纹岩和英安岩。这类岩石的$w(SiO_2)$最高，一般超过66%，$w(K_2O+Na_2O)$平均在6%～8%之间，Fe、Ca含量不高。

矿物成分的特点是浅色矿物大量出现，主要是石英、碱性长石和酸性斜长石。暗色矿物含量很少，大约只占10%。

一、实验目的

(1)学习鉴定和描述岩浆岩标本的步骤和方法。

(2)熟悉岩浆岩的结构、构造,并能解释其成因。

(3)掌握观察岩浆岩的基本特征,并能进行肉眼鉴定。

二、实验内容及要求

(1)观察超基性岩(橄榄岩)、基性岩(辉长岩、辉绿岩、玄武岩)、中性岩(闪长岩、闪长玢岩、安山岩)、酸性岩(花岗岩、花岗斑岩、流纹岩)、脉岩(伟晶岩、细晶岩、煌斑岩)、火山玻璃岩(黑曜岩、浮岩)等岩石。

(2)认识常见岩浆岩的基本特征,学习常见岩浆岩的鉴定方法。

(3)鉴定并描述3块岩浆岩(基性岩、中性岩、酸性岩)标本。

三、实验原理

(一)岩浆岩的结构

岩石结构是指岩石的组成部分的结晶程度、颗粒大小、自形程度及其相互间的关系。结晶程度是指岩石中结晶物质和非结晶玻璃质的含量比例。岩浆岩的结构分为三大类:①全晶质结构,岩石全部由结晶矿物组成。②半晶质结构,岩石由结晶物质和玻璃质两部分组成。③玻璃质结构,岩石全部由玻璃质组成。

颗粒大小是指岩石中矿物颗粒的绝对大小和相对大小。

(1)显晶质结构按颗粒的绝对大小分为:伟晶(颗粒直径>1cm)、粗晶结构(颗粒直径5mm~1cm)、中晶结构(颗粒直径2~5mm)、细晶结构(颗粒直径0.2~2mm)、微粒结构(颗粒直径<0.2mm)。

(2)显晶质结构按颗粒的相对大小分为等粒结构、不等粒结构、斑状结构、似斑状结构。等粒结构是指岩石中同种主要矿物颗粒大小大致相等。不等粒结构是指岩石中同种主要矿物颗粒大小不等。斑状结构的岩石中矿物颗粒分为大小截然不同的两群,大的为斑晶,小的及未结晶的、玻璃质的为基质。似斑状结构外貌类似于斑状结构,只是基质为显晶质的。

(3)矿物的自形程度指矿物晶体发育的完整程度。根据全晶质岩石中的矿物的自形程度可以分为3种结构:自形结构、他形结构、半自形结构。

(二)岩浆岩的构造

1. 侵入岩

侵入岩常为块状构造,岩石中的矿物无定向排列;喷出岩常具气孔状、杏仁状和流纹状构造。

侵入岩体的原生构造:岩浆在向上运移过程中,侵入上覆围岩或喷溢地面并逐渐冷凝固结形成岩石的过程中所产生的构造。

侵入岩体的流动构造:岩浆在流动过程中,由于岩浆内部某些先期结晶的矿物颗粒、析离体或落入岩浆内的围岩捕虏体等,受岩浆流动的影响而发生定向排列,从而形成流动构造,可分为线状流动构造和面状流动构造两种。

侵入岩体的塑变变形构造：侵入岩体的塑变变形构造指除流线、流面外，岩体中还可形成反映塑性变形的构造。岩浆塑变阶段常在岩体边缘发育塑变变形构造，如面理和线理以及相关的边缘片麻岩带和褶皱，面理上发育了黑云母和捕虏体等。

侵入岩体的破裂构造：侵入岩体在岩浆冷凝晚期所形成的破裂称破裂构造。主要类型有横节理、纵节理、层节理、斜节理、边缘张节理、边缘逆断层。

2. 喷出岩

喷出岩体的原生构造主要分为流动构造和破裂构造两大类。喷出岩体的流动构造具体分为流纹构造、流面和流线构造、绳状构造、气孔构造和杏仁构造。其中，流纹构造是由不同颜色的矿物或火山玻璃组成的层状色带，常见于流纹岩或其他黏度较大的酸性、碱性熔岩中。

喷出岩体的破裂构造具体分为枕状构造和柱状节理。枕状构造是水下基性熔岩表面具有的一种原生构造。单个岩枕的底面较平坦，顶面呈圆形或椭圆形凸形曲面，表面浑圆。因其形状如枕头，故称枕状构造(图 3.20)。

图 3.20　喷出岩枕状构造

柱状节理是玄武岩中常见的一种原生破裂构造。柱状节理面总是垂直于熔岩的流动层面，在产状平缓的玄武岩内，若干走向不同的这种节理常将岩石切割成无数个竖立的多边柱状体，因而称柱状节理(图 3.21)。柱状节理的横断面除为六边形以外，由于熔岩物质的不均一性等因素的影响，其横断面有四边形、五边形或七边形等多种形态。

岩浆岩体次生构造主要体现在褶皱构造和次生断裂构造两类。岩浆岩体的褶皱构造是指岩浆岩体形成后，由于构造运动使岩浆岩体形态和产状发生变化，引起新的构造变形，从而形成岩浆岩体的次生构造。岩浆岩体的次生断裂构造是岩浆岩体形成后，在应力作用下形成的断裂，包括次生节理和次生断层，其特征和识别标志与一般节理断层的特征基本相同。

岩浆岩体接触关系的识别：岩浆岩体与围岩的接触关系，从成因上可以分为侵入接触、沉积接触、喷出接触和断层接触共 4 种类型：①侵入接触，又称为热接触，它包括所有的岩浆侵入岩体与被侵入的围岩之间的接触关系；②沉积接触，又称为冷接触，当岩浆侵入体形成以后，因地壳遭受剥蚀而露出地表，后来又被新的沉积物覆盖，两者之间的接触关系即为沉积接

图 3.21　喷出岩柱状节理

触;③喷出接触,岩浆溢出地表形成的熔岩被或熔岩流,覆盖在先形成的岩层或岩体之上所形成的接触关系;④断层接触,岩浆岩体形成以后又受到断层破坏,使岩浆岩体与围岩之间呈断层接触。

岩浆侵入体形成时代的确定可以通过以下 4 种方式:①利用岩浆侵入体与围岩的接触关系;②与已知时代的岩浆侵入体对比;③利用岩浆侵入体之间的穿插关系;④利用岩浆侵入体与地壳运动、区域地质构造的关系。

岩浆喷出体形成时代的确定:岩浆喷出体形成的时代,是在下伏最新地层时代之后,上覆最老地层之前。夹在地层之间厚度比较稳定的、分布又较广泛的熔岩被或熔岩流,往往是把它们当成一个地层单位看待,由地层顺序来确定它们的地质时代。

四、使用材料、工具

(1)材料:岩浆岩标本。

(2)工具:放大镜、小刀、磁铁、报告纸等。

五、岩浆岩野外观察和描述

岩浆岩是由岩浆冷凝、结晶所形成的岩石。以下对岩浆岩野外观察和描述要求、观察方法、遥感图像的解译方法以及主要的岩浆岩进行叙述。

(一)描述要求

根据岩石颜色、结构、矿物成分、主要矿物的含量来确定岩石名称、岩石风化程度、风化后矿物的变化及在地貌上的反映。根据结构、构造和产状,确定岩浆岩类别。若为侵入岩,应观察侵入体的接触关系(通常有 3 种,即侵入接触、沉积接触和断层接触,要注意其各种标志,据此还可推测岩体形成时代),侵入体的原生构造包括液态阶段形成的流动构造和凝固阶段形成的原生节理;若为喷出岩,根据岩性、结构、构造、喷发物特征确定是陆相喷发还是海相喷发及其喷发形式等。

(二)岩浆岩的观察与描述

对岩浆岩的观察,一般是观察颜色、结构、构造、矿物成分及其含量,最后确定岩石名称。肉眼鉴定岩浆岩,首先看到的是颜色。颜色基本可以反映出岩石的成分和性质。对岩浆岩进行肉眼鉴定的具体步骤如下:

(1)根据其颜色大致定出属于何种岩类。例如,若是浅色,一般为酸性岩(花岗岩类)或中性岩(正长岩类);若是深色,一般为基性岩或超基性岩。由酸性岩到基性岩,深色矿物的含量逐渐增多,岩石的颜色也就由浅到深。同时还要注意区别岩石新鲜面的颜色和风化后的颜色。还可根据其中暗色矿物与浅色矿物的相对含量来进行描述,如暗色矿物含量超过60%者为暗色岩,在30%~60%者为中色岩,在30%以下者为浅色岩。

(2)观察岩浆岩的结构与构造。据此,便可区分出是属深成岩类、浅成岩类还是喷出岩类。根据岩石中各组分的结晶程度,可分为全晶质、半晶质和玻璃质等结构。对全晶质的结构不仅要区分出显晶质或隐晶质结构,还要对其中的显晶质结构岩石按其矿物颗粒大小,进一步细分出等粒、不等粒、粗粒或细粒等结构。对具有斑状结构的岩石要描述斑晶成分、基质的成分及结晶程度。假如岩石中矿物颗粒大,呈等粒状、似斑状结构,则属深成岩类;假如矿物颗粒微细致密,呈隐晶质、玻璃质结构,则一般皆属喷出岩类;假如岩石中矿物为细粒及斑状结构,即介于上述两者之间,属于浅成岩类。观察岩石中矿物有无定向排列,进而就能推断岩石的形成环境,含挥发组分多少以及岩浆流动的方向。若无定向排列称之为块状构造;若有定向排列,则可能是流纹构造、气孔构造或条带状构造。深成岩、浅成岩大多是块状构造;喷出岩则为流纹构造和气孔构造等。对于岩石中有规律排列的长柱状矿物、气孔、捕虏体等均要观测其方向。对于那些在接触面上有规则排列的片状矿物,要描述其组成成分,并测其产状要素。

(3)观察岩浆岩的矿物成分。矿物成分是岩石定名最重要的依据。岩浆岩类别是根据SiO_2质量百分数确定的,而SiO_2含量可在岩石矿物成分上反映出来。假如有大量石英出现,说明是酸性岩;如果有大量橄榄石存在,则表明是超基性岩;如果只有微量或根本没有石英和橄榄石,则属中性岩或基性岩。假如岩石中以正长石为主,同时所含石英又很多,就可判定是酸性岩;倘若以斜长石为主,暗色矿物又多为角闪石,属于中性岩;若暗色矿物多系辉石,则属基性岩。对于岩石中凡能用肉眼识别的矿物均要进行描述。首先描述主要矿物形态、大小及其性质;其次,要对次要矿物作简略描述。

(4)为岩浆岩命名。在肉眼观察和描述的基础上确定岩石名称。请注意在岩石名称前面冠以颜色和结构,如可将某岩石定名为浅灰色粗粒花岗岩。

另外,在野外还要注意查明岩浆岩体的产状,即岩体的空间分布位置、规模大小以及与围岩的接触关系等,结合岩石的结构与构造,以推论岩石的形成环境。也要注意不同侵入体或同一侵入体之间的岩性变化、时间顺序及相互关系。

(三)岩浆岩遥感图像岩性解译

反射波谱特性及色调均随岩石化学成分和矿物组合不同而有规律地变化。从酸性岩到超基性岩,SiO_2逐渐减少;铁镁质矿物(角闪石、辉石、橄榄石)逐渐增加;色调由浅变深。岩性相似的(同类)岩石其反射率和影像色调仍有差别(表3.1)。

表3.1 色调特征表

岩类	花岗岩	花岗闪长岩	石英闪长岩	闪长岩	辉长岩	纯橄榄岩
色率	30～50	15～30	15～30	15～30	10～15	>10

1. 侵入岩的图形特征

(1)中小比例尺图像:大型侵入体(中酸性岩体)呈圆形、椭圆形或不规则团块状;中小型侵入体呈卵圆形、透镜状、串珠状;褶皱带、断裂带中侵入体呈条块状、透镜状、脉状;侵入体边界线与围岩多呈明显的切割关系(侵入接触)。

(2)大比例尺图像:侵入体网格状、放射状、同心环状节理系统被后期岩脉充填尤为清晰。

(3)水系特征:大中型侵入体内部水系呈树枝状、钳状沟头树枝状水系;小型侵入体内部的水系呈环状、放射状,顺岩体长轴方向;河流横穿小侵入体水系局部有峡谷或曲流。

2. 火山岩的图形特征

(1)大比例尺图像:锥状(火山锥)、舌状(熔岩流);年轻的熔岩可见绳状流动构造;可见寄生火山口、破火山口、火山口湖、熔岩被、熔岩穹丘;古老火山,因其长期受风化剥蚀,可见残留平台,呈阶坎或放射状火山结构。

(2)小比例尺图像:有一定规律排列的点、斑。

六、主要岩浆岩及鉴定特征

1. 花岗岩

花岗岩(图3.22)是酸性深成侵入岩;常呈肉红色、灰白色或灰色;全晶质中粗粒等粒结构或不等粒结构;块状构造;矿物成分以石英(含量在25%以上)和长石(含量约为60%)为主,次要矿物为黑云母、角闪石、辉石、白云母等。

图3.22 花岗岩

2. 花岗斑岩

花岗斑岩(图 3.23)是酸性浅成侵入岩;灰白色或肉红色;全晶质斑状结构,斑晶(钾长石和石英,有时为黑云母和角闪石)的成分与基质相同,基质呈隐晶质或微晶质;块状构造;矿物成分与花岗岩相似。具有似斑状结构(基质为细粒、中粒或粗粒)、成分与花岗岩相似的岩石称为斑状花岗岩。

图 3.23 花岗斑岩

3. 流纹岩

流纹岩(图 3.24)是酸性喷出岩;呈浅灰色、粉红色或砖红色,少见紫色、灰黑色、绿色;具斑状结构(斑晶为钾长石和石英)、隐晶质结构或玻璃质结构;块状构造或流纹构造;矿物成分与花岗岩的相似。

4. 松脂岩

松脂岩(图 3.25)是玻璃质结构的流纹岩(酸性喷出岩);红色、褐色、浅绿色、黄白色或黑色;具有发暗的松脂光泽,含水量在 8%左右。

图 3.24 流纹岩

图 3.25 松脂岩

5. 黑曜岩

黑曜岩(图 3.26)是玻璃质结构的流纹岩(酸性喷出岩);黑色或黑灰色;具有明显的玻璃光泽及贝壳状断口;含水量小于 1%。

图 3.26　黑曜岩

6. 珍珠岩

珍珠岩是玻璃质结构的流纹岩(酸性喷出岩)。它的特点是酸性火山玻璃基质中含有球粒或大量珍珠状裂纹。球粒呈棕色到褐色;基质具有流纹构造,它是由颜色(黑色、紫色、棕色、绿色或灰色等)不同的玻璃组成的。

图 3.27　花岗闪长岩

7. 花岗闪长岩

花岗闪长岩(图 3.27)是酸性侵入岩;花岗闪长岩比花岗岩含有较多的斜长石和暗色矿物,暗色矿物以角闪石为主,可以同时含有辉石和黑云母,所以岩石的颜色一般比花岗岩深一些，呈灰绿色或暗灰色；结构构造特征基本与花岗岩的相同。

8. 花岗闪长斑岩

花岗闪长斑岩是酸性浅成侵入岩；矿物成分与花岗闪长岩的相似，全晶质结构；斑状构造，斑晶主要为斜长石。

9. 英安岩

英安岩(图 3.28)是酸性喷出岩；矿物成分相当于花岗闪长岩；呈灰红色、浅紫红色或灰色；斑状结构，斑晶为斜长石、石英、正长石，基质为玻璃质结构或隐晶质结构；块状构造或流纹构造。

10. 正长岩

正长岩(图 3.29)是中性深成侵入岩；呈浅灰绿色、灰色或肉红色；全晶质粗粒等粒结构；块状构造；主要矿物为钾长石(含量在 60%以上)，次要矿物为角闪石(含量在 20%左右)，含少量斜长石、辉石和黑云母。

图 3.28　英安岩

图 3.29　正长岩

11. 正长斑岩

正长斑岩是中性浅成侵入岩；呈灰白色、棕灰色或淡红色；似斑状结构，斑晶主要为钾长石(板状自形晶)，其次为斜长石、角闪石、黑云母等，基质为细粒或隐晶质；块状构造；矿物成分与正长岩的相似。

12. 粗面岩

粗面岩(图 3.30)是中性喷出岩；呈粉红色、淡红色或浅灰色；斑状结构或似斑状结构，斑晶主要为钾长石，呈长条形微晶，基质成分与斑晶相同，微晶质或玻璃质；块状构造、气孔状构造或杏仁状构造，偶见流纹构造；矿物成分以长石为主，含少量黑云母、角闪石。

13. 闪长岩

闪长岩(图 3.31)是中性深成侵入岩；呈浅灰色、灰色或灰绿色；全晶质中粗粒等粒结构；

块状构造;矿物成分以斜长石(含量在50%以上,白色、灰白色,板柱状)和角闪石(含量约为30%,棕褐色、绿色,长柱状或针状)为主,次要矿物为辉石和黑云母。

图 3.30 粗面岩

图 3.31 闪长岩

14. 闪长玢岩

闪长玢岩是中性浅成侵入岩;呈灰绿色或灰色;斑状结构或似斑状结构,斑晶主要为斜长石和角闪石,偶见黑云母,基质为斜长石,呈细粒或隐晶质;块状构造;矿物成分与闪长岩的相似。

15. 安山岩

安山岩(图 3.32)是中性喷出岩;呈紫色、深灰色、红褐色或淡黄色;斑状结构,斑晶为斜长石,基质为隐晶质或玻璃质;块状构造,有时为气孔或杏仁构造;浅色矿物斜长石,暗色矿物为辉石、角闪石、黑云母等。

图 3.32 安山岩

16. 辉长岩

辉长岩(图 3.33)是基性深成侵入岩;呈灰色、灰黑色或暗绿色;全晶质中粗粒等粒结构;块状构造;主要矿物为斜长石(灰白色、深灰色,长条形板状晶体)和辉石(黑色、暗绿色、暗褐色,短柱状),次要矿物为黑云母、角闪石、橄榄石等。

图 3.33　辉长岩

17. 辉绿岩

辉绿岩是基性浅成侵入岩；呈暗绿色、黑绿色或深灰色；全晶质细粒等粒结构或致密隐晶质结构；块状构造，有时呈气孔或杏仁构造；矿物成分与辉长岩的相似。

18. 玄武岩

玄武岩(图 3.34)是基性喷出岩；常呈深灰色、红褐色、灰绿色或黑色；多为隐晶质结构或全晶质细粒等粒结构，偶见斑状结构；块状、气孔、杏仁构造；矿物成分与辉长岩相似。

19. 浮岩

浮岩(图 3.35)是玄武岩的一种，最大的特征是具有大小接近相等、数量极多的气孔，气孔呈椭圆形。因气孔多，以致毗连，岩石只剩下一些薄层隔膜，所以相对密度很小。

图 3.34　玄武岩

图 3.35　浮岩

20. 橄榄岩

橄榄岩(图 3.36)是超基性深成侵入岩；常呈黑色、暗绿色或绿色；全晶质粗粒等粒结构；块状构造；相对密度较大；主要矿物成分为橄榄石、辉石，以及由它们蚀变而成的蛇纹石、绿泥石、滑石,次要矿物成分为斜长石、角闪石、黑云母。

图 3.36　橄榄岩

21. 煌斑岩

煌斑岩呈暗绿色、黑褐色或黑色;细粒斑状结构,斑晶主要为暗色矿物,基质的成分与斑晶相同或为斜长石,细粒或隐晶质结构;块状构造;矿物成分以暗色矿物为主,包括黑云母、角闪石、辉石。

22. 细晶岩

细晶岩(图 3.37)呈白色、灰白色、黄白色或肉红色;全晶质细粒等粒结构;块状构造;常见类型包括花岗细晶岩、闪长细晶岩、辉长细晶岩,它们的矿物成分分别与花岗岩、闪长岩、辉长岩的相似。

23. 伟晶岩

伟晶岩(图 3.38)常呈肉红色或灰白色;伟晶结构(矿物晶体粗大,一般数厘米以上)或文象结构(石英颗粒有规律地镶嵌在钾长石的晶体中);块状构造;矿物成分以钾长石和石英为主,次要矿物为斜长石和白云母。

图 3.37　细晶岩

图 3.38　伟晶岩

第三节　常见沉积岩的特征与识别方法

一、实验目的

(1)认识沉积岩的各种结构、构造特征。

(2)掌握沉积岩标本的观察和描述方法。

(3)能够根据沉积岩的特征初步分析其成因。

二、实验内容及要求

鉴定并描述2块沉积岩标本(碎屑岩类1块、化学岩或生物化学岩类1块)。

(1)沉积岩的结构:角砾状、砾状、砂质、粉砂质、泥质、化学和生物化学结构。

碎屑结构:砾状结构,$d>2.0$mm,包括砾岩、砾岩(磨圆度高,浑圆状)、角砾岩(磨圆度低,棱角状);砂状结构,$d=2.0\sim0.05$mm,包括砂岩、石英砂岩(颗粒成分中石英>90%)、长石砂岩(颗粒成分中长石>25%)、杂砂岩(石英25%~50%),长石15%~25%,以及暗色碎屑;粉砂状结构,$d=0.05\sim0.005$mm,包括粉砂岩、粉砂岩(石英、长石及黏土矿物)、黏土岩类;泥状结构,$d<0.005$mm,包括泥岩、碳质泥岩、钙质泥岩、硅质泥岩、页岩、碳质页岩、钙质页岩、硅质页岩。

化学及生物化学岩:化学结构或生物结构,包括硅质岩、燧石(岩)、燧石结核、条带状燧石层、碳酸盐岩[灰岩(方解石90%~100%)、白云岩(白云石90%~100%)、泥灰岩(黏土25%~50%)、泥质白云岩(黏土25%~50%)]。

(2)沉积岩的构造:各种类型层理、结核,以及波痕、干裂、晶体假象、晶体印痕等层面构造。

(3)主要沉积岩:角砾岩、砾岩、石英砂岩、长石砂岩、岩屑砂岩、粉砂岩、火山集块岩、火山角砾岩、凝灰岩、泥岩、页岩、灰岩、白云岩、泥灰岩、硅质岩、磷块岩。

三、实验原理

各类沉积岩由于形成条件不同,其颜色、结构、构造和矿物成分亦不同。因此,反映出的特征也不相同,这些特征是鉴定沉积岩的主要标志。

1. 沉积岩的颜色

沉积岩的颜色是肉眼鉴定时最直观的标志。它不仅取决于沉积物的矿物成分,而且还反映着成岩时的古地理环境的特征。

(1)白色:常常是不含色素矿物的本色。如方解石、石英、高岭土等矿物构成的岩石。但自然界纯白色的沉积岩少见,多数都以浅淡的杂色或暗深色出现。

(2)灰色、黑色:因含有有机质(碳质、沥青质)或硫化物等所呈现出的颜色。这些物质的含量越高,颜色越深。灰黑色表明岩石形成于还原或强还原的环境条件下。

(3)褐黄色、褐红色、紫红色、红色:多数为大陆或海陆过渡相沉积岩的颜色。在沉积物中同时沉淀了含水氧化铁的色素物质,使沉积物呈现褐黄色,在成岩后期含水氧化铁因脱水由低价铁 Fe^{2+} 转为高价铁 Fe^{3+},使沉积物呈现红色。红色表明岩石形成于强氧化的环境条件之下。如果在成岩后期处于还原状态的条件下,即由 Fe^{3+} 还原为 Fe^{2+} 时,便呈现出灰绿色。

(4)绿色:多半是含有 Fe^{2+} 和 Fe^{3+} 的硅酸盐类矿物,如海绿石、绿泥石等,处于弱氧化或弱还原的环境条件下所呈现出的颜色。

2. 沉积岩的结构

(1)凭肉眼直观能见其碎屑颗粒者均可判定为碎屑岩类。当碎屑颗粒很细小,视力不易辨识,而触摸时有粗糙感的一般也属碎屑岩类。

(2)颗粒细小到用放大镜也不易看清,但触摸时有滑腻感,硬度低、具塑性,断裂面暗淡,呈土状者,多属黏土岩类。

(3)结构致密,甚至有重结晶现象,性脆,通常为化学岩类。

3. 主要矿物成分

(1)碎屑岩类。按碎屑粒径大小划分为砾岩、砂岩和粉砂岩。砾岩与角砾岩的区别在颗粒形状,外形呈圆状或浑圆状者为砾岩,呈棱角状或次棱角状者为角砾岩。

显而易见,砂粒明显肉眼可见,颗粒不显但触摸有粗糙感。用放大镜可见其颗粒,用手沾水触摸有细砂感外,还有泥质污手指现象。

石英在砂岩中呈烟灰色、不规则的颗粒状、半透明、油脂光泽、硬度大,长石在砂岩中颜色暗淡、光泽不显。多为酸性斜长石及正长石,易风化成高岭土岩屑,具棱角状或次棱角状。三者含量百分比的观察方法与岩浆岩色率百分比的观察方法相同。粉砂粒的矿物成分仍以石英为主,其次为白云母、长石及黏土,矿(岩)屑极少见。但因其粒度细小,肉眼不易分辨。

(2)黏土岩类,因颗粒极细小,粒径均小于0.002mm,肉眼无法鉴别其成分。经分析,主要是由化学风化后形成的胶体质点凝聚后水化物重结晶形成黏土矿物,如高岭石、伊利石、蒙脱石。

黏土岩通常根据泥质结构和页理构造,分为页岩和泥岩两种。两者之间的主要区别在于有无明显的层理。页岩的层理清晰、具有明显的极薄(厚度<1mm)的叶片状或纸片状的页理(极薄的层理称为页理构造),泥岩无明显的页理构造。页岩风化后或破损后呈页片状碎块,而泥岩风化、破损后呈不规则的团块。

(3)化学岩及生物化学岩类,这类岩石是由真溶液、胶体溶液和生物等的化学作用形成的。常见矿物的主要成分有方解石、白云石、石英、蛋白石,其次有海绿石、绿泥石、水铝石,生物化学岩中有古生物遗骸、生物碎屑等。这一类岩石常见的有两种,即灰岩和白云岩。区分这种岩石的依据是方解石和白云石在岩石中的含量变化。但在肉眼观察时,主要看它们对稀盐酸的反应情况。灰岩(包括鲕状灰岩、竹叶状灰岩)遇稀盐酸强烈起泡;白云质灰岩则徐徐起泡;灰质白云岩微微起泡;白云岩不起泡或起泡甚微;但刮成粉末后也能起泡;泥灰岩起泡,但泡沫混浊,干后留有泥点;硅质灰岩或燧石条带状灰岩起泡甚微或不起泡,但硬度大于小刀。

4. 胶结物

在分析各类及亚类的矿物成分时，应仔细观察对沉积岩尤其是碎屑岩的形成及其特性有着重大影响的胶结物。胶结物是指胶结碎屑颗粒的化学成因物质或固结碎屑的陆源泥质物质，常见的有硅质、铁质、钙质、泥质等。凡被硅质胶结的岩石以其坚硬为最大特征；铁质胶结的岩石虽也称坚硬，但易风化显得不稳定常使岩石呈现褐红色或红点斑点及红色浸染现象；钙质胶结的岩石滴上稀盐酸起泡；泥质胶结的岩石显得松软，容易捏散，常有污手现象。

5. 沉积岩的命名

(1)沉积岩的基本名称主要是按其结构特征分类来命名的。如碎屑岩类的角砾岩、砾岩、粗砂岩、中粒砂岩、细砂岩、粉砂岩等；黏土岩类的泥岩和页岩等；化学生物岩类的灰岩和白云岩等。

(2)在基本名称的基础上再加上一些其他方面的特征描述。①按颜色命名，如红色砾岩、暗紫色砂岩、灰绿色粉砂岩、黑色页岩、褐黄色泥岩、深灰色灰岩、黄褐色白云岩等。②按组成矿物成分的含量比命名，如长石砂岩、石英岩屑砂岩、水云母页岩、高岭石泥岩、白云质灰岩等。③按胶结物命名，如黏土质砾岩、铁质砂岩、钙质粉砂岩、灰质页岩、钙质泥岩、硅质灰岩等。在野外工作中，针对实际露头的沉积岩，还得对岩层厚度(按单层)作具体描述。一般规定的岩层厚度标准见表3.2。

表3.2　沉积岩岩层厚度标准列表

岩层厚度	微细层	中层	薄层	中厚层	厚层	巨厚层
厚度/cm	＜0.2	0.2～2	2～10	10～50	50～100	＞100

碎屑岩类的命名格式是“颜色＋构造(层厚)＋胶结物＋结构＋成分及基本名称”，如紫红色中厚层钙质细粒石英砂岩。黏土岩类因成分很难用肉眼鉴别，故常偏重于用构造和胶结程度来命名，其格式为“颜色＋黏土矿物＋混入物及基本名称”，如砖红色钙质泥岩。化学岩及生物化学岩类的综合描述常偏重于化学结晶的程度。对胶结物除硅质外一般不参加描述，而是把它们列为成分含量比作为定名的依据。化学岩类命名格式为“颜色＋构造＋结构(含石生物化石)＋成分及基本名称”，如浅灰色中厚层细晶灰岩、浅黄色巨厚层粗晶白云岩。

四、使用仪器、材料

(1)沉积岩标本。
(2)工具：放大镜、小刀、磁铁、报告纸等。

五、沉积岩野外观察和描述

沉积岩是分布于地表的主要岩类。它种类繁多，岩性变化较大。以下对沉积岩野外观察和描述要求、观察方法、遥感图像的解译方法以及主要的沉积岩进行叙述。

1. 要求

掌握各类沉积岩的基本特征;熟练掌握沉积岩主要特征的描述、测量;了解利用沉积岩的基本特征及岩石组合进行初步的地质研究,包括对沉积环境的分析、岩石地层单元的划分等。

2. 沉积岩的观察与描述

野外识别沉积岩,其最显著的宏观标志就是成层构造,即层理。据此,很容易与岩浆岩、变质岩相区别。根据沉积岩成因、结构和矿物成分,可进一步区分出次一级的类别。凡具碎屑结构,即碎屑粒径大于 0.005mm,被胶结物胶结而成的岩石,是碎屑岩;凡具泥质结构,即粒径小于 0.005mm,质地均匀、较软,有细腻感,常具页理的岩石是黏土岩;凡具化学和生物化学结构,多为单一矿物组成的岩石,是化学岩和生物化学岩。由于各类沉积岩的岩性差别,因此在鉴定方法上也不相同。

3. 碎屑岩的肉眼鉴定

鉴定碎屑岩时着重观察其岩石结构与主要矿物成分。首先,观察碎屑结构。抓住这一特征,就不会与其他岩石相混淆了。要仔细观察碎屑颗粒大小:粒径大于 2mm 是砾岩,2～0.05mm是砂岩,0.05～0.005mm 是粉砂岩。粉砂岩颗粒肉眼难以分辨,用手指研磨有轻微砂感。按砂岩的粒径又可定出粗砂岩(2～0.5mm)、中砂岩(0.5～0.25mm)和细砂岩(0.25～0.05mm)。对于砾岩,还应注意观察其颗粒形状,颗粒外形呈棱角状者是角砾岩,呈圆状或次圆状者为砾岩。其次,观察碎屑岩的矿物成分(碎屑颗粒成分和胶结物成分)。砾岩类的碎屑成分复杂,分选较差,颗粒较大,一般不参与定名;砂岩主要矿物成分有石英、长石和一些岩石碎屑。在碎屑岩中,常见的胶结物有铁质(氧化铁和氢氧化铁)、硅质(二氧化硅)、泥质(黏土质)、钙质(碳酸钙)等。铁质胶结物多呈红色、褐红色或黄色。硅质最硬,小刀刻不动。钙质滴稀盐酸起泡。弄清楚了结构和成分,就可为碎屑岩定名。例如,碎屑矿物成分以石英为主,其含量超过 50%,长石和岩屑含量均小于 25%的砂岩,定名为石英砂岩。也可按胶结物命名,如可称某岩石为铁质石英砂岩。碎屑岩中可见化石,但一般保存较差。

火山碎屑岩的鉴别比较困难,因为它在成因上具有火山喷发和沉积的双重性,是一种介于岩浆岩与沉积岩之间的过渡型岩石。常常是以其成因特点、物质成分、结构、构造和胶结物的特征来区别于碎屑岩。

4. 黏土岩的肉眼鉴定

鉴定黏土岩的主要依据是其泥质结构。黏土矿物颗粒非常细小,肉眼仅能按其颜色、硬度等物理性质及结构、构造来鉴定。它多具滑腻感,黏重,有可塑性、烧结性等物理性质。若是纯净的黏土岩,一般为浅色的土状岩石。层理是黏土岩中最明显的特征,因此,人们就按黏土岩层理(若层理厚度小于 1mm 则称页理)及其固结程度进行分类,将固结程度很高、页理发育、可剥成薄片者称为页岩,页岩常含化石,黏土岩中以页岩为主。将那些固结程度较高、不具页理、遇水不易变软者称泥岩。最后,再根据颜色与混入物的不同进行命名,如可称为紫红色铁质泥岩、灰色钙质页岩等。

5. 化学岩和生物化学岩的肉眼鉴定

此类岩石中分布最广和最常见的有碳酸盐岩、硅质岩、铁质岩和磷质岩，尤以碳酸盐类岩石分布为广。有无生物遗骸是判断属于生物化学岩或是化学岩的标志。化学岩成分常较单一。它们多为单矿物岩石，故此，可按其矿物的物理性质进行鉴定。

化学岩具有化学结构，即结晶粒状结构和鲕状结构等；生物化学岩具生物结构，即全贝壳结构、生物碎屑结构等。

综合上述，在观察和描述沉积岩时应注意以下几个方面。

（1）沉积岩的层理特征和层面构造，前者包括层理厚度（2m 以上为巨厚层，2～0.5m 为厚层，0.5～0.1m 为中厚层，0.1～0.01m 为薄层，微层或叶片层为 0.01～0.001m），层理的形态（有水平层理、波状层理和斜层理等）；后者包括波痕、雨痕、泥裂等，它们反映出沉积岩形成时的环境和水动力条件。

（2）对砾石的形状、大小、磨圆度和分选性等特征要描述，并要确定胶结类型以及胶结程度。

（3）对沉积岩命名时应遵循"颜色＋胶结物＋岩石名称"的法则。根据沉积岩的颜色、成分（包括碎屑胶结物）、粒度、磨圆度、结构等特征进行岩石命名。这里特别要注意的是沉积岩的结构，它是岩石命名的重要依据。如碎屑结构是碎屑岩所特有的，泥质结构是黏土岩的结构特征，化学结构是化学岩的结构特征，生物结构是生物化学岩和生物岩所特有的。此外，还需注意沉积岩体形状、岩层厚度及产状、风化程度、化石保存情况及其类属。

（4）沉积岩中的化石、化石种属及保存情况。

（5）沉积岩的产状。

（6）与上、下岩层的接触关系。

6. 沉积岩遥感图像岩性解译

基本解译标志包括色调、色彩、图形特征。不同种类沉积岩（碎屑）成分、结构、颜色不同，同种类沉积岩有不同物理、化学、自然地理条件，所以单按色调鉴别沉积岩的种属和成分较为困难，还需结合图形特征等判断。

（1）基本地质特征：具有层理。

（2）影像特征：条带状、条纹状、条带夹条纹状。条带、条纹影像受构造和河流切割影响会发生变化（直线→折线）。

（3）条带、条纹影像的清晰程度：一套沉积地层中岩性差异大则条带、条纹清晰；一套沉积地层中岩性差异小则条带、条纹隐晦模糊（差异风化）；大比例尺图像上则条带、条纹图形显示明显；小比例尺图像上则条带、条纹不太明显或由条带缩小为条纹，但仍可看出。

7. 沉积岩遥感图像举例

（1）砾岩。砾岩在地表上的形态与颗粒大小、胶结物的成分有关。砾岩有单成分砾岩和复成分砾岩，后者在遥感图像上颜色深浅不同。砾岩在遥感图像上影像粗糙，层理不明显，在强烈切割地区，地形崎岖，分水岭尖，常见陡立岩壁，而上部为浑圆状，有时像碳酸盐岩形成的连座峰林,节理数量少而明显,往往控制沟谷发育。砾岩一般残积物少,坡积物多,植被分布不均,地面水系不发育。

(2)砂岩。砂岩颜色、粒度、成分、结构和层厚均多变,所以判译标志也不定。主要特点为层状比较明显而稳定,节理较发育,在潮湿地方节理影像不明显,干旱地区明显,节理对末级水系、冲沟发育控制作用明显。

颗粒大小及成分对砂岩地貌形态有较大影响,如石英砂岩为尖棱状陡峻山体,长石石英砂岩为中等陡峭地形,中粗粒砂岩形成较陡地形,粉砂岩则为低缓浑圆地貌。

(3)页岩。页岩比较容易判译,标志:①地貌呈波状起伏的岗丘状,山脊呈浑圆状或馒头状。②页岩层理薄,表层多风化为残积黏土,呈现平滑和绒面影像,很少见基岩大面积裸露地表,与砂岩互层时,页岩多呈洼地,且为耕地。③页岩不透水,因此地表径流发育,常形成稠密的树枝状水系。④页岩色调取决于岩石本色,大多数呈淡色。⑤页岩受应力作用主要表现为塑性,因此断层和节理少。

六、主要沉积岩及鉴定特征

1. 碎屑岩

碎屑岩具有典型的碎屑结构,观察和描述以下内容:①颜色,要求指出岩石的总体颜色,并要区别新鲜面和风化面的颜色。②构造,看有无微层理和层面构造,一般以块状构造常见。③结构,碎屑岩具有典型的碎屑结构,由两部分组成:碎屑部分描述碎屑颗粒的大小及含量,若为粗碎屑岩,描述砾石或角砾的大小、形态、磨圆度等;胶结部分常见的胶结物有黏土质(土状,岩石较松散,小刀可以划动,并在水中可以泡软)、铁质(使岩石呈紫红色或褐色)、硅质(白色,硬度大于小刀,往往胶结紧密)、钙质(白色,加稀盐酸强烈起泡)。④碎屑成分,常见的有石英、长石、白云母及岩屑碎屑,确定碎屑成分及含量。⑤命名,碎屑岩按碎屑颗粒的大小先定出砾岩、砂岩、粉砂岩、泥质岩等基本名称,再按碎屑粒级、成分细分。

2. 泥质岩

泥质岩由黏土矿物组成,矿物颗粒非常细小,故在手标本中肉眼鉴定其成分是困难的。主要观察描述以下内容:①颜色,一般的泥质岩往往为浅色,混入有机质则显黑色,混入氧化铁呈褐色,含绿泥石、海绿石等为绿色。②物理性质,观察岩面断口、硬度、可塑性,在水中是否泡软,吸水性强弱等。③构造,观察岩石中有无层理、波痕、结核、泥裂等。④是否含有生物化石。⑤泥质岩易和粉砂岩混淆,肉眼鉴定一般用手研磨岩石粉末,有无砂感予以区别,若无砂感者定为泥质岩。⑥命名,泥质岩本身的进一步分类根据固结程度、有无页理构造分为黏土、泥岩和页岩,有的还可根据颜色、硬度和滴稀盐酸起泡等进一步分为铁质、硅质和钙质页岩等。

3. 化学及生物化学岩

化学及生物化学岩主要鉴定特征如下:①颜色,灰—灰白色居多,但往往随混入物而变化。②构造,应注意有无微细层理和层面构造,有无化石等。③结构,若为结晶粒状,要按粒度划分粗、中、细粒及其含量;若为生物碎屑,要分清生物种属及其含量。④断口,可反映岩石的固结程度和结构、构造。如岩石由显微粒状方解石或白云石组成,固结差的为土状断口,固结致密的为贝壳状断口,颗粒较粗大而均匀的则呈"砂糖状断口",颗粒较小不均匀而含有生物碎屑的则呈不平坦断口,若有显微层理则呈阶状断口。⑤硬度,一般小于小刀,如混入硅质,硬度增加。⑥遇酸反应,加酸起泡程度。⑦命名,化学岩和生物化学岩主要根据物质组成进一步分类命名,其中碳酸盐类岩石还应根据钙、镁和黏土物质的百分含量(即与稀盐酸反应难易程度)以及碎屑的成分与结构进一步细分类。

七、常见沉积岩的简要描述

1. 火山集块岩

火山集块岩(图 3.39)是指粒径大于 2mm 的火山碎屑占 50%以上,其中以大于 64mm 的为主的岩石,集块结构,斑杂构造(由于火山碎屑物在成分、粒度上分布的不均一性而表现出来的一种构造)。火山碎屑物分选性极差,不具层理。

2. 火山角砾岩

火山角砾岩(图 3.40)是指粒径大于 2mm 的火山碎屑占 50%以上,其中以 2～64mm 的为主的岩石,火山角砾结构,斑杂构造。火山碎屑以棱角状、次棱角状为主,分选性差,粒度变化大。

图 3.39　火山集块岩

图 3.40　火山角砾岩

3. 火山凝灰岩

火山凝灰岩(图 3.41)是指粒径小于 2mm 的火山碎屑占 70%以上的岩石,凝灰结构,块状构造。色杂且浅(灰白、绿灰、灰绿、浅褐等色),蜡状光泽,多孔疏松,有粗糙感。

图 3.41　火山凝灰岩

4. 角砾岩

角砾岩(图 3.42)呈砾状结构;宏观上具层理构造;由矿物碎屑(以石英为主)和各种岩石碎

屑经胶结而成;碎屑颗粒含量大于50%,大小混杂,分选性差,呈棱角状或次棱角状。

图3.42 角砾岩

5. 砾岩

砾岩呈砾状结构;宏观上具层理构造;由矿物碎屑(以石英为主)和各种岩石碎屑经胶结而成;碎屑颗粒含量大于50%,分选性较好,呈球状或次球状。

6. 砂岩

砂岩(图3.43)常呈砂状结构(包括粗砂、中砂、细砂等);宏观上具层理构造;主要由石英(石英砂岩)和长石(长石砂岩)经胶结而成;碎屑颗粒含量大于50%,分选性好,磨圆度高。胶结物、颜色变化大。

7. 粉砂岩

粉砂岩(图3.44)呈粉砂状结构;宏观上具层理构造;矿物成分以石英为主,其次为长石、白云母;碎屑颗粒含量大于50%,分选性极好,磨圆度高。颜色和胶结特性随形成条件的变化而变化。

图3.43 砂岩

图3.44 粉砂岩

8. 泥质岩(黏土岩)

泥质岩(黏土岩)(图3.45)呈泥质结构(或黏土结构);宏观上具层理构造;主要由黏土矿

物组成；含量大于50%，分选性好。颜色随形成条件的变化而变化。页岩呈泥质结构；页理构造；主要由黏土矿物组成，含有少量石英(硅质页岩)、长石、绢云母、碳酸钙(钙质页岩)、有机质(碳质)、赤铁矿、海绿石、黄铁矿(铁质页岩)；分选性好。颜色随成分和形成条件的改变而改变。

9. 灰岩

灰岩(图3.46)呈隐晶质结构，块状构造，宏观上具层理构造；主要矿物为方解石，常含有少量白云石、黏土矿物、石膏等；浅灰色或灰色，含有杂质时呈浅黄色、浅红色、灰黑色、黑色。遇稀盐酸强烈起泡。

图3.45　泥质岩

图3.46　普通灰岩

10. 白云岩

白云岩(图3.47)呈细粒或中粒结构，块状构造，宏观上具层理构造；主要矿物为白云石，常含有少量方解石、黏土矿物、石膏等；浅灰白色或白色、灰色，偶见黑色。遇稀盐酸起泡。

11. 泥灰岩

泥灰岩(图3.48)呈隐晶质至微粒结构，块状构造，宏观上具层理构造；主要矿物为方解石，常含有较高含量的黏土矿物(25%～50%)，外观颜色均一，具致密感，灰红色或淡黄色、暗紫色。遇稀盐酸强烈起泡。

图3.47　白云岩

图3.48　泥灰岩

12. 燧石岩(硅质岩)

燧石岩(硅质岩)(图 3.49)呈隐晶质结构,块状构造,宏观上具层理构造;主要由蛋白石、玉髓和石英组成(70%～90%),常含有少量碳酸盐矿物、黏土矿物、铁的氧化物等;深灰色、黑色、红色、黄色、白色。岩石致密坚硬,锤击可见火星,具贝壳状断口。

图 3.49　燧石岩

第四节　常见变质岩的特征与识别方法

一、实验目的

(1)认识变质岩的各种结构特征和构造特征。

(2)掌握变质岩的观察、鉴定和描述方法。

(3)区别三大类岩石及其主要岩石特征。

二、实验内容及要求

鉴定并描述 2 块变质岩标本;比较三大类各主要岩石的特征(重复观察各种岩石手标本)。

主要变质岩:构造角砾岩、糜棱岩、蛇纹岩、云英岩、大理岩、角岩、矽卡岩、板岩、千枚岩、片岩(云母片岩、绿泥石片岩、石榴子石片岩、角闪片岩)、片麻岩、角闪岩、混合岩。

三、实验原理

1. 变质岩的矿物成分

变质岩既然是由火成岩或沉积岩等岩石变化而来的,其矿物成分一方面保留有原岩成分,另一方面也出现了一些新的矿物。如火成岩中的石英、钾长石、斜长石、白云母、黑云母、角闪石及辉石等,由于本身是在高温、高压条件下形成的,所以在变质作用下依然保存。在常温常压下形成于沉积岩中的特有矿物，特别是岩盐类矿物，除碳酸盐矿物（方解石、白云石）外，一般很难保存在变质岩中。变质岩除了保存着上述火成岩和沉积岩中的共有继承矿物外，还有它特有的矿物，如石榴子石、红柱石、蓝晶石、夕线石、硅灰石、石墨、金云母、透闪石、阳起石、透辉石、蛇纹石、绿泥石、绿帘石、滑石等。

2. 变质岩的结构

变质岩的结构是指组成矿物的粒度、形态和它们之间的关系，常见类型如下：

（1）变余结构，指变质岩中保留了原岩结构的一种结构，如变余砾状结构、变余砂状结构、变余斑状结构等。常见于变质较浅的岩石中。

（2）变晶结构，指在变质作用过程中由重结晶作用所形成的结构，是变质岩中最重要的一种结构类型。按矿物颗粒大小可划分为：粗粒变晶结构（粒径＞3mm）、中粒变晶结构（粒径1～3mm）、细粒变晶结构（粒径＜1mm）。按矿物的形态和颗粒的相对大小可分为：粒状变晶结构，岩石主要由粒状矿物（如石英、方解石等）组成，无明显的定向排列，如大理岩、石英岩等；纤状变晶结构，岩石主要由针状、柱状矿物组成，有些呈放射状、束状，常具定向排列，如角闪片岩、阳起石片岩；鳞片变晶结构，岩石主要由片状矿物（云母、绿泥石）组成，而且呈平行排列，如云母片岩；斑状变晶结构，岩石中主要由于矿物结晶能力的差异和颗粒大小的不同而形成的结构，其中结晶能力强的矿物形成了较大的变斑晶，如蓝晶石片岩或石榴子石片岩中的蓝晶石、石榴子石。

3. 变质岩的构造

变质岩的构造是指各种矿物的空间分布和排列特点。它按成因可分为以下5类：

（1）变成构造：主要是指变质作用过程中已形成的构造。这类构造是变质岩中最重要的。常见的有板状构造和千枚状构造。板状构造是页岩或泥岩（黏土岩）在经微变质中所形成的一种构造，原岩组分基本上没有重结晶，岩石中表现的一组平整的破裂面，破裂面光滑而具微弱的丝绢光泽。千枚状构造在肉眼下不能分辨，矿物初步具有定向排列，但重结晶不强烈，矿物仅在片理面上见有强烈的丝绢光泽，裂开面不平整而且有小褶皱。

（2）片理构造：主要由片状、柱状矿物（云母、绿泥石、角闪石等）平行排列连续形成面理，其粒度比千枚岩中的矿物粗，肉眼可分辨，为各种片岩特有的构造。片麻状构造是片理构造中的一种，由变质形成的粒状矿物（长石、石英）和定向排列的片状、柱状矿物（云母、角闪石等）断续相间排列而成，往往形成片麻理，如片麻岩就具有此构造。

（3）块状构造：岩石中的矿物成分和结构都很均匀，无定向排列。如石英岩、大理岩等就具有这种构造。

（4）变余构造：指变质岩中仍存在原来岩石的构造特征，如变余层理构造、变余气孔构造和变余流纹构造等。

（5）混合岩构造：指在变质过程中，由于外来物质的加入，或原来岩石局部重熔形成的脉体与原来岩石变成的基体混合而形成的构造，如眼球状构造，脉体呈眼球状、条带状构造，脉体与原有岩体之间成条带、肠状构造，脉体被揉皱成肠状。

4. 变质岩矿物成分

矿物成分要观察描述在肉眼和放大镜下能辨认的所有矿物，并估计其含量。要特别注意变质矿物种类和含量以及原岩矿物的受变质情况，如重结晶、压碎、拉长、扭歪等。

变质岩肉眼鉴定描述举例：

岩石呈灰白色，具片状构造，粒状鳞片变晶结构，主要的组成矿物为白云母、绢云母，含量达60%以上。白云母和绢云母无色透明，具强的丝绢光泽，硬度小，白云母为片状，绢云母为小的鳞片状。此外还有石英与酸性斜长石，石英含量多于酸性斜长石。石英呈粒状，灰白色，断口油脂光泽，硬度大于小刀，无解理，含量在25%左右。斜长石呈粒状，灰白色，玻璃光泽，有解理，硬度大于小刀，含量在10%左右。根据上述岩石的鉴定特征将该岩石定名为绢云母石英片岩。

四、使用材料、工具

(1)材料：变质岩标本。

(2)工具：放大镜、小刀、磁铁、报告纸等。

五、变质岩的野外观察和描述

地壳中已生成的岩石，在岩浆活动、地壳运动产生的高温、高压条件下，原来岩石的成分、性质发生改变，由此形成的岩石称为变质岩。变质岩以其特有的变质矿物、结构和构造区别于岩浆岩和沉积岩。

我国区域变质岩系十分发育，自太古宙到中生代均有出露。变质岩石类型十分复杂，主要有片麻岩、粒状岩(变粒岩、浅粒岩)、片岩、千枚岩、变质硅铁质岩、大理岩、变质铁镁质岩及区域混合岩等。在全球构造位置上，我国处于欧亚板块、太平洋板块及印度板块的结合部位，地质环境差异较大，演化发展历史很不相同，因而区域地质各具特色，造成变质岩石类型复杂，岩石相对难以识别。

在野外识别变质岩的方法、步骤与识别岩浆岩类似，但主要根据其构造、结构和矿物成分。这是因为变质岩的构造和结构是其命名和分类的重要依据。具体的识别步骤、方法和描述内容如下：

(1)岩石的结构和构造。可先根据构造和结构特征，初步鉴定变质岩的类别。例如，具有板状构造者称板岩；具有千枚状构造者称千枚岩等。具有变晶结构是变质岩的重要结构特征。例如，变质岩中的石英岩与沉积岩中的石英砂岩尽管成分相同，但前者具有变晶结构，而后者却是碎屑结构。

(2)岩石的矿物成分。再根据矿物成分含量和变质岩中的特有矿物进一步详细定名。一般来讲，要注意岩石中暗色矿物与浅色矿物的比例，以及浅色矿物中长石和石英的比例，这些比例关系与岩石的鉴定有着极大关系。变质岩中的特有矿物，如蓝晶石、石榴子石、蛇纹石、石墨等，虽然数量不多，但能反映出变质前原岩以及变质作用的条件，故也是野外鉴别变质岩的有力证据。

(3)岩石命名。在为变质岩定名时，应本着“特征矿物＋片状(或柱状)矿物＋基本岩石名称”的原则。例如，可将某岩石定名为蓝晶石黑云母片岩。板岩可按“颜色＋所含杂质”方式命名，例如可称黑色板岩、碳质板岩；千枚岩可据其“颜色＋特征矿物”命名，例如可称银灰色千枚岩、硬绿泥石千枚岩等。

(4)变质岩的描述。对于变质岩也应描述岩石总体颜色，注意其岩石结构。若为变晶结构，则要对矿物形态进行描述。注意观察岩石中矿物成分是否定向排列，以便描述其构造。用肉眼和放大镜观察可见的矿物成分应进行描述。若无变斑晶，就按矿物含量多少依次描述；若有变斑晶，则应先描述变斑晶成分，后描述基质成分。至于其他方面，如小型褶皱、细脉穿插、风化情况等，应作简略描述。

在野外，还要观察地质体产状，简要描述变质作用的成因。

六、主要变质岩及鉴定特征

1. 板岩

板岩(图3.50)是低级区域变质岩；常呈灰黑色，黑色，少见灰绿色、紫色或红色；主要由硅质及黏土矿物组成，肉眼难以辨认；隐晶质变余结构(泥质结构、粉砂状结构)；板状构造或变余层理构造，板理面平滑而脆硬，沿板理方向较易剥成薄板状。

图3.50　板岩

2. 千枚岩

千枚岩(图3.51)是指原岩为黏土岩、粉砂岩和部分中基性火山岩及火山碎屑岩的低级区域变质岩；常呈黄色、褐红色、灰黑色或绿色；主要矿物成分为细粒和鳞片状的石英、绢云母、绿泥石，沿片理面定向排列；隐晶质变余结构或鳞片状变晶结构；千枚状构造，片理面上具有强烈的丝绢光泽，垂直于片理面的断面上片理面起伏成皱纹状。

3. 片岩

片岩(图3.52)是分布极为广泛、原岩复杂的区域变质岩；颜色变化大，由组成成分决定；主要矿物包括云母(云母片岩)、绿泥石(绿泥石片岩)、滑石(滑石片岩)、石英(石英片岩)、角闪石(角闪石片岩)、绢云母(绢云母片岩)等,片状、柱状矿物呈定向排列;变晶结构,片状构造,沿板理方向较易剥成薄板状。

图 3.51　千枚岩

图 3.52　片岩

4. 片麻岩

片麻岩(图 3.53)是原岩为中酸性岩浆岩、富铝黏土质岩或凝灰岩及长英质砂岩的区域变质岩;常呈灰白色、灰黑色,灰绿色;主要矿物成分为石英和长石,次要成分为黑云母、角闪石、辉石等;中粗粒鳞片状、粒状全晶质变晶结构,片麻状构造。

图 3.53　片麻岩

5. 石英岩

石英岩(图 3.54)是原岩为石英砂岩、粉砂岩、硅质岩的长英质变质岩;石英含量在 70% 以上,颜色较浅,质纯者为白色,含杂质时呈灰色、黄色、紫色或红褐色;粒状变晶结构;块状构造或板状构造;具有较强的油脂光泽;岩石坚硬,性脆。

图 3.54　石英岩

6. 角岩

角岩(图 3.55)是热接触变质岩;原岩为泥质岩、粉砂岩及各种火山岩;所含变质矿物作散布状或其他非定向排列;细粒变晶结构;块状构造;致密坚硬。进一步命名可按特征变质矿物及其组合进行,如红柱石角岩、菊花石角岩等。

7. 大理岩

大理岩(图 3.56)是热接触变质岩;纯净者为白色,称汉白玉,含杂质时呈灰色、黄色、淡红色、淡绿色、紫褐色、黑色;主要矿物成分为方解石和白云石;等粒状变晶结构,块状构造;用小刀刻划可以留下刻痕。

图 3.55　角岩

图 3.56　大理岩

8. 矽卡岩

矽卡岩(图 3.57)是接触交代变质岩;原岩为中酸性侵入岩和钙镁质碳酸盐类岩石;常见暗色、暗绿色或暗棕色,少见浅灰色;等粒或不等粒粒状、纤状、斑状变晶结构;致密块状构造;常主要由 1～3 种矿物组成,晶形完整,颗粒粗大,相对密度较大,常见矿物包括石榴子石、辉石等。

9. 蛇纹岩

蛇纹岩(图 3.58)是气-热变质作用(热的气体及溶液作用于已形成的岩石,使其矿物成分、化学成分、结构构造发生变化的作用,又称围岩蚀变)形成的变质岩(蚀变岩石),原岩为超基性岩石(橄榄石、辉石);常呈暗绿色至黄绿色;质地较软,略有滑感;隐晶质、网纹状、纤维状、微鳞片状或自形粒状变晶结构;块状、带状、片状、透镜状或角砾状构造;矿物成分简单,主要为各种蛇纹石。

图 3.57　矽卡岩

图 3.58　蛇纹岩

10. 云英岩

云英岩(图 3.59)是为酸性侵入岩经过气-热变质作用形成的变质岩;色浅,常呈灰色、浅灰绿色或浅粉红色;块状构造;中粗粒粒状变晶结构或鳞片状变晶结构;矿物成分以石英、云母、萤石、黄玉及电气石为主,石英含量常大于 50%。

图 3.59　云英岩

11. 构造角砾岩

构造角砾岩(图 3.60)是动力(碎裂)变质岩,是构造断裂或错动带中的各种原岩在不同性质应力作用下,发生破碎、变形和重结晶等作用而形成的岩石;角砾状构造或无定向构造;碎裂结构;胶结物多为次生的铁质、硅质、碳酸盐矿物等;主要是张应力作用下的破碎产物。

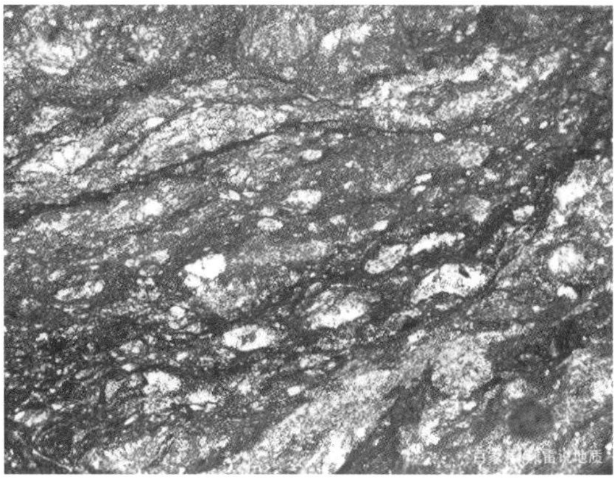

图 3.60　构造角砾岩

12. 糜棱岩

糜棱岩(图 3.61)是动力变质岩;受到的压力更为强烈;它与碎裂岩的显著区别是具有明显的平行定向排列;岩石坚硬致密;带状或眼球状纹理构造;糜棱结构。

13. 碎裂岩

碎裂岩(图 3.62)是动力变质岩;以压碎、变形作用为主的压应力作用的产物,与构造角砾岩的区别在于碎裂化程度较高;碎裂结构;呈带状或眼球状构造。

图 3.61　糜棱岩

图 3.62　碎裂岩

第五节　常见地质构造的基本特征

一、实验目的

(1)观察岩层产状、褶皱、断层、地层接触关系等模型及其在平面、纵剖面、横剖面上的特征,建立地质构造的时空概念。

(2)熟悉地质构造的观察与描述方法。

二、实验内容及要求

(1)岩层产状观察。分别观察水平、直立、倾斜3种产状岩层在平面和剖面的表现特征,以及新老岩层的相对位置在3种基本产状中的平面和剖面的表现。

(2)褶皱观察。通过观察,理解褶皱要素含义及相对位置;褶皱性质与类型;组合特征;褶皱形成时代等。

(3)断层观察。通过观察,理解断层几何要素含义及所在位置;断层性质与类型;组合特征;断层形成时代等。

(4)地层接触关系观察。通过观察,理解地层接触关系的含义;地层接触关系类型及特征。

根据观察结果,说明褶皱、断层的要素及其形态分类。

三、实验原理

(1)岩层产状成因与类型。

(2)褶皱构造成因、类型与特征。

(3)断层构造成因、类型与特征。

(4)地层接触关系类型与特征。

四、使用材料、工具

(1)材料:地质构造模型、地质构造标本。

(2)工具:铅笔、量角器、橡皮、报告纸等。

五、地层天然剖面的观察

(一)观察剖面的选择

应选择较好的地层露头作为观察剖面,主要考虑几个方面:第一,便于研究人员的攀爬、测量、取样等工作进行,而且要具有安全性。如果在剖面上进行观察和研究时,安全性较低,尽可能寻找可代替的剖面进行测量。如果找不到替代剖面,一定要在确保安全的情况下进行观察和研究。通常情况下,地层观察和测量剖面选择在地貌的陡坎处。第二,露头要新鲜,最好是最近形成的地层断面。如果没有新鲜的地层断面,也要选择比较容易揭露出新鲜断面的剖面。地层的结构清晰,岩性分层清楚,沉积构造清晰。第三,尽可能地选择沉积物比较细、沉积物厚度大且沉积韵律比较丰富和清晰的剖面等。上述只是剖面选择的总体要求,在实际应用中,要根据具体情况而定,不可生搬硬套。

(二)地层剖面观察和描述的内容

在野外进行地层剖面研究时,需要对剖面进行仔细的观察、描述和分层。观察和描述的内容主要包括以下几个方面。

1. 颜色

地层的颜色是最为直观的反映地层形成时古环境的重要指标之一，不同的颜色可反映形成时的不同环境条件。如红色反映比较强烈的氧化环境，气候可能为炎热，灰黄色反映比较干冷的气候。在进行地层颜色描述时，可采用一元、二元或比拟的方法描述，如一元命名方法，红色、黄色、绿色；二元命名方法，红黄色、黄绿色、灰黄色等；比拟命名的方法，橘黄色、金黄色、砖红色。

2. 岩性

地层的岩性是指沉积物的成分。碎屑沉积物的成分可分为砾石、砂和黏土，砾石的成分是花岗岩、砂岩、灰岩、闪长岩，或是泥岩、板岩、片麻岩等。砂的成分是长石、石英，或是岩石碎屑。在剖面观察时，尽可能地估算各种成分所占的百分含量。如果是化学或生物化学沉积物，只要描述整体的成分即可，如碳酸盐、硫酸盐、钠盐、钾盐等。

3. 结构

沉积物的结构包括沉积物颗粒大小、形状、磨圆度、分选性、碎屑颗粒的充填方式等。碎屑颗粒的大小主要是指颗粒的最长轴的尺寸（*a* 轴），通常情况下是描述地层中占主要数量的碎屑颗粒，如砾石的粒径以 3～5cm 为主，含少量的粒径为 10cm 的砾石。如果对砾石层进行测量时，就要测量砾石的 *a*、*b*、*c* 三个轴的数据。如果是砂层，只要描述是粗砂、中砂、细砂、粉砂即可。碎屑颗粒的形状要描述其形态特征，如扁平状、圆球状、熨斗状、三角状等。磨圆度的描述可分为极圆状、圆状、次圆状、次棱角状、棱角状。分选性的描述可分为分选性好、分选性中等、分选性差、分选性极差。在粗碎屑沉积物中，要观察描述充填方式，如叠瓦式、充填式、架堆式、弥散式等，对叠瓦式排列的砾石最好测量 *ab* 面的产状，不同的充填方式反映了不同的水动力条件。

4. 侵蚀面和沉积构造

在地层剖面中，观察是否存在侵蚀面或古土壤层，如果存在这些地层面，就需要对它们的特征仔细描述，包括颜色、成分、结构等特征，沉积构造的类型和特征，发育的层位和岩性特征，层理的规模和类型（宋春青等，2005）。

六、地质构造的观察

（一）褶皱

褶皱主要是鉴定岩层的层序，测定两翼、轴面、褶曲枢纽的产状，然后确定褶曲类型。

1. 褶皱的几何分析

褶皱是岩石中各种面状构造（沉积岩的层理面、变质岩的劈理、片理或片麻理以及岩浆岩的原生流动面等)的弯曲变形。它是岩层塑性变形的结果,是地壳上广泛发育的地质构造之一。褶皱的形态多种多样,但基本类型只有背斜和向斜两种。

背斜的岩层向上弯曲,其核心部位的岩层时代较老,外侧岩层较新。两翼倾向相背。向斜的岩层向下弯曲,核心部位的岩层较新,外层岩层较老,两翼倾向相对。向形和背形是指如果发生褶皱的岩层新老顺序不明,或者发生褶皱的不是岩层而是其他构造面(如片理面等),则将向上拱弯的褶皱称背形,向下拗弯的褶皱称向形。

2. 褶皱要素

褶皱要素是指褶皱的各个组成部分和确定其形态的几何要素,主要包括核、翼、顶和槽、转折端、轴面、轴迹(轴线)、枢纽等。

(1)核(部):褶皱中心部分的地层。背斜核部是最老地层,向斜核部是最新地层。

(2)翼(部):核部两侧对称出露的地层为翼部,两翼地层之间的夹角称翼间角,反映褶皱的紧闭程度。

(3)转折端:一翼向另一翼过渡的部分。

(4)枢纽:褶皱中同一层面上最大弯曲点的连线,可以是直线,也可以是曲线;可以是水平线,也可以是倾斜线。

(5)轴面:褶皱中各相邻褶皱面上枢纽连成的面。轴面是一个设想的标志面,可以是平直面,也可以是曲面。轴面与地面或其他任何面的交线称轴迹。轴面的产状由走向、倾向和倾角来确定。

(6)脊、脊线、槽和槽线:褶皱层上的最高点称“脊”,同一层面上脊的连线称“脊线”。褶皱层上的最低点称“槽”,同一层面上槽的连线称“槽线”。

3. 褶皱枢纽与轴面产状的测定

利用极射赤平投影,在褶皱的正交切面(即与枢纽垂直的切面)上,分别测定褶皱岩层在不同部位处的产状,把这些产状用法线投影到极射赤平投影网上,得到众多极点,这些极点所在的大圆弧就是该褶皱轴面的大圆弧,称之为 π 圆,π 圆的极点就是该褶皱的枢纽。

4. 褶皱的形态

(1)横剖面(正交剖面)上褶皱形态的分类。按转折端的形态,可以分为:①圆弧褶皱,褶皱面呈圆弧形弯曲。②尖棱褶皱,两翼平直相交,转折呈尖棱状,且两翼等长;如两翼长度不等则可称之为“膝折褶皱”。③箱状褶皱,转折端宽阔平直,两翼产状较陡,形如箱状。

(2)按翼间角(θ)的大小,可以分为:①平缓褶皱,$120° < \theta < 180°$;②开阔褶皱,$70° < \theta < 120°$;③闭合褶皱,$30° < \theta < 70°$;④紧闭褶皱,$5° < \theta < 30°$;⑤等斜褶皱,两翼近平行,$\theta < 5°$。

(3)按轴面产状,可以分为:①直立褶皱,轴面近直立,两翼倾向相反,倾角近相等。②斜歪褶皱,轴面倾斜,两翼倾向相反,倾角不等。③倒转褶皱,轴面倾斜,两翼向同一方向倾斜,一翼的地层倒转。④平卧褶皱,轴面近水平,一翼地层正常,另一翼地层倒转。⑤翻卷褶皱,轴面弯曲的平卧褶皱。

(4)根据褶皱的对称性,可以分为:①对称褶皱,褶皱的轴面与褶皱包络面垂直,而且两翼的长度和厚度也基本相等。②不对称褶皱，褶皱的轴面与褶皱的包络面斜交，而且两翼的长度不相等。

(5)按照平行褶皱枢纽方向褶皱形态分类。

(a)按枢纽的产状，可以分为：①水平褶皱，枢纽倾伏角近于水平，这种状态下水平面上褶皱两翼的迹线相互平行；②倾伏褶皱，枢纽倾斜；③倾竖褶皱，枢纽近直立。

(b)圆柱状褶皱与非圆柱状褶皱。①圆柱状褶皱：褶皱的形态可以用一条直线平行移动而刻画出来的褶皱称之为圆柱状褶皱，该直线称之为该褶皱的褶轴。特点是枢纽与褶轴平行并呈直线，在赤平投影图上存在 π 圆。②非圆柱状褶皱：褶皱的形态不可以用一条直线平行移动而刻画出来的褶皱称之为非圆柱状褶皱。一种特殊的情况是圆锥状褶皱。

(6)按照褶皱的平面轮廓，可以分为：①线状褶皱，长度与宽度之比大于 10∶1。②短轴褶皱，长度与宽度之比介于 3∶1 到 10∶1 之间，枢纽向两端倾伏的褶皱。③穹隆构造，长宽比小于 3∶1 的背斜构造(近于 1∶1)，褶皱面自脊点向四周呈放射状倾斜。④构造盆地，长宽比小于 3∶1 的向斜构造(近于 1∶1)，褶皱面从四周向中心倾斜。

(7)按褶皱的位态分类，取决于轴面和枢纽的产状，以横坐标表示轴面的倾角，纵坐标表示枢纽倾伏角，可将褶皱分成 6 种类型：①直立水平褶皱，轴面近于直立，倾角为 80°～90°，枢纽近水平，枢纽倾伏角为 0°～10°。②直立倾伏褶皱，轴面近直立，倾角为 80°～90°，枢纽倾伏角为 10°～70°。③倾竖褶皱，轴面近于直立，倾角为 80°～90°，枢纽倾伏角为 70°～90°。④斜歪倾伏褶皱，轴面倾角为 20°～80°，枢纽倾伏角为 10°～70°。⑤平卧褶皱，枢纽倾伏角和轴面倾角均为 0°～20°。⑥斜卧褶皱，枢纽和轴面两者倾向及倾角基本一致，轴面倾角为 20°～80°，枢纽在轴面上的侧伏角为 20°～70°。

(8)根据褶皱层中各层弯曲形态的相互关系分类。①协调褶皱：褶皱层中各层弯曲形态保持一致或呈有规律的渐变过渡关系，如平行褶皱或相似褶皱。②不协调褶皱：褶皱各层变形形态明显不同，呈现褶皱大小、形态各异，致使各层的褶皱型式出现突变或不具几何规律。

(9)根据褶皱层的厚度变化及各层之间的几何关系，分为平行褶皱和相似褶皱。①平行褶皱，又称同心褶皱，褶皱的各个岩层呈平行弯曲，同一岩层垂直其层面的厚度在褶皱的各个部位是基本一致的，而平行轴面的“厚度”在褶皱的不同部位则变化很大且有一个共同的曲率中心。②相似褶皱，各岩层的弯曲形态相似，各岩层的曲率基本不变。这种褶皱没有共同的曲率中心，故褶皱形态在一定范围内保持不变。同一岩层的真厚度在翼部变薄，在转折处变厚，而平行轴面的厚度在褶皱各个部位大致相等。

5. 几种特殊的褶皱

1)同沉积褶皱

在岩层沉积的同时逐渐变形而形成的褶皱称为同沉积褶皱，又称生长褶皱。它的特点：①褶皱两翼倾角一般是上部平缓，往下变陡，褶皱总的形态多为开阔褶皱。②在背斜顶部岩层厚度变薄(有的层位缺失)，而两翼岩层厚度都有逐渐增大的趋势，如为向斜则中心部位岩层厚度往往最大。③岩层的结构构造也明显受到构造控制，即背斜顶部常沉积浅水的粗粒物质，而向斜中心部位则沉积细粒物质。④在地震剖面上常表现为上覆地层中特殊的生长三角，这是识别隐伏生长褶皱的主要标志。

同沉积褶皱在中国西部山前冲断带以及阿尔卑斯、科迪勒拉山前冲断带中十分发育,可以用于确定褶皱发育时代及褶皱的生长速率。同沉积背斜往往是形成油气藏的有利构造。

2)底辟构造和盐丘

(1)底辟构造:地下高韧性岩体(如盐岩、石膏、黏土和煤层等)在构造力的作用下,或由于岩石物质间密度的差异所引起的浮力作用下,向上流动并挤入上覆岩层之中而形成的一种构造。当岩浆上升,侵入围岩,使上覆岩层发生拱曲时,则可形成岩浆底辟。

(2)盐丘:是由于盐岩和石膏向上流动并挤入围岩,使上覆岩层发生拱曲隆起而形成的一种构造,它是一种具有重要经济意义的底辟构造。

6. 褶皱的组合型式

1)隔挡式褶皱和隔槽式褶皱

(1)隔挡式褶皱,又称梳状褶皱,由一系列平行的背斜和向斜相间组成,其中背斜是窄而紧闭的,形态完整清楚,呈线状延伸;而两个背斜之间的向斜则开阔平缓。四川盆地东部的一系列北北东向褶皱就是这类褶皱的典型实例。

(2)隔槽式褶皱也是由一系列平行的背斜、向斜相间排列的褶皱组成,但是其中背斜和向斜形态与隔挡式褶皱相反,其向斜紧闭而且形态完整,呈线状排列,而两个向斜之间的背斜则平缓开阔呈箱状。黔北—湘西一带的褶皱就表现为这种组合形式。

瑞士侏罗山中生界和第三系(古近系+新近系)岩层在固结的上古生界基底上顺着三叠系盐岩、石膏和页岩层滑动而形成隔挡式褶皱,故这两类褶皱又笼统地称为“侏罗山式褶皱”。

2)雁行褶皱

又称斜列式褶皱,为一系列呈平行斜列的短轴背斜或向斜,它可以由不同规模和级次的背斜或向斜所组成,是褶皱构造最常见的一种组合形式。我国华北晚古生代或中生代向斜盆地大都呈雁行式分布。

3)阿尔卑斯式褶皱

由一系列同等发育的线状褶皱平行排列而成,不同级别的褶皱往往组成巨大背斜和巨大向斜。复背斜和复向斜是一个两翼被一系列次级褶皱复杂化的大型褶皱构造。各次级褶皱与总体褶皱常有一定的几何关系,一般认为典型的复背斜和复向斜的次级褶皱轴面常向该复背斜或复向斜的核部收敛。

7. 褶皱的调查内容及要求

在野外,对于地质构造应首先通过观察和测量,厘定其形态,进而通过各种现象与标志分析其力学性质、活动过程和规模,最后结合区域背景探讨其动力来源和形成机制,并分析其控矿作用。褶皱构造研究的基本任务是通过野外观察和绘图,结合其他资料的综合研究,查明褶皱的形态、产状和组合分布特点,探讨褶皱形成机制和形成时代,为研究区域地质构造特征及褶皱与矿产等关系提供这方面的基础资料。

1)褶皱要素和几何形态的观测

要注意测量褶皱两翼的产状、褶皱枢纽的产状,定量或定性地确定轴产状、翼间角的大小。

要注意观察描述转折端的形态、各褶皱层的厚度变化(从翼部到转折端)、各褶皱面弯曲的协调性、褶皱的对称性。对一些典型的褶皱要进行素描和照相,用于褶皱形态(兰姆赛几何形态分类)分析的照片,必须要垂直拍摄。

2)确定褶皱形成的时代

有些褶皱是在地质历史中短暂的地史时期内形成的,有些是在较长的地史时期内逐渐产生的。前者常常是岩层成岩后受力而发生褶皱,其形成时期总是与某个时期的构造运动相联系,可用角度不整合和岩浆岩的同位素年龄来分析。后者即同沉积褶皱,其形成时期根据沉积岩相和厚度的分析来确定。

(1)角度不整合分析法。大多数褶皱是成岩后或主要是成岩后形成的,它们的形成时代也主要是根据区域性角度不整合时代来确定。若不整合面以上的地层未褶皱,而不整合面以下的地层均为褶皱,则褶皱形成时代通常看成与角度不整合所代表的时代相一致,即不整合面下伏褶皱中最新地层沉积之后,上覆最老地层沉积之前。如果不整合面上下地层均为褶皱,但褶皱方式、形态都互不相同,则至少发生过两次褶皱运动。如果一个地区存在两个角度不整合,且两个不整合面上下的地层均褶皱,而褶皱形态又不一样,则该区发生过至少3次褶皱运动。

(2)同位素年龄测定法。由岩浆上拱作用形成的褶皱,其形成时间就是岩浆岩的同位素年龄。构造运动不仅可以形成褶皱构造,而且常导致岩浆活动,在厘清三者关系的前提下,可用岩浆岩的同位素年龄来确定褶皱的形成时期。参加褶皱变形的火山喷发岩或顺层侵入岩的同位素年龄是褶皱形成的最早时期,未参加褶皱变形的火山喷发岩或顺层侵入岩的同位素年龄则是褶皱形成的最晚时期,据此可确定褶皱形成的时间范围。根据参与褶皱变形的地层时代和岩浆岩的同位素年龄,有时也可确定褶皱的形成时期。

(3)岩性厚度分析法。此方法主要用于分析同沉积岩褶皱的形成时期,需要系统地测量参与褶皱变形的各个地层厚度的变化情况。若同一地层在褶皱的翼部和核部的厚度不同,则该地层时代是褶皱发育时期之一,其厚度差反映了褶皱的发育强度。若同一地层在褶皱各部位的厚度无变化,则说明该地层时代在该区无褶皱作用。岩性岩相的变化也可用于判断褶皱的形成时期。同沉积背斜在发育时期,其核部岩性往往较粗,而翼部岩性常较细。在实际应用中,岩性岩相的变化不可单独使用,需与厚度变化配合起来。运用此法应注意排除弯流作用和压扁作用等的干扰。

此外,还可以根据褶皱的重叠现象,分析多期褶皱形成的先后顺序,因为同一时期形成的褶皱,它们的排列组合往往有着一定的规律,可以用统一的应力作用方式解释,而不同时期形成的构造,由于应力作用不同,先后两套构造常有相互切割、相互干扰或叠加现象。据此可以判断褶皱构造形成的先后顺序。

3)褶皱形成机制分析

沉积岩层的褶皱作用主要包括两种,即纵弯褶皱作用和横弯褶皱作用。前者指岩层受到顺层挤压力作用而发生褶皱,后者指岩层受到与层面垂直的外力作用而发生褶皱。两种作用形成的褶皱在其形态、组合关系、层间滑动方向、层间小褶皱以及与断裂的组合关系等方面都存在明显差别。

(1)平面形态及组合。纵弯褶皱作用形成的褶皱通常为长轴状和线状,而且一系列褶皱同时发育,背斜、向斜相间排列。横弯褶皱作用形成的背斜常为短轴背斜和穹隆构造,常单个背斜孤立存在。

(2)剖面形态。纵弯褶皱作用常形成顶厚褶皱,而横弯褶皱作用形成的常为顶薄背斜。

(3)层间滑动方向。纵弯褶皱作用引起的层间滑动规律:各相邻的上层相对向背斜转折端滑动,各相邻下层则相对向向斜转折端滑动。横弯褶皱作用引起的层间滑动规律则刚好相反,即各相邻上层向向斜转折端滑动,各相邻下层向背斜转折端滑动。

(4)层间小褶皱。在褶皱作用过程中,夹持在强硬厚岩层之间的薄岩层或塑性岩层,由于弯滑作用和弯流作用,常形成层间小褶皱。这些层间小褶皱多为不对称褶皱,其轴面与上下邻层的锐夹角指示该相邻层相对滑动方向。若小褶皱轴面与上部相邻岩层面的锐夹角指向背斜转折端,则为纵弯褶皱作用所致。若小褶皱轴面与下部相邻岩层面的锐夹角指向背斜转折端,则是横弯褶皱作用的结果。

(5)与断裂的组合关系。在同一应力作用下不仅可以形成褶皱,还可以形成断裂构造,有时两者之间存在派生关系。利用断裂与褶皱的组合关系可以推断褶皱的成因机制。伴随纵弯褶皱作用常形成纵向逆断层和横向正断层,在背斜转折端常派生纵向张节理和纵向正断层,在背斜枢纽倾伏部位常派生横向张节理和横向正断层。横弯褶皱作用常派生放射状和同心环状张节理和正断层。

8. 褶皱构造遥感图像判译方法

1)褶皱构造解译基本任务

确定存在(整体);辨认类型、解译形态(局部);分析褶皱群体、分布特点和成因。

2)褶皱存在的解译

(1)转折端:褶皱构造的重要标志之一。通过色调、地貌、水系、植被、综合景观等解译标志显示岩层褶皱后呈现的:图形——同心环状、横跨主要构造线的弧形、“之”字形折线、随风飘舞的绸带状影像;地形——长条形、弧形、“之”字形延伸的岭脊。

(2)岩层分布的对称性。褶皱构造另一个重要标志影像为不同色调条带形成的纹形对称重复,地形、地貌特征构成的纹形图案对称重复。需要注意的是,褶皱两翼地形坡度相近时,由褶皱两翼同一岩层的出露宽度变化间接推断岩层在两翼产状的相对陡缓:宽度大的则产状缓;宽度小的则产状陡。

类型确定的一般规律:正常褶皱,两翼岩层三角面在褶皱轴两侧对称分布,图像上表现为两翼岩层三角面山脊点尖端指向相反方向。若两翼岩层三角面形态和分布类似,同一岩层出露宽度也大致相同,为直立褶皱;否则为斜歪褶皱。倒转褶皱,较难解译,两翼岩层三角面山脊点尖端指向同一方向。若两翼岩层倾角不同,则三角面山脊点夹角不等;若两翼岩层倾角相同,则在坡度相同时三角面大致相同(同斜褶皱)。

(3)色调、图形。不同色调、微地貌的平行条带呈圆形、椭圆形、长条形、弧形、三角形、马蹄形、菱形等。

(4)特殊的水系。向心状水系为向斜盆地;放射状水系为穹隆、短轴背斜;正常褶皱为两翼水系对称相似,转折端收敛或撒开。

3)几种按平面形态的褶皱解译标志

(1)短轴平缓褶皱:长短轴接近的穹隆或盆地,宽长比大于1/3;当褶皱的多层岩层出露时:层理为封闭同心圆状影像;边缘为环状图案或色调带;水系为放射状、向心状或环状。若只有顶部或底部一层出露,则呈色调均匀的鼓包或凹地,与水平岩层区别。穹隆的岩层产状向四周倾斜,盆地的岩层产状向中心倾斜。

(2)长轴褶皱:宽长比1/10～1/3,封闭的长圆形,两翼岩层为走向不平行、对称重复的色调、地形、水系解译时,由岩层层面影像线圈出平面形态,确定褶皱类型(解译或量测两翼岩层产状)。

(3)线状褶皱:影像特征与长轴褶皱相似,只是宽长比小于1/10,水平方向延伸远、两翼岩层走向近于平行,此种褶皱一般为枢纽水平或缓倾伏褶皱。需要注意的是:依据有无对称重复的影像特征,与单斜地层区别;依据两翼岩层产状有无相向、相背倾斜,与同斜褶皱区别。

(4)褶皱的平面组合形态。解译出单个褶皱,则一定区域内的组合形态一目了然:隔挡式——背斜窄,向斜宽;隔槽式——背斜宽,向斜窄;隔挡隔槽式。

4)确定背、向斜的解译标志

①两翼岩层产状倾向,相背为背斜;相向为向斜。②转折端处岩层产状,外倾为背斜;内倾为向斜。③地貌(倒置地形):谷为背斜;山为向斜。④转折端处水系:向外撒开为背斜;向内收敛为向斜。⑤转折端处单层影像出露宽度:外层宽度小于内层宽度为背斜;外层宽度大于内层宽度为向斜。⑥岩层新老顺序:核部两侧相同影像特征岩层对称出现,若能确定地层时代,则两侧老、中间新为背斜;两侧新、中间老为向斜(宋春青等,2005)。

(二)节理

对于节理,应在野外进行大量的观测和统计工作。在此基础上可用于确定构造部位,分析构造应力场和矿体的储存、运移空间。

节理的观测主要包括以下6个方面的内容。

1.观测点的选定

观测点的选定决定于任务,一般不要求均匀布点,而是根据地质情况和节理发育情况布点,做到疏密适当。选定观察点时还要考虑:第一,露头良好,最好便于两面观测;第二,构造特征清楚,节理比较发育;第三,露头面积一般不小于10m^2,便于大量测量节理;第四,从地质上看,观测点应选在构造上的重要部位,并且在不同构造层、不同岩系和不同岩性中都应布点。

2.观测内容

(1)地质背景的观测。在对节理进行观测前,首先应了解观察地段的地质背景,即地层及其产状、岩性及成层性、褶皱和断层的特点,以及观测点所在构造部位。

(2)节理的分类和组系划分。对节理要进行分类,划分组系,如有主要节理发育,应区分主节理和一般节理。如果在工作之初不能对节理进行分类或划分时,在收集到一定资料后应及时进行分析概括。

(3)对节理进行分期和配套。

(4)节理发育程度。

(5)节理组合形式的观测。岩石中的几组节理,常组合成一定形式,将岩石分割成形状和大小各不相同的块体。要注意观察节理组合形式和截切的块体所表现出的节理整体特征。对展布范围较大的剪节理中的等距性和分级等距性应注意测定。

(6)节理面的观察。在节理的野外研究中,应注意节理面的观察。观察内容包括:节理面的形态和结构细节;节理面的平直光滑程度;是否有擦痕;节理是否被充填以及充填物结晶状态和结晶方位;节理是否含矿以及含矿节理占节理总数的百分比等。这些材料有助于分析节理的力学性质,以及了解节理的形成状态和发育过程。

3. 节理力学性质的确定

根据力学性质,构造节理可分为两类,即剪节理和张节理。

(1)剪节理具有以下主要特征:①节理产状稳定,沿走向和倾向延伸较远。②剪节理较平直光滑,有时具有因剪切滑动而留下的擦痕。当剪节理未被矿物质充填时是闭合的,如被充填脉宽较为均匀且脉壁较为平直。③发育于砾岩和砂岩等岩石中的剪节理,一般切穿砾石和胶结物。④典型的剪节理常常组成共轭 X 型节理系。⑤主要剪裂面由羽状细微裂面组成。⑥剪节理的尾端变化有折尾、菱形结环和节理叉 3 种。⑦剪节理的发育具有等距性。

(2)张节理具有以下主要特征:①节理产状不甚稳定,延伸不远。单条节理短而弯曲,一组节理常侧列产出。②节理面粗糙不平,无擦痕。③在砾岩或砂岩中的张节理常常绕砾岩或粗砂粒而过。如切穿砾石,破裂面也凹凸不平。④张节理多开口,一般被矿脉充填,呈楔形、扁豆状以及其他不规则状。脉宽变化较大,脉壁不平直。⑤张节理有时呈不规则的树枝状,各种网络状,有时也呈一定几何形态,如追踪 X 型节理的锯齿状张节理,单列或共轭雁列式张节理,有时也成放射状或同心圆状组合形式。⑥张节理尾端变化或连接形式有树枝状,多级分叉、杏仁状结环及各种不规则形状等(苏生瑞,2010)。

剪节理与张节理的区别如表 3.3 所示。

表 3.3　剪节理与张节理的区别

特征	剪节理	张节理
概念	受剪应力作用形成	受张应力作用形成
产状	产状稳定、延伸远	产状不稳定,延伸不远
形态	节理面较平整、面上有擦痕	粗糙,无擦痕
切穿能力	在含砾砂岩中,节理一般切穿砾石,平整	绕砾而过,个别切而粗糙
组合特征	单个剪裂面一般由很多羽裂组成,典型剪节理常成共轭节理系,发育良好成菱形块体,具等距性	呈不规则网状、树枝状,如追踪 X 型节理成锯齿状,有时成放射状或同心环状
剖面形态	无脉充填	无充填,呈楔状;充填,呈脉梳状
尾端变化特征	呈折尾、菱形结环、分叉,这些现象总体呈共轭	呈树枝分叉状、杏仁结环状、不规则网状等
应力状态	最大主应力与剪节理方向呈一定角度接触	最大主应力平行张节理方向

4. 节理的测量和记录

在节理观察点上，对上述各方面进行观察的同时，要进行测量和记录。

节理产状的测定与测定岩层产状要素一样，如果节理面未充分揭露而不易测量时，可将一硬卡片插入节理内，直接测量卡片产状。如果节理产状不太稳定而数据精度要求很高时，应逐条进行测量。如果节理按方位和产状分组明显也可分组测量，每组中测量有代表性的几条节理，然后再统计这组节理数目。

测量和观察的结果一般填入一定表格或记在专用野簿中，以便整理。记录的表格可根据目的和任务编制，一般性节理观察点记录表格内容如表 3.4 所示。

表 3.4　节理观测点登记表示例

点号及位置	地层时代、层位和岩性	岩层产状和构造部位	节理产状	节理组系及其力学性质和相互关系	节理分期和配套	节理密度	节理面特征及其充填物	备注

5. 节理资料的整理与制图

在野外对节理进行了观测并收集了大量资料后，应及时在室内加以整理，进行统计分析，以查明节理发育的规律和特点及其与该区有关构造的关系。节理的整理和统计一般采用图表形式，主要有玫瑰花图、极点图和等密图等。

节理玫瑰花图编制简便，反映节理性质和方位比较明显，是统计节理的一种较常用的图式，分为走向玫瑰花图和倾向玫瑰花图两种。

节理极点图是用节理法线的极点投影绘制的，其编制简便，所表示的各个节理产状准确，并且能明确反映节理发育的方位。

节理等密图是在节理极点图的基础上编制的，其编绘比较费时，但这种图能比较准确地反映出节理发育程度及其优势方位，故在节理研究中较常采用。

6. 节理资料的应用

1)确定构造部位

在褶皱和断层发育过程中常派生出一系列的节理，这些节理常发育在特定的构造部位。纵张节理常发育在背斜转折端，横张节理常发育在向斜转折端，它们常追踪早期形成的共轭剪节理而呈锯齿状。

横张节理也常发育在背斜枢纽倾状部位。两组共轭剪节理常发育在背斜和向斜转折端。两组共轭剪节理的锐夹角在背斜转折端平行于背斜枢纽，在向斜转折端则垂直于向斜枢纽。

呈放射状和同心环状张节理常发育在横弯褶皱作用形成的穹隆构造的顶部。

羽状节理常与断层活动有关。在断层附近节理的数量显著增加，密度相对增大，节理带宽度加大。在断层的端点、拐点、交会点、分支点和错列点容易形成新的节理。

2)分析构造应力场

用节理资料分析构造应力场,首先应在野外开展节理的分期配套工作,确定剪节理的共轭关系。其次是确定3个主应力轴的空间方位。共轭剪节理的交线平行于中间主应力轴σ_2,它们的夹角平分线分别为最大主应力轴和最小主应力轴。σ_1和σ_2一定要根据实际观察加以确定。确定的依据是剪节理的微细羽列、擦痕、派生张节理等。分析确定了σ_1和σ_2在共轭剪节理中所在的方位后,利用赤平投影求出各个观测点上的应力状态。最后根据该区许多点上的应力状态,绘出主应力网络。

必须指出,同一地区常遭受长期、多次构造作用,形成多期的构造节理,因此节理的分期是一项难度较大的工作,常根据切断、错开、限制、中止和相互切错等分析节理形成的先后关系,也可以根据节理与岩层的关系分析节理的形成时期。两组剪节理的交线σ_2轴与所在岩层的层面法线平行或交角较小($<15°$),则可以认为该节理形成于岩层为水平时,有可能在成岩期或成岩后不久。若两组剪节理的交线σ_2轴与所在岩层的层面法线夹角较大($>15°$),则可以认为该节理形成于岩石变形以后,若σ_2轴的倾伏角较小,则该节理可能不形成于最后一期构造活动;若σ_2轴近于铅直,则该节理可能形成于最后一期构造活动。

3)分析储集性

节理发育带的孔隙度和渗透率较高,常成为矿体的储集带和运移通道。许多油气田以节理为储集空间,因此查明节理带的特征和分布规律对油气勘探开发具有重要意义。

岩性和岩层对节理的发育程度有明显影响。岩性的影响表现为韧性岩层中剪节理较张节理发育,脆性岩层中主要发育张节理;韧性岩层中共轭剪节理的夹角常比脆性岩层的夹角大。节理的间距或密集程度也因岩性和岩层厚度而有差异。岩层的厚度影响节理发育的间距,岩层越厚,节理间距越大。这是由于层面的存在降低了岩石的强度。

节理发育程度常以密度或频度表示,是指节理法线方向上单位长度(m)内的节理条数(条/m)。如果n组节理都很陡,可以选定单位面积测定节理数。为了解岩石的渗透性及其影响,除计算节理密度外,还要计算缝隙度(G),就是节理密度(u)与节理平均壁距(t)的乘积,即

$$G=ut$$

节理发育程度也可以单位面积内节理长度来表示,如一定半径(r)的圆内节理的长度之和(L),即

$$\mu=\frac{L}{\pi\gamma}$$

为了确定节理密度与岩性、层厚的定量关系,在野外可以根据岩性和层厚选定一基准层,然后将不同岩性和层厚中的节理密度进行对比和换算,求出其比值或系数。

(三)断层

断层研究的主要内容有断层的识别、产状的确定、断层两盘相对运动的确定以及断层形成时代和活动演化进程的确定,进而探讨断层的组合、形成机制及其产出的地质背景和物理环境。断层类型很多,规模差别极大,形成机制和构造背景各异。因此,研究的内容、方法和手段各不相同,但是断层研究的首要环节是要识别断层和确定断层的存在。虽然断层可以通

过分析和解译航卫片、物探图、地质图和有关资料得以确定或推定，但识别和确定断层存在的主要方式是进行野外观测。

1. 断层的识别

断层活动总会在产出地段的有关地层、构造、岩石或地貌等方面反映出来，形成了所谓的断层标志，这些标志是识别断层的主要依据。

1)地貌标志

(1)断层崖。由于断层两盘的相对滑动，断层的上升盘常常形成陡崖，这种陡崖称为断层崖。盆地与山脉间列的盆岭地貌是断层造成一系列陡崖的典型实例。

(2)断层三角面。断层崖受到与崖面垂直方向水流的侵蚀切割，形成沿断层走向分布的一系列三角形陡崖，即断层三角面。

(3)错断的山脊往往是断层两盘相对平移的结果。

(4)横切山岭走向的平原与山岭的接触带，往往是规模较大的断裂。

(5)串珠状湖泊洼地往往是大断层存在的标志。这些湖泊洼地主要是由断层引起的断陷形成的。

(6)泉水的带状分布特征往往也是断层存在的标志。念青唐古拉南麓从黑河到当雄一带散布着一串高温温泉，是现代活动断层直接控制的结果。

(7)断层的存在常常影响水系的发育，引起河流的急剧转向，甚至错断河谷。

2)构造标志

如果线状或面状地质体在平面上或剖面上突然中断、错开，不再连续，说明有断层存在。为了确定断层的存在和测定错开的距离，在野外应尽可能查明错断的对应部分。

构造强化是断层可能存在的重要依据。构造强化现象包括岩层产状的急变和变陡；突然出现狭窄的节理化、劈理化带；小褶皱剧增以及挤压破碎和各种擦痕等现象。

构造透镜体是断层作用引起构造强化的一种现象。断层带内或断层面两侧岩石碎裂成大小不一的透镜状角砾块体，长径一般为数十厘米至3m。构造透镜体有时单个出现，有时成群产出。构造透镜体一般是挤压作用产出的两组共轭剪节理把岩石切割成菱形块体后，其棱角又被磨圆而形成的。透镜体长轴和中轴的平面，或与断层面平行，或与断层面成小角度相交。

在断层带中或断层两侧，有时见到一系列复杂紧闭的等斜小褶皱组成的揉褶带。揉褶带一般产于较弱薄层中，小褶皱轴面有时向一方倾斜，有时陡立，但总的产状常常与断层面斜交，所交锐角一般指示对盘运动方向。

断层岩的发育和较广泛产出也是断层存在的良好判据。

3)地层标志

地层的重复和缺失是识别断层的主要依据。

4)岩浆活动和矿化作用标志

大断层尤其是切割很深的大断裂常常是岩浆和热液运移的通道和储聚场所，因此，如果岩体、矿化带或硅化等热液蚀变带沿一条线或带断续分布，常常指示有大断层或断裂带存在。一些放射状或环状岩墙也指示着放射状断裂或环状断裂的存在。

5)岩相和厚度标志

如果一个地区的沉积岩相和厚度沿一条线发生急剧变化，就可能是断层活动的结果。断层引起岩相和厚度的急剧变化有两种情况：①控制沉积盆地和沉积作用的同沉积断层的活动，引起沉积环境沿着断层发生明显变化，岩相和厚度因而发生显著差异；②断层的远距离推移，使相隔甚远的岩相带直接接触。查明和确定断层是研究断层的基础和前提。在地质调查中，应注意观察、发现和收集指示断层存在的各种标志和迹象，同时结合其他地质条件和背景加以综合分析(苏生瑞，2010)。

2. 断层观察要点

断层与节理同属断裂构造，而断层往往是节理的进一步发育所致。或者说，当节理发生位移，两壁有所错动时，即称为断层。断层是野外常见的一种重要地质现象。

1)断层几何要素

断层观察和研究首先要确定断层的几何要素，其内容包括下列几点：

(1)断层面。所谓断层面，就是两部分岩块沿着滑动方向所产生的破裂面。断层面的空间位置也像地层的层面一样，是由其走向和倾向而确定的。但断层面并非一个平整的面，往往是一个曲面，特别是向地下延伸的那一部分，产状可以有较大的变化。此外，断层面不是单独存在的，往往是有好几个平行地排列着，构成所谓断层带，又由于断层带上两壁岩层的位移错动，使岩石发生破碎，因此又称为断层破碎带，宽度达几米，甚至几十米。一般情况下，断层的规模愈大，断层带的宽度也愈大。

(2)断盘。断层面两侧相对移动的岩块称为断盘。由于断层面两壁发生相对移动，所以断盘就有上升盘和下降盘之分。在野外识别时，按其位于断层面之上者称上盘；位于断层面之下者称下盘。当断层面垂直时，就无上盘或下盘之分。

(3)断层线。断层面与地面相交的线，称断层线。

(4)位移。这是断层面两侧岩块相对移动的泛称。在野外观察断层时，位移的方向是必须当场确定的问题之一。特别在开矿过程中，一旦遇到矿脉(或矿层)中断，则往往是因断层位移所致，需要立即追查。追查的办法是运用两侧岩层的层序关系来判断或观察断层面上的擦痕等来确定。

2)断层面产状的测定

在观测和研究断层时，应尽可能测定断层面产状。

(1)断层面有时出露于地表，可以直接测定，有时没有出露，只能间接测定。如果断层面比较平直、地形切割强烈而且断层线出露良好，可以根据断层线的“V”字形来判定断层面的产状。

(2)隐伏断层的产状，主要根据钻孔资料，用三点法予以测定。

(3)断层伴生和派生的小构造也有助于判定断层产状。断层伴生的剪节理带和劈理带一般与断层面近一致。断层派生的同斜紧闭揉褶带、片理化构造岩的面理以及定向排列的构造透镜体带等，常与断层面成小角度相交，这些小构造变形愈强烈、愈压紧，与断层面也愈接近。需要指出的是，这些小构造的产状常常是易变且急剧变化的，应大量测量并进行统计分析以确定代表性的产状，然后加以利用。

3. 断层两盘相对运动方向的确定

(1)根据两盘地层的新老关系。对于走向断层或纵断层,上升盘一般出露老岩层,或老岩层出露盘为上升盘。但是如果地层倒转,或断层倾角小于岩层倾角,则老岩层出露盘是下降盘。如果两盘中地层变形复杂,为一套强烈压紧的褶皱,那么就不能简单地根据两盘直接接触的地层新老而判定相对运动。如果横断层切过褶皱,对背斜来说,上升盘核部变宽,下降盘核部变窄;对于向斜,情况则刚好相反。

(2)根据断层两侧派生构造。由断层两盘相对运动引起的派生分支构造有压性、张性和扭性之分。压性分支构造与主干断层所夹锐角指向对盘相对运动方向。张性分支构造与主干断层所夹锐角指示本盘相对运动方向。扭性分支构造有两组,一组与主干断层呈小锐角相交,小锐角指示本盘相对运动方向;另一组则与主干断层呈大锐角相交,大锐角指示对盘相对运动方向。

(3)根据牵引构造。根据断层两侧地层牵引弯曲情况,可以判断两盘的相对运动方向,即弧形突出方向指示本盘的相对运动方向。

(4)根据擦痕和阶步。用手顺擦痕方向抚摸,光滑方向指向对盘的运动方向。阶步以陡坡的倾向指示对盘运动方向;反阶步则以陡坎倾向指示本盘运动方向。

(5)根据断层角砾岩成分。如果断层切断并挫碎某一标志性岩层或矿层,根据该层角砾岩在断层带中的分布可以推断两盘相对运动方向。

(6)根据构造透镜体的排列。构造透镜体在断层带中常斜列式排列,右列式排列的构造透镜体标志着断层的左旋错动,反之左列式排列的构造透镜体则标志着断层的右旋错动。

4. 断层活动时间的确定

断层一般是在一定构造运动中形成的。对于这些基本上于一次构造运动中形成的断层,可以利用断层与同期变形的地层和褶皱等的相互关系来确定其形成时期。如果一条断层切断一套较老的地层,而被另一套较新的地层以角度不整合所覆盖,可以确定这条断层形成于角度不整合下伏地层中最新地层形成以后和上覆地层中最老地层形成时代之前,即在下伏地层强烈变形时期。

如果断层被岩墙、岩脉充填,而且岩墙、岩脉有错断迹象,则岩体侵入于断层形成或活动时期。利用放射性同位素法可以测定岩体时代,从而确定出断层的形成时代或活动时代。如果断层被岩体切断,断层活动显然先于岩体,如果断层切断岩体,则断层活动晚于岩体。

如果断层与被其切断的褶皱成有规律的几何关系,则它们很有可能断裂是在同一次构造运动中形成的。查明这次构造作用的时期,也就确定了断层形成时期。

此外,由重力作用引起的重力滑动断层,可以是沉积时期、成岩时期、构造运动时期或其以后的任一时期。这类断层的形成时期可以根据卷入断层的最新地层和未被切断的上覆最老地层来确定。

总之,断层一般形成于某一构造运动时期,也可以与某一沉积盆地的沉积作用同时活动,而重力滑动断层可以在地质发展的任一阶段形成和发育,所以对断层形成和发育时期,应对具体问题进行具体分析。

四、岩层不整合接触关系的观察和描述要点

1. 平行不整合接触关系的野外观察

平行不整合面看上去只是一个非常普通的与上、下层几乎完全平行的面状构造。但是，它是地质发展历史的重要标志面，标志着一个漫长地质历史时期的沉积间断和生物化石的不连续。有时在它之上还可能形成重要的沉积矿产。

(1)目的要求：①掌握平行不整合的鉴别标志和观测方法；②了解平行不整合面的时、空含义；③掌握与平行不整合有关的矿产类型及成因；④了解平行不整合反映的地壳运动方式。

(2)观察内容：①平行不整合接触关系的基本特征；②绘制与平行不整合接触关系有关的素描图。

2. 平行不整合接触关系的野外观察要点

(1)测量上覆、下伏岩层和平行不整合面的产状，以确定不整合面上、下地层产状的一致性。要多测量一些，以求统计上的一致性。另外也可通过在一段距离内的追索，确定上、下层是互相平行的。上、下层之间的平行关系，也可以通过读图来证实。

(2)平行不整合面的观察：①平行不整合面形态观察，主要观察凹凸不平和冲刷的特点；②观察是否有底砾岩，底砾岩的分布特点和岩性特点以及砾石成分特点；③观察是否有向下部层位贯入的脉体；④观察是否有古风化壳、古土壤及残积型矿产。

(3)平行不整合面上、下地层的岩性观察，注意岩性、岩相的不连续及突变。

(4)不整合面上、下两套地层中古生物化石的观察，由教师讲解生物进化的特点及缺失的生物化石。

(5)上覆地层底部砾岩的观察与描述。主要观察砾石成分、大小、磨圆度、分选性、胶结物成分及胶结方式等。

3. 角度不整合接触关系的野外观测

角度不整合反映一次造山运动。不整合面上、下地层间的角度接触代表着两者之间在沉积作用、岩浆活动、变质作用、成矿作用和构造变形方面的巨大差异。

(1)目的要求：①通过野外工作使学生掌握角度不整合接触关系的鉴定标志及观察研究方法；②建立构造运动的时空概念，构造运动作用的方式、方向及演化特征，③掌握角度不整合反映地壳运动的方式。

(2)观察内容：①角度不整合接触关系的野外观察，角度不整合面的特征；角度不整合面的上覆、下伏岩层的观察测量；②绘制角度不整合接触关系剖面素描图或平面素描图。

4. 角度不整合的野外观察要点

角度不整合是地壳运动的产物，要注意从角度不整合接触界面的特征和上、下地层的时代、岩性特征反映的岩相特征、成因环境、生物演化的连续与突变差异、产状变化及构造变形

的差别等方面进行观察研究。

(1)角度不整合界面一般是经过长时期风化剥蚀作用呈凸凹不平或较平整的沉积间断面。因此在不整合面上可能保存有古风化壳、古土壤及残积型矿产。

(2)不整合面上、下两套地层在岩性和岩相上差别很大,其间缺失部分地层,时代相差甚远,反映在生物演化过程中存在不连续现象,即化石(群)种属突变,在变质作用及变质程度方面有明显差异。

(3)不整合界面上、下两套地层产状不一致,呈角度相交,上覆地层的底面盖在下伏不同时代的老地层之上。上覆地层的层面与不整合界面基本平行。而不整合界面上、下两套地层中的构造变形强弱程度及变形样式不同,构造线的方向也不尽相同。一般下伏地层的构造变形强烈而复杂,而上覆地层中的构造变形则相对弱而简单。

(4)不整合界面上覆地层的底层常有由下伏老地层的岩石碎块、砾石组成的底砾岩。

(5)绘制角度不整合接触关系剖面图和平面素描图。在详细观察与测量后,要求对重要地质现象作平面或剖面素描图及文字说明,野外素描图要求规范,图名、比例尺、图例、方位等要准确合理。

5. 确定不整合时代

不整合形成的时代通常相当于不整合接触的上、下两套地层之间所缺失的那部分地层的时代,即下伏地层中最新地层以后与上覆地层中最老地层以前的时期。角度不整合的时代是构造强烈活动的时期(即构造幕)。当缺失地层较少时,确定不整合形成的时代较为准确;若上、下两套地层时代间隔很大,不整合形成的时代就不易准确判定。这期间也可能发生过多次运动。

要正确确定不整合所代表的地壳运动的时期,必须从较大区域尺度进行地层对比和区域地质构造发展的综合研究,以便确定地层是“缺”(即当时没有沉积),还是“失”(即原有的地层被剥蚀掉了)。

研究不整合的空间展布和类型变化不应仅局限于个别地段。由于不同地区构造运动的强度和性质常常是变化的,所以不整合会由某一地区的角度不整合过渡到另一地区的平行不整合甚至转变为整合。即使均为角度整合,但在不同地区上、下两套地层变形的强度也会有差异,反映引起不整合的各个地区的构造运动程度的差异。此外,同一角度不整合,在不同地区上、下两套地层的时代差,即缺失地层的时代可以不同,说明引起不整合所经历的时间在各个地区也是不同的(程捷,2009)。

第六节　地质现象与地质过程认知

一、实验目的

通过对矿物、岩石及常见地质构造的识别,结合小谷围岛地质考察,分析岩石、构造的形成原因与演化趋势,形成对一般地质现象与地质过程的科学认识。

二、实验内容及要求

(1)小谷围岛地质图判读。
(2)野外地层、构造、岩石类型观察和辨识。
(3)小谷围岛地质特征。

三、实验原理

(1)将今论古。
(2)岩石特征与沉积环境。
(3)地质构造及其成因。
(4)变质作用。
(5)地质演化过程。

四、使用仪器、材料

(1)小谷围地质图。
(2)地质罗盘。
(3)铅笔、量角器、橡皮、报告纸等。

五、实验报告

理论联系实际,分析小谷围岛的地质特征与形成演化。

六、小谷围岛地质特征

(一)地理位置

广州市番禺区新造镇小谷围岛(23°N,113°E),珠江环绕其四周,高程 5~7m,地势较低,容易受洪水及珠江水涨落影响。北为海珠区官洲岛,东北为黄埔区长洲,南为番禺区新造镇,形状呈一个不规则的四边形。面积约 $18km^2$。

(二)地层发育情况

根据野外调查,《岩土工程勘测报告》的钻孔资料和“广州市 1∶5 万基岩地质图”资料分析,小谷围岛地层主要包括第四纪土层、白垩系和震旦系。以北亭-天河断层为界,其西部为白垩纪红层(泥质粉砂岩),东部为震旦系的变质岩和混合岩(岩浆岩与变质岩之间的过渡岩类)。小谷围岛第四纪地层发育,全新统为人工堆积、河海冲积层及坡残积土层,覆盖地表面积达 90%以上,其下普遍有上更新统冲积(海冲积)层及残积土层,总厚度在 3.00~25.00m 之间,平均为 12.00m。

1. 第四系土层

由上而下分为人工填土层(Q^{ml})、植物层(耕作层)(Q^{Pd})、冲积层(Q^{al})、残积层(Q^{el})4 层,覆盖于基岩上，土质多为软质土。人工填土层颜色呈褐黄色、棕褐色、浅灰黄色，由粉质黏土、亚黏土、混砂土、少量碎石组成，结构松散。植物层颜色呈灰黑色，主要由粉质黏土和黏土组成。冲积层颜色呈灰色、深灰色，由淤泥、淤泥质土、黏土和粉土组成。残积层颜色呈黄褐色、灰黄色、浅灰白色、褐红色或带灰白色花斑状，主要由黏性土、砂质黏性土组成。

2. 白垩纪红层

白垩纪红层(K)主要分布在广东科学中心—广州大学—广州美术学院一带，颜色呈紫红色。岩性由紫色砂岩、钙质泥质粉砂岩、泥灰岩、粉砂质泥岩组成。

3. 震旦系

震旦系(Z)主要分布在广东工业大学—商业南区—华南理工大学—广州中医药大学一带。颜色呈褐红色、褐黄色、灰黄色、灰白色。岩性为混合岩化变粒岩、混合岩，为硬质、次硬质岩。详细信息见表3.5及图3.63。

表3.5　小谷围岛各岩(土)层顶面深埋及层厚表　　(单位:m)

地层时代		项次	埋深	厚度	岩性
第四系土层	人工填土层(Q^{ml})	最大值	7.60	7.60	由粉质黏土、亚黏土、混砂土、少量碎石组成，结构松散
		最小值	0.50	0.50	
		平均值	4.10	4.10	
	土壤层(Q^{Pd})	最大值	7.60	1.50	粉质黏土和黏土
		最小值	0.00	0.40	
		平均值	3.50	0.80	
	冲积层(Q^{al})	最大值	13.30	7.70	淤泥、淤泥质土、黏土和粉土
		最小值	0.50	0.50	
		平均值	0.70	0.40	
	残积层(Q^{el})	最大值	17.90	10.10	黏性土、砂质黏性土
		最小值	4.80	0.50	
		平均值	11.40	5.30	
北亭-天河断层以西	白垩纪红层(K)	最大值	26.70	9.30	砂岩、钙质泥质粉砂岩、泥灰岩、粉砂质泥岩
		最小值	8.00	0.50	
		平均值	17.40	4.90	

续表 3.5

地层时代			项次	埋深	厚度	岩性
北亭-天河断层以东	震旦系(Z)	混合岩全风化层	最大值	16.50	2.70	变粒岩,混合岩,为硬质、次硬质岩
			最小值	5.60	1.00	
			平均值	11.0	1.30	
		混合岩强风化层	最大值	19.0	13.80	
			最小值	8.20	2.0	
			平均值	14.0	8.0	
		混合岩中风化层	最大值	22.0	2.10	
			最小值	10.80	0.70	
			平均值	16.40	1.40	
		混合岩微风化层	最大值	23.0	—	
			最小值	17.0	—	
			平均值	20.0	—	

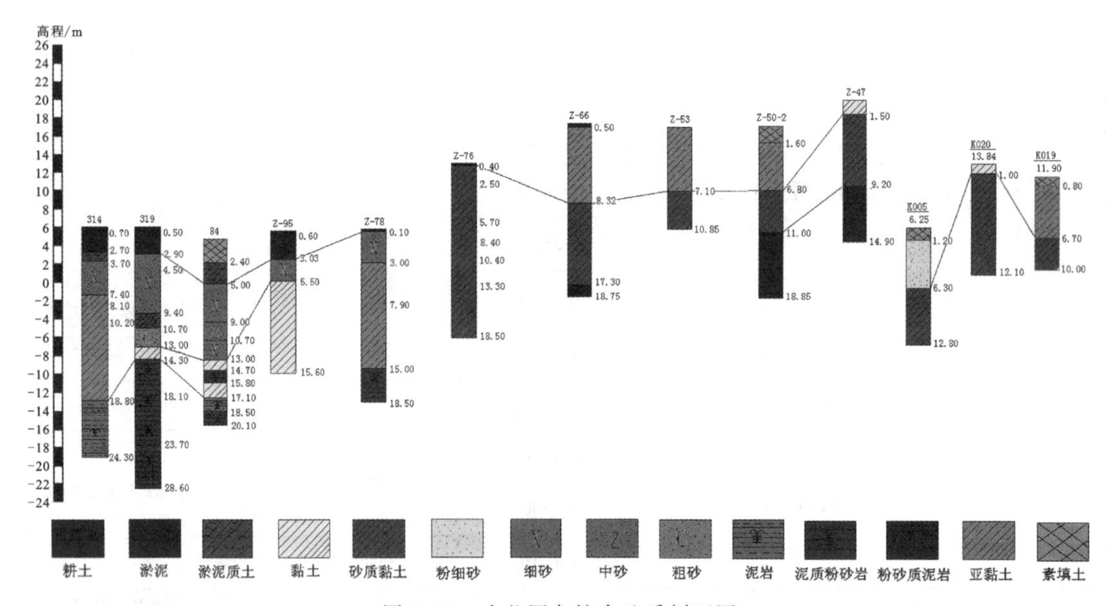

图 3.63 小谷围岛综合地质剖面图

(三)区域地质构造与工程稳定性

1. 区域地质构造

根据《岩土工程勘察报告》,结合“广州市 1∶50000 基岩地质图”“广州市航空遥感基岩地质图”等区域地质资料分析，小谷围岛位于广州断陷新造-化龙段隆交界地带，北亭-天河断裂从区内西部通过。小谷围岛附近区域构造断裂较发育，以近东西向(广三断裂)、北西向(天河-北亭断裂)和近南北向(化龙-黄阁断裂)3组最为明显。其中，北亭-天河断裂为规模较大的断裂，自小谷围岛内北亭村向南东，经南亭村、南村，向北西延伸在石榴岗附近与广三大断层交会，断层长约14km，走向330°～340°，在北亭附近断面倾向北东，倾角50°～70°，属盆地同生期断裂。东盘为下古生界变质岩，西盘为下白垩统白鹤洞组(K_1b)泥质粉砂岩。该断裂为一隐伏的活动性断层，广州大学至广州美术学院路段刚好位于北亭-天河断裂西盘。

从《区域地质调查报告》第五册《工程地质环境地质》的“广州地区区域稳定性分区图”中分析得出，广州市地铁七号线大学城路段属于相对稳定区，地震基本烈度为Ⅶ度区。根据地震资料分析表明，天河-北亭断裂远离广从断裂和瘦狗岭断裂等广州地区主要的控震发震断裂，自第四纪以来，未有强烈活动迹象。前人研究认为本地区无产生灾害性地震的地质背景。

2. 区域稳定性

小谷围岛区域稳定性不一，可分为3个路段。其中，广东省科学中心至广州美术学院和广州中医药路段表层岩土为裸露软土和饱和松散砂，而且根据“易液化砂土分布图”显示，广东省科学中心至广州美术学院路段属于隐伏易液化砂土，在受到强震时会存在砂土液化现象，这两地段不良地质较发育，不适宜作天然地基持力层。从中环路沿广东工业大学至商业南区和华南理工大学一带属于基岩分布较广泛地区，剥蚀残丘地段属于硬土，软土和饱和松散砂分布不一，局部较为发育。总的来说，这地段力学性质好，是较好的地基持力层(图3.64)。

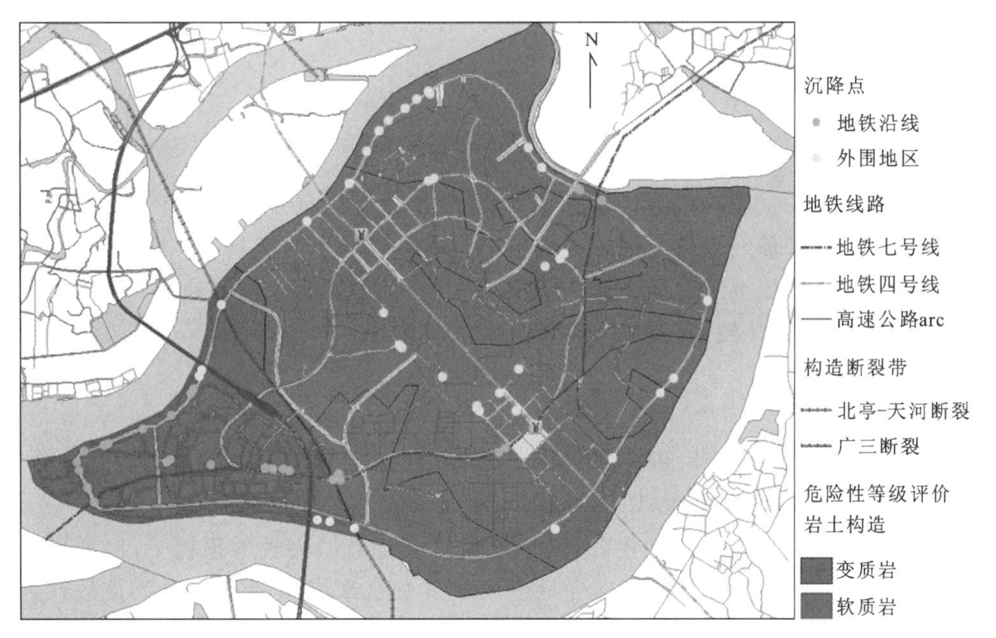

图3.64　广州大学城地质构造示意图

第四章　野外地质实习的基本方法和内容

第一节　野外地质实习的目的、要求

一、野外地质实习的目的与要求

野外实习是地质学教学重要环节之一，一方面可以加深理解和巩固学过的地质学理论知识；另一方面通过实习，初步掌握野外工作方法，为将来参加地理调查或科研奠定基础。为了达到上述目的，在实习中要求做到以下几点：

(1)认真观察各地不同时代地层的岩性、化石特征、岩层接触关系等，学习掌握划分各地层的方法。

(2)学习掌握对三大类岩石特征的观察和命名的方法。

(3)认真观察各种地质构造，包括褶皱构造、断裂构造，分析它们的形态特征、类型及成因上的关系。

(4)掌握野外地质工作的基本方法，如观测点标定、观测点观察和描述、地质罗盘使用、信手剖面图和素描图的作法、标本采集等。

二、地质罗盘的使用

(一)地质罗盘仪

地质罗盘又称“袖珍经纬仪”，是野外地质工作中不可缺少的工具。一般的地质测量，如测量目的物的方位、岩层空间位置、山的坡度等，均用地质罗盘仪。这是地质工作者必须掌握的工具。地质罗盘仪式样较多，但其原理和构造大体相同。

1. 基本构造

地质罗盘仪一般都由磁针、磁针制动器、刻度盘、测斜器、水准器和瞄准器等几部分组成，并安装在一非磁性物质的底盘上(图 4.1)。

(1)磁针。为一两端尖的磁性钢针，其中心放置在底盘中央轴的顶针上，以便灵活地摆动。由于我国位于北半球，磁针两端所受地磁场吸引力不等，产生磁倾角。为使磁针处于平衡状态，在磁针的南端绕上若干圈铜丝，用来调节磁针的重心位置，亦可以此来区分指南针和指北针。

(2)磁针制动器。为在支撑磁针的轴下端套着的一个自由环，此环与制动小螺纽以杠杆

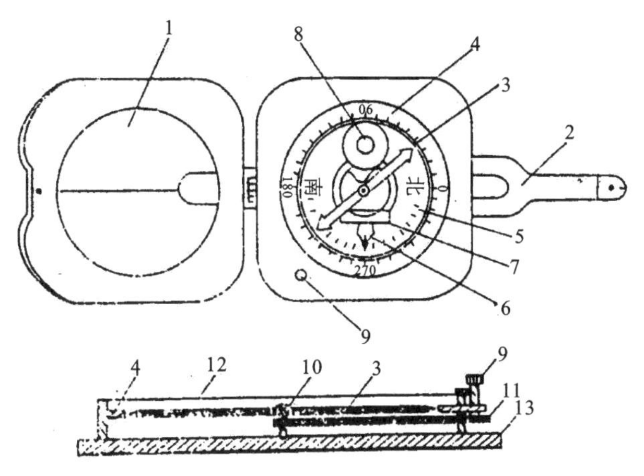

图 4.1　地质罗盘仪构造图

1.反光镜；2.瞄准觇板；3.磁针；4.水平刻度盘；5.垂直刻度盘；6.测斜指示针（或悬锤）；7.长方形水准器；8.圆形水准器；9.磁针制动器；10.顶针；11.杠杆；12.玻璃盖；13.罗盘底盘

相连，可使磁针离开转轴顶针并固结起来，以便保护顶针和旋转轴不受磨损，保持仪器的灵敏性，延长罗盘的使用寿命。

（3）刻度盘。分内（下）和外（上）两圈，内圈为垂直刻度盘，专作测量倾角和坡度角之用，以中心位置为 0°，分别向两侧每隔 10°一记，直至 90°。外圈为水平刻度盘，其刻度方式有两种，即方位角和象限角，随不同罗盘而异，方位角刻度盘是从 0°开始，逆时针方向每隔 10°一记，直至 360°。在 0°和 180°处分别标注 N 和 S（表示北和南）；90°和 270°处分别标注 E 和 W（表示东和西）。象限角刻度盘与它不同之处是 S、N 两端均记作 0°，E 和 W 处均记作 90°，即刻度盘上分成 4 个象限。

必须注意的是，方位角刻度盘为逆时针方向标注。两种刻度盘所标注的东、西方向与实地相反，目的是测量时能直接读出磁方位角和磁象限角，因测量时磁针相对不动，移动的却是罗盘底盘。当底盘向东移，相当于磁针向西偏，故刻度盘逆时针方向标记（东西方向与实地相反）所测得读数即所求。在具体工作中，为区别所读数值是方位角或象限角，可按下述方法区分：如图 4.2 所示，两个罗盘的测线位置相同，在方位角刻度盘上读作 285°，记作 NW285°或记作 285°；在象限角刻度盘上读作北偏西 75°，记作 N75°W。如果两者均在第一象限内，例如 50°，而后者记作 N50°E 以示区别。象限角与方位角的关系换算见表 4.1。

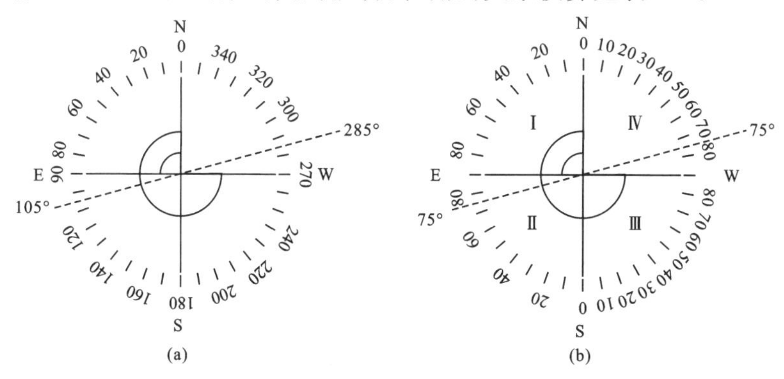

图 4.2　方位角刻度盘(a)和象限角刻度盘(b)

表 4.1 象限角与方位角之间关系换算表

象限	方位角度数	象限角(γ)与方位角(A)之关系	象限名称
Ⅰ	0～90°	$\gamma=A$	NE 象限
Ⅱ	90°～180°	$\gamma=180°+A$	SE 象限
Ⅲ	180°～270°	$\gamma=A+180°$	SW 象限
Ⅳ	270°～360°	$\gamma=360°+A$	NW 象限

(4)测斜指针(或悬锤)是测斜器的重要组成部分,它放在底盘上,测量时指针(或悬锤尖端)所指垂直刻度盘的度数即为倾角或坡度角的值。

(5)水准器。罗盘上通常有圆形和管形两个水准器,圆形者固定在底盘上,管状者固定在测斜器上,当气泡居中时,分别表示罗盘底盘和罗盘含长边的面处于水平状态。但如果测斜器是摆动式的悬锥,则没有管状水准器。

(6)瞄准器。它包括接目和接物觇板、反光镜中的细丝及其下方的透明小孔,是用来瞄准测量目的物(地形和地物)的。

(二)地质罗盘仪的使用方法

在使用前需作磁偏角的校正,因为地磁的南、北两极与地理的南、北两极位置不完全相符,即磁子午线与地理子午线不重合,两者间夹角称磁偏角。地球上各点的磁偏角均定期计算,并公布以备查用。当地球上某点磁北方向偏于正北方向的东边时,称东偏(记为+);偏于西边时,称西偏(记为—)。如果某点磁偏角(δ)为已知,则一测线的磁方位角($A_{磁}$)和正北方位角(A)的关系为 $A=A_{磁}\pm\delta$。图 4.3(a)表示 δ 东偏 30°,且测线所测的角亦为 NE30°时,则 $A=30°+30°=$NE60°;图 4.3(b)表示 δ 西偏 20°,测线所测角为 SE110°,则 $A=110°-20°=90°$。为工作上方便,可以根据上述原理进行磁偏角校正,磁偏角偏东时,转动罗盘外壁的刻度螺丝,使水平刻度盘顺时针方向转动一磁偏角值即可(若西偏时则逆时针方向转动)。经校正后的罗盘,所测读数即为正确的方位。

在对方向或目的物方位进行测量时即为测定目的物与测者两点所连直线的方位角。方位角是指从子午线顺时针方向至测线的夹角,如图 4.3(c)所示。首先放松磁针制动小螺钮,打开对物觇板并指向所测目标,即用罗盘的北(N)端对着目的物,南(S)端靠近自己进行瞄准。使目的物、对物觇板小孔、盖玻璃上的细丝三者连成一直线,同时使圆形水准器的气泡居中,待磁针静止时,指北针所指的度数即为所测目标的方位角(宋春青等,2005)。

(三)岩层产状要素的测定

岩层的空间位置取决于其产状要素,岩层产状要素包括岩层的走向、倾向和倾角(图 4.4)。

1. 岩层走向的测量

岩层走向是岩层层面与水平面相交线的方位,测量时将罗盘长边的底棱紧靠岩层层面,

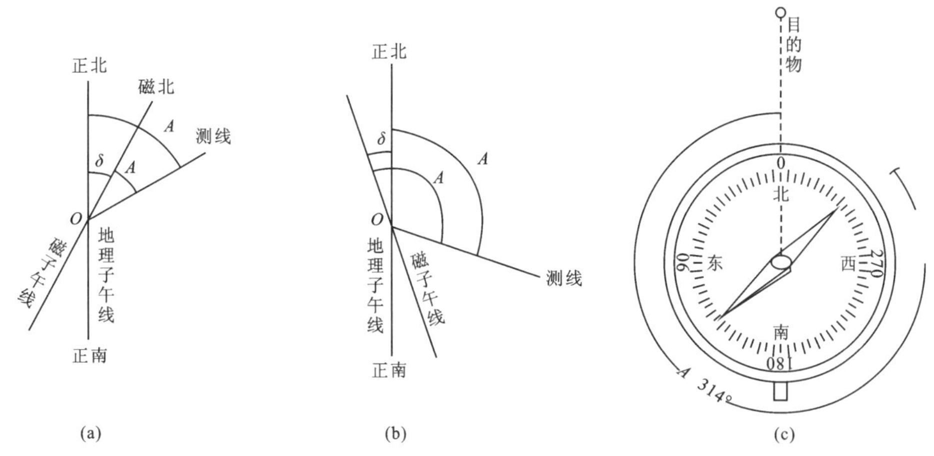

图 4.3　磁偏角东偏(a)、磁偏角西偏(b)及罗盘仪测量目的物的方向(c)示意图

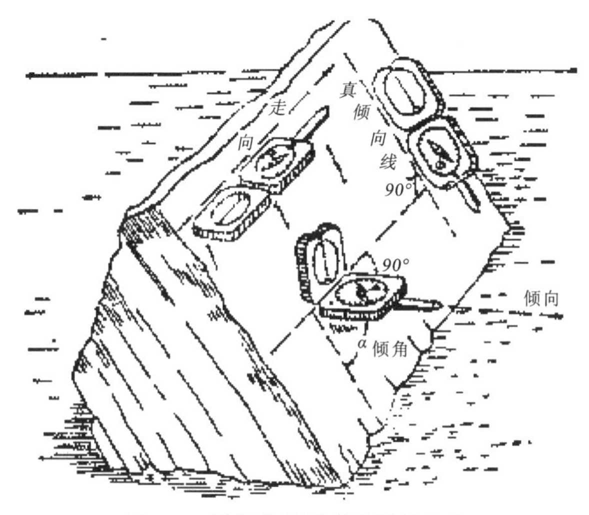

图 4.4　岩层产状要素及测量方法

当圆形水准器气泡居中时读指北或指南针所指度数即所求(因走向线是直线,其方向可两边延伸,故读南、北针均可)。

2. 岩层倾向的测量

岩层倾向是指岩层向下最大倾斜方向线(真倾向线)在水平面上投影的方位。测量时将罗盘北端指向岩层向下倾斜的方向,以南端短棱靠着岩层层面,当圆形水准器气泡居中时,读指北针所指度数即所求。

3. 岩层倾角的测量

岩层倾角是指层面与假想水平面间的最大夹角,称真倾角。真倾角可沿层面真倾斜线测量求得,若沿其他倾斜线测得的倾角均较真倾角小,称为视倾角。测量时将罗盘侧立,使罗盘长边紧靠层面,并用右手中指拨动底盘外的活动扳手,同时沿层面移动罗盘,当管状水准器气泡居中时,测斜指针所指最大度数即岩层的真倾角。若测斜器是悬锤式的罗盘,方法与上基本相同,不同之处是右手中指按着底盘外的按钮,悬锤则自由摆动,当达最大值时松开中指,悬锤固定所指的读数即岩层的真倾角。

4. 岩层产状的记录方法

如用方位角罗盘测量,测得某地层走向 330°、倾向 240°、倾角 50°,记作 330°/SW∠50°,或记作 240°∠50°(即只记倾向与倾角即可)。如果用方位角罗盘测量但要用象限角记录时,则需把方位角换算成象限角,再作记录。如上述地层产状其走向应为 $\gamma=360°-330°=30°$,倾向 $\beta=240°-180°=60°$。地层产状记作 N30°W/SW∠50°,或直接记作 S 60° W∠50°即可。在地质图或平面图上标注产状要素时,需用符号和倾角表示。首先找出实测点在图上的位置,在该点按所测岩层走向的方位画一小段直线(4mm)表示走向,再按岩层倾向方位,在该线段中点作短垂线(2mm)表示倾向,然后将倾角数值标注在该符号的右下方(苏生瑞,2010)。

第二节　野外地质工作程序简介

一、资料收集和准备工作

出野外之前的室内准备工作是整个研究工作的前期基础,准备充分的前期工作是野外工作顺利进行的前提,野外工作一定要做到心中有数、有的放矢,以最短的时间取得最丰富的野外资料。在出野外之前,根据研究的任务、内容及要求,广泛地收集研究区及其邻区的相关资料,收集有关该地区地质资料、地方志等,包括图件、文字、声像、数据等资料,进行阅读整理,拟订野外工作项目及工作计划、路线。

1. 资料收集

(1)地质资料最为重要,包括地层剖面、地质平面图、岩性描述、地层划分、年代数据、动物化石、孢粉、化学分析、钻孔、新构造运动等资料。对这些资料进行分析和筛选,建立研究区的地层框架。在资料分析的基础上,发现问题,明确需要解决的重点问题,制订解决问题的技术路线和方法,预测可能存在的难点和可能取得的成果。

(2)地貌资料与地质资料是密切相关的,对地质工作具有重要的支撑作用。这方面的资料需要收集的有地貌类型及成因分布图、剖面图,地貌年代数据,地貌形态测量数据,地貌演化分析资料,等等。对这些地貌资料的分析需要与地质资料联系起来,相互验证。

(3)基础地质资料也是地质和地貌野外工作的重要基础,分析研究区的地质和地貌发展历史也是不可缺少的。这方面的资料主要包括地层时代、岩性、分布、产状,地质构造,地下水,矿产,土壤等。

(4)遥感资料主要有卫星影像和航空照片,卫星影像的数据主要有 TM、ETM、Sport 等。如果进行比较大比例尺的野外工作,航空照片是需要收集的。在出野外之前,对卫星影像数据和航空照片进行初步的处理和解译,了解研究区不同时代和成因的地层和地貌的影像特征,建立初步的解译标志。

(5)地形图资料是必须收集的,野外工作离不开地形图,根据研究任务和精度要求,可收集不同比例尺的地形图,通常比较常用的有1∶1万、1∶5万和1∶10万地形图,比例尺过大或过小的地形图用得不多,除非需要开展大比例尺或小比例尺的地质或地貌工作才能用得上。野外剖面观察点、地质观察点、取样点、化石点、特殊地质事件观察点等都需要标记在地形图上,地质填图和地貌填图的底图也是地形图。

(6)其他相关资料也需要收集,如现代气候、人口经济、地质灾害等。

2. 野外工作用具

地质罗盘、放大镜、地质锤、小刀、皮尺、地形及地质图件、标签纸、包装标本纸、铅笔、笔记本、照相机、望远镜等。

二、编写野外工作计划

在对已收集到的资料分析研究的基础上,根据研究任务、内容和要求,编写详细的野外工作计划。工作计划主要包括研究任务、研究内容、技术路线、收集的资料、时间安排、人员组成、经费预算(野外工作)等。在工作计划中,最关键的是技术路线、收集的资料和时间安排的制定,其次是人员组成,而研究任务和研究内容是早已确定的,技术路线和需收集的资料是根据研究任务和研究内容来确定的。

(1)收集的资料是为了满足研究任务和内容的要求,因此在室内需要制订比较详细的野外资料收集计划,从收集资料的类型到数量都应写入计划中,便于结束野外工作时进行资料的检查和及时补充遗漏的工作。

(2)野外工作的技术路线也应尽量详细,尽管在实际的野外工作过程中可能进行调整,但必须做到心中有数。

(3)野外工作的时间安排需要考虑实际工作时间、休息时间、不可预料的时间(天气、交通等因素引起的),因此要留出机动时间。

(4)出野外之前,要准备好在野外工作过程中所需的工具、材料、设备等。另外,工作阶段的安排和进展、人员组成的数量和分组情况都应写进计划(刘国庆等,2013)。

第三节　野外地质工作主要内容

一、野外记录

每天进行野外记录,内容主要包括:年、月、日,观察地点,观察路线及观察点编号记录描述,所采岩(矿)石、化石标本应与日期、编号相一致。野外记录要做到详细及突出重点,但文字要精练、准确,以图代文、条理清楚,以便室内整理归纳,写出有层次、简明的报告书。

二、野外观察路线

(1)垂直岩层走向进行地层观察。

(2)沿岩层走向观测。

(3)沿山脊或沟谷、公路观测。

(4)沿断层线及断层两侧观测。

三、岩性的观察描述

按本书所述三大岩类分析描述岩石特征,如颜色(新鲜面颜色及风化后颜色)、主要造岩矿物、副矿物、结构、构造、伴生金属、化石等。

四、绘制地质剖面示意图

对地层接触关系和有明显构造形迹、新构造运动、化石层位、火山、温泉、河谷、冰川、地貌特征等有意义的地质剖面,必须进行详细观测及绘制地质剖面示意图和拍照,剖面地点应详细记录及编号。

(1)确定剖面方向及观测该剖面地形轮廓。

(2)拟订剖面水平长度比例及垂直高度比例。

(3)绘制剖面形态,然后从一端开始观察,分析岩性、构造,测产状,采化石,岩(矿)石标本逐一记录后,按岩性填上岩石花纹,化石产出层位或矿体(脉)应按实际位置填绘。

(4)写出该剖面图名称,并标明水平和垂直比例尺及图例、地点、日期。

(5)采集岩石、矿石、化石等标本。

(6)地质观察,如层理、构造(断层、褶曲、擦痕等)、铁帽结核、印痕、各种砾石(圆形、扁形、蛋形等)。

五、收队工作

在结束野外工作之前,应根据野外工作计划对收集的资料进行逐一检查,核实计划的任务是否完成,收集的资料是否完整、是否有遗漏,完成的工作质量能否达到任务的要求。如果发现有疑问的资料,应及时核查或补充。最后,应列出资料清单,逐一整理。

(1)观察点的编号:定点后的观察点为圆点,画上一小圆,并在旁边注明观察点的编号。同一观察点野外记录簿上编号与地形图上的编号必须一致。

(2)观察的内容:对各种地质现象,一般用文字记录,必要时附上素描图及剖面图,记录本左面画素描图,右面记录观察内容。

(3)野外记录要求:要做到既详细又重点突出,文字精练、准确,文图并茂,条理清楚,以便室内整理归纳,写出有层次的实习报告。

(4)野外一律用铅笔记录,使雨水、汗水不会浸染字迹。另外,记错了可以随擦随写,室内不得随意修改。

(5)剖面图(包括素描图)上必须标明方向、比例尺、主要地名及图例,不同时代的地层用地质年代代号及各种岩石符号表示。

(6)岩层(包括断层、节理)的产状,要单列一行,居中书写。

野外记录要求与格式如下所示。

(1)日期:××年××月××日　　星期××　　天气(晴、阴、雨);

(2)工作地区的地名;

(3)观察路线:从××地经过××地到××地;

(4)观察点号: | N | | N | | … |

(5)观察点的位置;

(6)观察点的性质:如地层点、构造点、地貌点、水文点等;

(7)观察内容:要详细进行描述;

(8)岩层(包括断层、节理)产状等。

六、编写地质实习报告参考提纲

编写地质实习报告是对野外地质实习中所见到的各种地质现象的系统化综合整理、分析和概括,有利于有关地质理论和知识的巩固和提高,也是编写地质报告的入门训练。

1. 实习报告的要求

地质实习报告是在对野外收集到的各种地质资料进行整理、分析和综合的基础上,关于实习区地质的一次全面而系统的总结,是整体上反映地质实习成果的一种重要形式。

地质实习报告的编写不仅能锻炼学生的地质思维,巩固和提高专业知识,而且还可以培养专业写作能力,熟悉地质报告编写的格式。要求学生能够做到:

(1)尽可能多地选用第一手资料。

(2)充分利用所学的地质知识来分析野外观察到的地质现象,有自己的独立见解。

(3)报告论述要简明扼要,使用术语准确,有理有据,逻辑严密。

(4)图文并茂,文字工整,图件美观、完整。

2. 实习报告的主要内容

地质实习报告的编写格式和要求如下(据实习地区的实际情况进行取舍):

封面

标题("××地质实习报告")、作者姓名、班级、专业、指导教师姓名、编写日期

目录

第一章　引言 …………………………………………………………………………… (　)

第二章　地层与岩石 ……………………………………………………………………… (　)

　　第一节　地层 ………………………………………………………………………… (　)

　　第二节　岩石 ………………………………………………………………………… (　)

第三章　构造 …………………………………………………………………………… (　)

　　第一节　褶皱 ………………………………………………………………………… (　)

　　第二节　断层 ………………………………………………………………………… (　)

　　第三节　构造分析 …………………………………………………………………… (　)

第四章　矿产 …………………………………………………………………………… (　)

第五章　地质发展史 ……………………………………………………………………… (　)

结束语 …………………………………………………………………………………… (　)

(1)引言:实习地区的交通位置(附图)、自然地理和经济概况。任务要求、工作条件及研究程度、工作概况及完成任务情况。

(2)地层与岩石:概述实习区地层和岩石在时间上和在空间上分布的一般特征。

地层。由老到新,按所划分的地层,对其分布、岩性特征、古生物、厚度变化、含矿性、接触关系等逐一进行描述(附地层柱状图)。

岩浆岩。按时代顺序从老到新对各时代侵入岩和喷出岩的矿物成分、结构、构造、含矿性,岩体的形态、产状、原生构造、分布情况和与围岩的接触关系及其时代确定依据,围岩蚀变,岩浆活动与成矿作用的关系等进行描述。

变质岩。按成因分述各类变质岩,描述变质岩岩石的矿物成分、结构、构造、含矿性、矿化与变质作用的关系,变质岩的分带、空间分布产状,分析成因,推断时代及原岩。

(3)构造:着重描述各种构造的形态、产状、规模及性质、分布,论述各种构造之间的先后次序、从属级别和形成机理方面的联系。详细论述构造与岩浆活动和矿产的关系,并确定各种构造的形成时代(附地质剖面图或构造纲要图)。

(4)矿产:按矿种叙述各矿床的类型、规模、质量、赋存的地质条件、找矿标志、分布、远景。

(5)地质发展史:根据地层顺序、岩性和古生物特征、地层接触关系、构造运动、岩浆活动、变质作用等资料分析,从老到新恢复各时代地层形成时的古地理环境、地壳的升降、海陆变迁、海水进退,各时期发生的构造运动以及各种地质构造的形成,与各时期构造运动密切相伴随的岩浆活动和变质作用或成矿作用的发生,各种岩浆岩、变质岩和矿产的形成等,从而恢复本区的地质发展历史。

(6)结语:本次实习的收获与体会,存在的问题及提出今后改进的意见(杨木壮等,2013)。

第五章　粤北地质、地貌和水文实习

第一节　韶关市地质构造与地层观测

一、韶关盆地地质地貌概况

韶关盆地是一个晚古生代发育的坳陷盆地，主要由晚古生代地层组成。泥盆系、石炭系和二叠系分布广泛，尚有中生代的下三叠统和侏罗系(表5.1)(陈培权，1995；赵汝旋，1995)。盆地内褶皱构造发育，由多个背斜组成，并被一系列北东向、东西向、北西向和南北向的断层所切割。韶关盆地四周被东西向及南北向构造带所围，四周构造带表现为高大的花岗岩和变质岩山体及褶皱山脉，并以韶关为中心，地势下陷，地貌上为一盆地格局，即韶关盆地。

丹霞盆地则是在韶关盆地基础上发育起来的中生代晚期(Ka)断陷盆地(图5.1)。丹霞盆地形状近似南北向，呈椭圆形，面积374km^2，其形成受韶关盆地控制。

韶关盆地东、南、西三面为中低山地所环抱，北邻海拔在500m左右的丹霞地貌区，由于受北东-南西向和北西-南东向两组"X"形构造控制，整个盆地大致成菱形，盆地内地势比较低矮，有从两旁向中部递降的趋势，其绝对高度不超过500m，丘陵多数在300m及以下，比高在150m左右。冲积平原的海拔只有80～100m。浈、武二水在此汇合成北江，贯穿盆地中部。

韶关盆地属曲江复向斜的一部分，泥盆纪及石炭纪的砂岩、页岩、灰岩分布较广，另外还有古老的龙山系岩层零星出露。盆地从新近纪以来的构造运动很显著，以有节奏的正向运动作为基本趋势，盆地中心虽比四周相对稳定，但仍上升了200m左右。盆地周围断裂破碎带发育，区内地形分层明显。盆地内大部分为侵蚀丘陵、台地，冲积平原分布广泛，亦有喀斯特地貌。北江以东有明显两条北东-南西向的高丘陵，海拔300～500m，比高在150m左右。这些丘陵一般与西部200m左右的低丘陵并无明显的界线过渡，而是属于同一地形面，可能是新构造运动上升均衡而掀斜的结果。低丘陵分布于北江两岸，海拔在200m以下，比高50～100m，地势起伏和缓，上有冲沟及细沟发育，切割较浅，外形浑圆，露头少见，但喀斯特丘陵则石芽突起甚多。枫湾及大塘等处有成片比高为20～40m的台地，地势平坦。

北江水系在新近纪已出现，新近纪以来新的构造运动对本区影响显著，表现为地壳间歇性上升，总幅度达200m，同时造成河流间歇性下切，形成河流两岸Ⅳ—Ⅴ级阶地。Ⅰ级阶地为比高10～15m的堆积阶地，多由红土构成，形成于Q_{P_2}晚期到Q_{P_3}早期；Ⅱ级阶地比高为20～30m的基座阶地，砾石层厚2～5m，形成于Q_{P_2}中期；Ⅲ级阶地为比高40～45m的基岩阶地，少数地方为基座阶地，与Ⅱ级阶地呈不明显过渡，形成于Q_{P_1}～Q_{P_2}；Ⅳ、Ⅴ级阶地比高分别为60～65m、70～90m的基岩阶地，形成于Q_{P_1}或更早些，其上的冲积层已被剥蚀，冲沟发育,已成残丘状。目前Ⅰ、Ⅱ级阶地已成为城市重要建筑用地。

表5.1 粤北地层简表

地层系统			地层名称	厚度	岩相及建造类型
界	系	统			
新生界(Kz)	第四系(Q)	全新统(Qh)	陆相堆积	5～20m	近期内陆碎屑沉积
		更新统(Qp)	陆相及洞穴堆积	不明	内陆碎屑沉积
	古近系(E)	渐新统(E_3)	罗佛寨群	120～830m	内陆湖泊相粗碎屑岩建造
		始新统(E_2)			
		古新统(E_1)			
中生界(Mz)	白垩系(K)	上统(K_2)	丹霞群	100～700m	内陆湖泊相粗碎屑岩建造
			南雄群	100～2415m	内陆湖泊相粗碎屑岩建造(夹火山岩建造)
		下统(K_1)	罗定群	725～2024m	内陆湖泊相粗碎屑岩建造
	侏罗系(J)	中统(J_2)	马梓坪群	200～375m	内陆山间湖泊含火山岩建造
		下统(J_1)	金鸡群	235～900m	浅海相砂泥质碎屑岩建造
	三叠系(T)	上统(T_3)	小坪组	243～1099m	沼泽相含煤碎屑岩建造
		中统(T_2)	黄盆群	>438m	浅海相—滨海相碎屑岩建造
		下统(T_1)	大冶群	550～573m	浅海相碳酸盐岩-碎屑岩建造
上古生界(Pz_2)	石炭系(C)	上统(C_2)	壶天群	365～905m	浅海碳酸盐岩建造
		下统(C_1)	梓门桥组	60～80m	浅海相碳酸盐岩建造
			测水组	45～320m	浅海沼泽相含煤碎屑岩建造
			石磴子组	108～590m	浅海相碳酸盐岩建造
			孟公坳组	60～575m	浅海相碳酸盐岩建造
	泥盆系(D)	上统(D_3)	帽子峰组	200～400m	浅海相碳酸盐岩-碎屑岩建造
			天子岭组	>380m	浅海相碳酸盐岩-碎屑岩建造
		中统(D_2)	棋子桥组	140～850m	浅海相碳酸盐岩建造
			桂头组	200～1250m	河流-浅海相碎屑岩建造
下古生界(Pz_1)	奥陶系(O)	上统(O_3)	龙头寨群	>615m	笔石页岩建造
		中统(O_2)	下黄坑组	78～115m	笔石页岩建造
	寒武系(Є)		八村群	2312～2603m	浅海相复理石建造
			乐昌峡群	>1300m	浅海相硅质岩、类复理石,夹碳酸盐岩等复杂建造

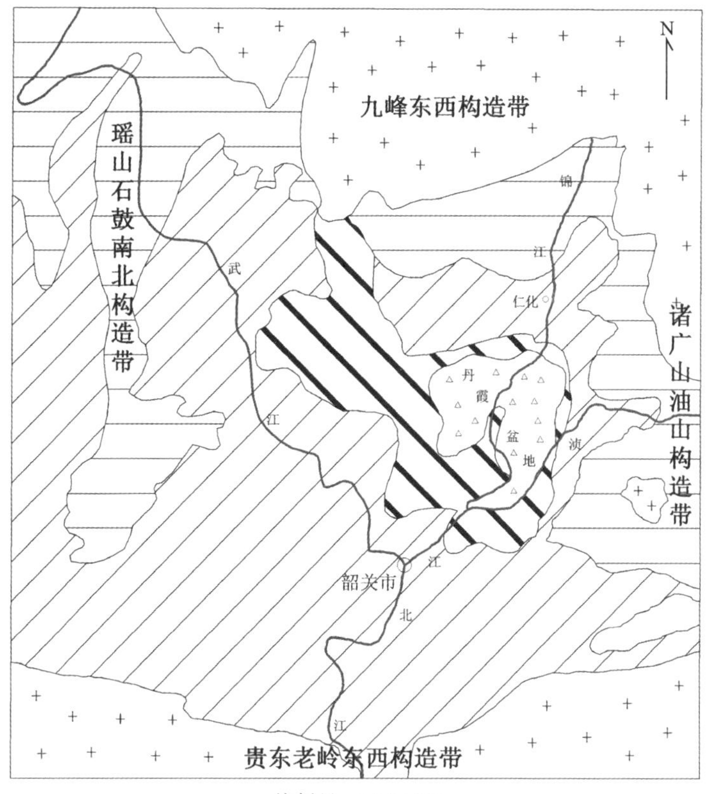

比例尺：1∶14630

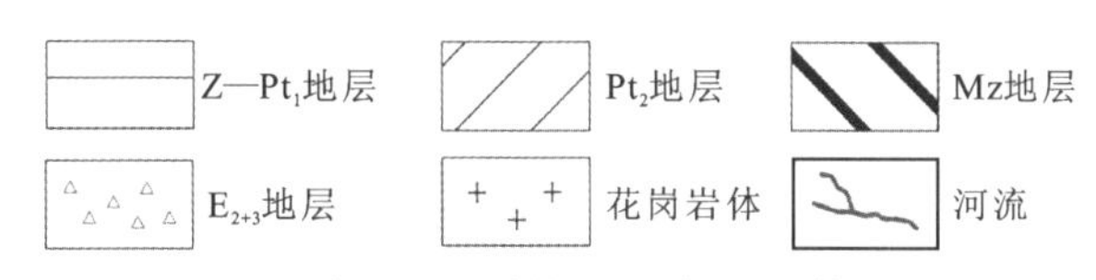

图5.1　韶关盆地地质简图(据杨木壮等,2013)

二、韶关帽子峰泥盆纪地层与地质构造

帽子峰西麓是华南泥盆系帽子峰组标准剖面所在地。剖面所处地层岩性基本上可分两大类:北部自韶关七中至3号洞口以北20m为灰岩;南部从3号洞口以北20m至帽子峰公园基本上为泥灰岩(赵汝旋和秦国荣,1990)。

北部地层厘定为上泥盆统天子岭组,岩性主要为深灰色中层至厚层状夹薄层隐晶质灰岩及泥质条带灰岩,局部夹少量泥岩。在近3号洞口处多见小错动及断裂扭曲现象,并有大量方解石细脉充填于裂隙中,全段时见岩溶溶蚀现象。

南部地层厘定为上泥盆统帽子峰组,岩性主要为一套由灰黄褐色泥灰岩及钙质泥岩组成的不均匀互层,单层厚0.5m,局部夹粉砂岩。因受区域断裂影响,构造裂隙甚为发育,岩层多见破碎或是小块状裂开,且大气降水沿裂隙下渗,强风化带估计有近10m厚(赵汝旋,1997)。

上述两组地层平均走向100°,倾向南至南西,平均倾角40°,但在构造断裂影响下,不少地层走向近南北,倾角可达85°以上。

帽子峰剖面(图 5.2)处于粤北“山”字形瑶山脊柱的东南方,沿曲仁地区花坪—鹧鸪石—黄岗山一线发育大量高角度的逆冲断裂,对该地区影响较大;同时南岭东南构造对该地区亦有复合构造作用,故山体所处断裂及节理主要表现为 3 组:北北东向、北西西向、南北向(最明显)(赵汝旋,1998;黄建华等,2016)。

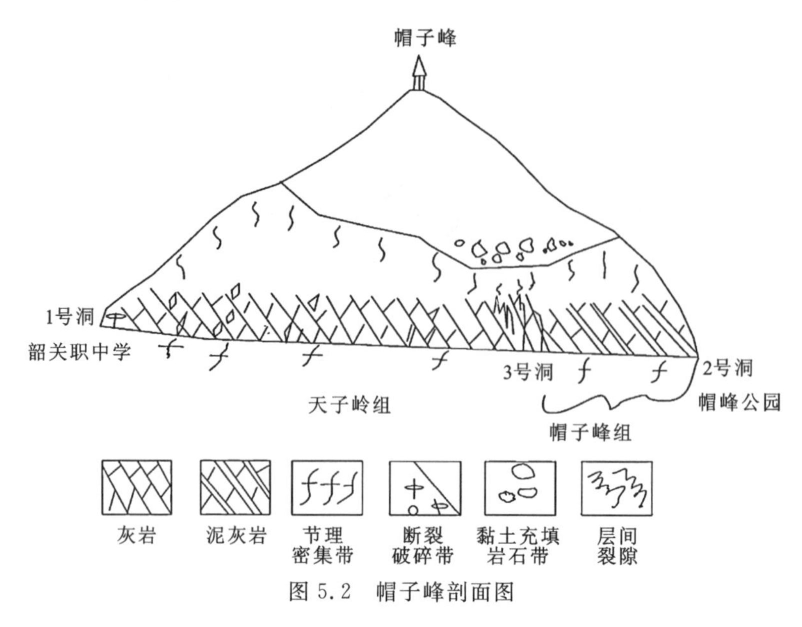

图 5.2 帽子峰剖面图

第二节 丹霞山地质构造和地貌观测

一、地理概况

粤北地区位于东经 111°55′,北纬 23°34′～25°31′,由 12 个县及 3 个区组成,总面积 30 096km^2。该区居民除汉族外,还有瑶、回、壮、蒙、满、苗、土家等少数民族。

粤北地区地形总体上为北高南低,南岭山脉横贯东西,其背部有大庾岭和都庞岭,主峰画眉山高约 1673m,其东翼为北东-南西走向的滑石山、九连山等,而西翼则为萌渚岭,其中有大东山、瑶山等高山,广东最高峰石坑崆(海拔 1902m)即位于大东山西北端。在山地之间常散布规模中等的由灰岩组成的高原,其中喀斯特地貌较为发育,如著名的乐昌喀斯特洞穴等。此外,粤北的红层盆地中所发育的丹霞地貌是世界上最为典型的,著名的有乐昌坪石的金鸡岭和仁化南部的丹霞山。

粤北地区河流绝大多数属珠江流域第二水系的北江流域。北江在粤北的总集水面积为 34 013km^2,河流长为 359m,总落差达 305m,平均流量 1080m^3/s,平均流速 0.7m/s。北江由北向南横贯本区,两侧密布大小支流 100 余条,其上游主要者有浈江和武江等。

粤北山地位于北回归线北侧,地处东亚大陆季风区的亚热带向温带过渡地带,冬季降水稀少,但有短暂的降雪和霜冻,春天多阴雨连绵,夏季则由海洋吹到大陆的东南风带来大量雨水,且易受台风袭击。全年平均气温 18.8～21.6℃,日平均气温大于 22℃的时间达 4 个月以上，全年日照时数达1473～1925h，平均相对湿度为79%。

本区土壤主要是红壤和山地黄壤。红壤主要分布在海拔300m以下，厚度达数米，而山地黄壤多分布在海拔1000m以上的地区，局部有牛肝土和黑土等。

粤北地区的主要交通线路及考察路线见图5.3。

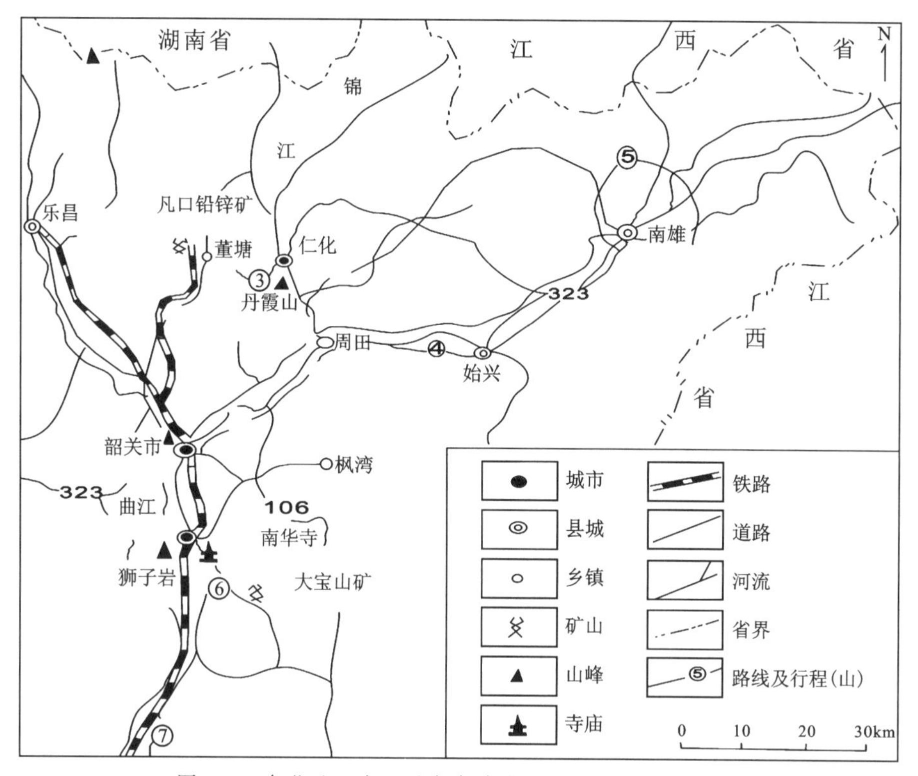

图5.3　粤北地区交通及考察路线图(据杨木壮等，2013)

二、区域地质概述

粤北地区区域地质概况如图5.4所示，现将该区主要地层、岩浆岩、构造及地质演化史分别概述如下。

(一)主要地层及岩性

粤北地区沉积地层很发育，研究程度较高，出露地层从震旦系到第四系累计沉积厚度达16 000m以上，缺失志留系、下泥盆统、中—上二叠统、中—上侏罗统、渐新统、新近系沉积。

本区共划分48个岩石地层单位，包括8个群40个组，它们各自的地质特征如下。

1. 震旦系

乐昌峡群(Z_2L)：为一套浅变质岩系，以灰色、灰绿色变余长石石英杂砂岩、粉砂岩、板岩、砂质绢云母页岩为主；中部夹有硅质岩、硅质板岩、粉砂质页岩，厚超过1000m。在南雄梅岭一带变质程度较深，多变质为片岩和混合岩。产有微古植物孢子化石 *Protolei phaeridium solidum*，*Leiopsophos phaera pelucidus* 等。

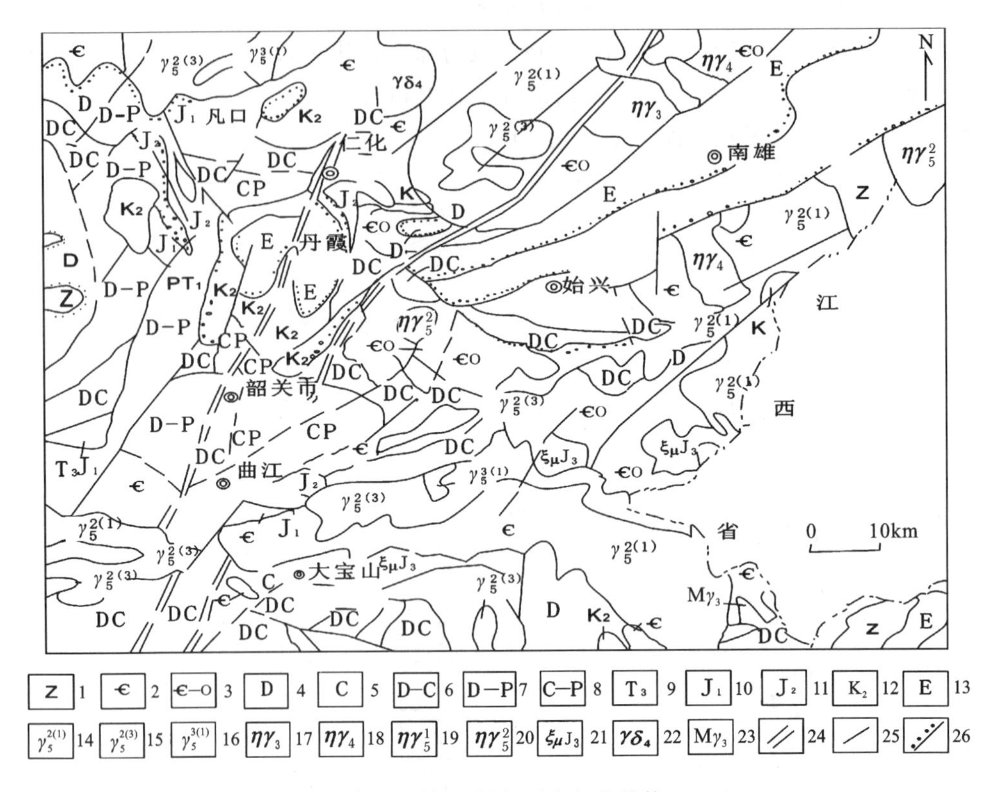

图 5.4　粤北区域地质图(引自杨木壮等,2013)

1. 震旦系;2. 寒武系;3. 寒武系—奥陶系;4. 泥盆系;5. 石炭系;6. 泥盆系—石炭系;7. 泥盆系—二叠系;8. 石炭系—二叠系;9. 上三叠统—下侏罗统;10. 下侏罗统;11. 上侏罗统;12. 上白垩统;13. 古近系;14. 燕山早期黑云花岗岩;15. 燕山第三期黑云花岗岩;16. 燕山第四期黑云花岗岩;17. 加里东期花岗岩;18. 海西期黑云二长花岗岩;19. 印支期二长花岗岩;20. 燕山期二长花岗岩;21. 晚侏罗世正长斑岩;22. 海西期花岗闪长岩;23. 加里东期混合花岗岩类;24. 深大断裂;25. 断裂;26. 地层不整合

2. 寒武系

八村群(Є*B*):为浅海类复理石碎屑岩,以灰绿色长石石英砂岩、细砂岩、粉砂质页岩、变质页岩为主。自下而上划分为 3 组。

(1)牛角河组(Є*n*):由深灰色到灰黑色厚层变余砂岩、青灰色泥质板岩、薄层含碳硅质岩、碳质板岩组成,以含碳质页岩、石煤层及含磷硅质扁豆体与黄铁矿结核为特征,整合于乐昌峡群以上,产腕足类及海绵骨针化石。厚 680m 以上。

(2)高滩组(Є*g*):灰绿色厚—巨厚层变余砂岩与灰绿色板岩、粉砂质板岩组成韵律层,底界以厚层砂岩或含砾砂岩为标志整合于牛角河组之上,顶部以透镜状灰岩、泥灰岩或钙质板岩为标志。产腕足类及海绵骨针化石。厚度大于 580m。

(3)水石组(Є*s*):岩性与高滩组相似,以灰绿色板岩发育为特征,底部常见含砾砂岩,产腕足类及海绵骨针化石。厚度大于 650m。

3. 奥陶系

由下而上可划分为下黄坑组、长坑水组和龙头寨组。

(1)下黄坑组(O*x*):整合于八村群水石组之上,下段为褐黄色厚层细粒含长石石英砂岩与黑色含黄铁矿斑点碳质页岩,富含化石,厚50～70m;上段以黑色到灰黑色碳质页岩、页岩及硅质页岩为主,在曲江河背一带夹数层灰白色—灰绿色变质霏细斑岩、长石斑岩及火山角砾岩,富含笔石。厚40～120m。

(2)长坑水组(O*ch*):由黑色硅质页岩夹碳质页岩组成,局部夹少量石英砂岩及粉砂岩,富含笔石。厚55～90m。

(3)龙头寨组(O*t*):下部为灰绿色、灰白色、黄褐色粉砂质绢云母页岩,厚690m;中部为灰白色粗晶石灰岩,具大理岩化现象,厚50～80m;上部为灰白色、灰绿色、紫褐色石英砂岩、砂质页岩、页岩等。厚240m。

4. 泥盆系

(1)桂头群(DG):与下伏前泥盆纪地层为角度不整合接触,为一套河流相—滨海相碎屑岩,以砾岩、含砾砂岩、砂岩为主,夹粉砂岩、粉砂质页岩。以中部的石英质砾岩为标志,上部称为老虎头组,下部称为杨溪组。

(2)杨溪组(D*y*):为一套紫红色、灰紫色粗碎屑岩,以含有复成分砾石为特征,下部主要为砾岩、砂砾岩夹砂岩,上部为砂岩、粉砂岩夹含砾砂岩。厚258m。

(3)老虎头组(D*l*):主要为石英质砾岩、含砾砂岩、石英砂岩、粉砂岩及粉砂质页岩,产有植物类、鱼类、腕足类、双壳类化石等。厚度大于318m。

(4)棋子桥组(D*g*):主要为浅灰色、灰黑色灰岩、白云质灰岩、白云岩,夹泥灰岩、砾岩,产蜿足类及珊瑚类等化石。厚度大于140m。

(5)东坪组(D*dp*):与天子岭组之间见一套细碎屑岩。由灰质泥岩、灰质粉砂质泥岩夹灰质碳质泥岩、泥质粉砂质泥晶灰岩或生物碎屑泥晶灰岩透镜体等组成,产有腕足类、双壳类等化石。厚2～269m。

(6)天子岭组(D*t*):为一套碳酸盐岩,下部以中厚层生物碎屑泥晶灰岩为主,夹少量白云质灰岩及钙质页岩,核形石、叠层石富集,呈花斑状、瘤状构造;上部为薄层条带状泥晶灰岩,产有腕足类、牙形刺、介形虫、珊瑚类等化石。厚140～600m。

5. 泥盆系—石炭系

(1)帽子峰组(D*m*):整合于天子岭组之上的一套灰绿色、黄色、灰红色等杂色砂泥质碎屑岩,产植物类、鱼类、腕足类、介形虫及牙形刺化石。厚一般200～250m,最厚达569m。可划分为下、中和上3个岩性段,下段为钙泥质粉砂岩、钙质泥岩和泥晶灰岩;中段由细粒石英砂岩夹少量泥质粉砂岩组成,含植物类和鱼类化石;上段以粉砂质泥岩、泥质粉砂岩为主,夹泥晶灰岩。

(2)长垑组(D*c*):位于帽子峰组之上,岩性以生物碎屑泥晶灰岩为主,夹有亮晶颗粒生物屑灰岩、白云岩化灰岩或薄层泥灰岩,其中产有牙形刺、腕足类、珊瑚类、介形虫等化石,厚100～250m。

6. 石炭系

(1)大赛坝组(C*ds*):位于长垟组与石磴子组两类碳酸盐岩之间的一套砂泥质碎屑岩夹灰岩。由泥质绢云母粉砂岩、粉砂质泥岩、泥岩,或灰质泥岩夹生物屑亮晶泥晶灰岩、泥灰岩、粉晶灰岩、白云质灰岩和白云岩等组成。其上、下段以砂泥质碎屑岩为主,中段则主要为碳酸盐岩。厚100m左右。下段产有孢子化石,上段则产有腕足类化石。

(2)石磴子组(C*sh*):位于大赛坝组之上的一套以中厚层深灰色、灰黑色生物碎屑、粉晶和泥晶灰岩为主,夹白云质灰岩、白云岩、钙质粉砂岩。厚约400m。产珊瑚类、腕足类、有孔虫等化石。

(3)测水组(C*c*):位于石磴子组之上的一套含煤砂质岩,岩性为灰色—深灰色夹黄色—灰白色砂岩、粉砂岩、粉砂质泥岩、碳质页岩,富含菱铁矿结核,夹煤层和薄层灰岩,中部夹石英质砾岩或砂砾岩。厚25~590m。富含植物类、腕足类、珊瑚类、有孔虫等化石。

(4)梓门桥组(C*z*):位于石磴子组之上的一套含煤砂质岩,以深灰色块状灰岩、白云质灰岩和白云岩为主,夹硅质灰岩、硅质岩、粉—细砂岩,局部夹煤线和碳质泥岩,常含有硅质结核或条带。厚10~170m。产珊瑚类、腕足类、苔藓虫及有孔虫等化石。

(5)壶天群(C*H*):上部为淡灰色厚层—块状大理岩化白云岩、白云质灰岩;下部为浅灰色、淡肉红色厚层隐晶质灰岩、灰白色白云质灰岩。厚560~900m。产蜓类、珊瑚类及有孔虫等化石。

7. 二叠系

(1)栖霞组(P*q*):整合于壶天群之上。下部为深灰色中厚层富含燧石结核灰岩;上部为黑色隐晶质灰岩、含泥质灰岩,夹黑色泥岩、碳质泥岩、含胶磷矿结核。厚40~142m。产有蜓类、珊瑚类、腕足类等化石。

(2)当冲组(P*dc*):整合于栖霞组之上,属浅海相含锰硅质岩建造,岩性为灰黑色、黑紫色薄层硅质岩夹硅质页岩,含锰质页岩,具锰质硅质结核。厚16~105m。产有菊石类、腕足类等化石。

(3)斗岭组(P*d*):下段为深灰色—灰黑色泥岩、粉砂质泥岩和粉砂岩,夹细—中粒砂岩,含菱铁矿条带或团块,底部含少量锰质结核,不含煤,厚119~238m;上段为灰黑色、深灰色泥岩、粉砂岩、细砂岩互层,夹多层中粗粒长石石英砂岩和含煤10~35层,厚303~358m。富含植物类、腕足类、双壳类及牙形刺等化石。

(4)格顶组(P*gd*):灰色到深灰色泥岩、粉砂质泥岩,夹条带状菱铁矿结核,中上部夹钙质细砂岩,底部常夹3~5层薄层生物灰岩,富含海相化石。厚43~120m。产腕足类、菊石类、腹足类及海百合茎、牙形刺等化石。

(5)王潘里组(P*w*):灰色到深灰色泥岩、粉砂岩,夹浅灰色中细粒砂岩,中部夹铝土质泥岩,含煤11~24层。厚119~180m。富含植物类、腕足类、双壳类及牙形刺等化石。

(6)长兴组(P*ch*):整合于王潘里组之上的一套以碳酸盐岩为主的地层,为深灰色到灰黑色含燧石结核灰岩、细晶生物灰岩,夹白云质灰岩、粉砂质页岩。厚4~45m。产蜓类、有孔虫、腕足类、菊石类及三叶虫等化石。

(7)大隆组(P*dl*):灰黑色硅质灰岩,夹硅质岩、硅质泥岩,致密、坚硬、节理发育,多呈菱形碎块,底部夹1~2层厚0.1~0.3m黑绿色火山凝灰岩。该组总厚12m。富含菊石类、腕足类、牙形刺、双壳类等化石。

8. 三叠系

(1)大冶组(T*d*):青灰色—灰绿色中厚层泥质灰岩、泥灰岩,风化后呈黄绿色,貌似粉砂岩或泥岩。厚200～550m。产菊石类、双壳类等化石。

(2)艮口群(T*G*):为一套海陆交互相含煤碎屑系,与下伏地层角度不整合,自下而上划分为红卫坑组、小水组和头木冲组3个岩石地层单位。

红卫坑组(T*hw*):为滨海沼泽相含煤碎屑岩,由灰白色中细粒砂岩、深灰色到灰黑色粉砂岩、粉砂质泥岩及碳质泥岩互层,夹不稳定的砂砾岩,底部见底砾岩,夹煤层10层以上,为主要含煤层位。泥岩中富含菱铁矿结核。厚45～480m。富含植物类、双壳类等化石。

小水组(T*x*):为浅海潟湖相碎屑岩,深灰色—灰色页岩、泥岩、粉砂质泥岩、粉砂岩,夹灰白色中细粒石英砂岩,局部夹泥灰岩透镜体,泥岩中含有菱铁矿结核。厚59～129m。富含双壳类等化石。

头木冲组(T*t*):灰白色中细粒石英砂岩、石英粉砂岩,夹灰色—紫红色粉砂质泥岩、碳质泥岩及煤层,局部有灰白色砾岩、含砾砂岩。厚81～161m。产双壳类及植物类等化石。

9. 侏罗系

(1)金鸡组(J*j*):整合于头木冲组之上的一套浅海相碎屑岩。岩性为深灰色细粒石英砂岩、粉砂岩、粉砂质泥岩互层,夹少量砂砾岩、含砾砂岩、灰质泥岩。厚200～400m。产菊石类、双壳类等化石。

(2)桥源组(J*q*):为滨海相—陆相含煤碎屑岩,整合于金鸡组之上。岩性为紫灰色、深灰色—灰黑色中细粒长石石英砂岩,粉砂岩和泥岩互层,夹少量粗砾岩、煤层或煤线。厚250～500m。产植物类化石。

10. 白垩系

(1)伞洞组(K*s*):角度不整合于桥源组之上,为整合于马梓坪组之下的一套暗紫红色火山岩和火山碎屑沉积岩。岩性下部为流纹质凝灰熔岩、安山岩、玄武岩;上部为凝灰岩、凝灰质砂岩。厚124m。

(2)马梓坪组(K*m*):整合于伞洞组之上的一套杂色碎屑岩。岩性由暗紫红色砂岩、粉砂岩和浅黄色—灰黑色泥岩组成。以岩性较细、泥岩发育及颜色带黄绿色和灰绿色为主要特征。厚900～1000m。产介形虫、叶肢介及轮藻等化石。

(3)长坝组(K*ch*):为一套棕红色—紫红色泥质粉砂岩和粉砂泥岩,下部及中上部夹砾岩、砂砾岩。厚达2000m。产介形虫、轮藻等化石。其中,孢粉组合特征为:①裸子植物花粉占到绝对优势,占总数的71%～93%,而具气囊的松柏类花粉极为贫乏;②蕨类孢子占总数的5%～24%,以 *Schizaeoisporites* 为主;③被子植物花粉很少,仅占总数的1%～6%。

(4)丹霞组(K*d*):整合于长坝组之上,主要由砾岩、砂砾岩、含砂砾岩、长石砂岩组成,局部夹粉砂质泥岩,以颗粒粗、胶结坚硬、形成奇峰绝壁的丹霞地貌及具大型板状交错层理为主要特征。厚约1000m。产介形虫、轮藻等化石。

(5)南雄群(K*N*):为一套灰棕色、棕红色—硅红色碎屑岩,由砾岩、砂砾岩、含砾砂岩、不等粒砂岩、粉砂岩和粉砂质泥岩组成。自下而上可划分为大凤组、主田组和浈水组。

大凤组(K*df*):不整合于燕山早期花岗岩或前白垩纪地层之上的一套粗碎屑岩,岩性为砾岩、砂砾岩、含砾砂岩,夹砂岩、粉砂岩和砂质泥岩,以砾岩、砂砾岩发育为主要特征。厚223～1300m。含有恐龙蛋碎片和少量介形虫化石。

主田组(K_2z):位于大凤组和浈水组两套粗碎屑岩之间的一套细碎屑岩。岩性为棕红色粉砂质泥岩,夹灰绿色泥灰质砂岩、粉砂岩。厚约800m。产丰富的介形虫、有孔虫、轮藻、恐龙(*Nanshiungosaurus brevispinus*, *Hadrosaurus*)和恐龙蛋(*Elongatoolithuse longatus*)等化石。

浈水组(K_2zh):整合于主田组之上的一套较粗粒碎屑岩,岩性为灰棕色、砖红色砂砾岩、含砾砂岩、砂岩与棕红色粉砂岩、粉砂质泥岩不等厚互层。厚220～300m。富含脊椎动物和恐龙蛋化石,其中产有恐龙 *Tyrahnosaurus*, *Nodosaurus* 以及蜥蜴类、恐龙蛋等化石,此外还产有大量介形虫、轮藻及腹足类等化石。

11. 古近系

罗佛寨群(K—E*L*):整合于南雄群之上的一套较细碎屑岩,岩性为暗棕色、紫红色到灰绿色粉砂质泥岩夹泥岩、粉砂岩及细砂岩。自下而上可划分为上湖组、浓山组和古城村组。总厚约1500m。

(1)上湖组(KE*s*):整合于浈水组之上。岩性为紫红色粉砂质泥岩和泥质粉砂岩不等厚互层,夹薄层含砾砂岩、砂岩,富含钙质结核。厚440～600m。产哺乳类、介形虫、腕足类及轮藻等化石。

(2)浓山组(E*n*):整合于上湖组之上。岩性为暗棕色到紫红色粉砂质泥岩、泥灰岩、钙质粉砂岩,夹少量砂砾岩,上部粉砂岩增多,厚220～336m。产哺乳类、介形虫、腹足类及轮藻等化石。

(3)古城村组(E*g*):整合于浓山组之上的一套暗棕红色粉砂质泥岩,下部夹灰黑色泥岩、粉砂岩、细砂岩和劣质油页岩;上部夹灰黄色到灰绿色粉砂质泥岩,以沉积物颗粒较细、暗棕色与灰绿色泥岩相间为主要特征。厚428m。产介形虫、腕足类等化石。

12. 第四系

第四系主要为狮子岩洞穴堆积层(Qp)。下层为含砂砾石的黏土层,厚4m;中层为胶结程度较高的亚黏土层,含砂量较少,呈浅黄褐色,分选性差,厚0.8～1.2m;上层为浅褐色黏土层,含少量结核,厚0.3～0.5m。产哺乳类动物化石。

(二)主要岩浆活动

粤北地区最重要的岩浆活动为燕山早期的花岗质岩浆侵入,岩体多呈大岩基产出,如诸广山岩体、大东山岩体、贵东岩体等,它们构成了南岭东西向构造带的主要组成部分。这些岩体的岩性绝大多数为中粗粒黑云母花岗岩,仅个别地区出现二长花岗岩。黑云母花岗岩具有似斑状结构,其中常见到许多钾长石斑晶,有的斑晶大小可达3cm×7cm。黑云母花岗岩主要由微斜长石、中酸性斜长石、石英及黑云母组成,黑云母一般占到3%～5%。此类花岗岩常伴随着强烈的铀矿化。岩石化学特征显示其成因类型属改造型花岗岩。这些大型花岗岩体是广东花岗岩板材的重要来源。

上述燕山早期花岗岩岩基受到众多燕山第三期(晚侏罗世)小型花岗岩岩株($\gamma_5^{2(3)}$)侵入,如贵东岩体中的江草山岩体、诸广山岩体中的企岭岩体等,其岩性亦主要为黑云母花岗岩。

除上述重要的岩浆活动外，粤北地区还受到其他相对微弱的岩浆活动影响。例如，在加里东期受到二长花岗岩（$\eta\gamma_3$）的侵入，在海西期受到花岗闪长岩（$\gamma\delta_1$）和黑云二长岩（$\eta\gamma_4$）的侵入；在印支期受到花岗闪长岩（$\gamma\delta_3^1$）和二长花岗岩（$\eta\gamma_5^1$）侵入；在燕山晚期受到石英斑岩（$\lambda\pi_5^{3(2)}$）和花岗斑岩的侵入。这些侵入岩多呈小岩株局部产出。

（三）主要构造

本区最主要的地质构造是深大断裂，其中北东向者主要为吴川-四会深大断裂，该断裂自吴川向东北经阳春、云浮、四会等地，在英德一带进入本区，与仁化-英德断裂会合。自韶关始，该断裂分为两支：一支沿南雄盆地西北缘进入江西省内，与江西大余-兴国-南城深断裂相连接，而另一支则经丹霞山、怀化向北到达江西遂川，与郯城-庐江断裂相连。该断裂的活动据研究分析始于加里东期（陈挺光等，1985）。本区近东西向的大断裂主要有两条。

（1）九峰大断裂：位于北纬 25°00′～25°30′之间，走向一般 80°～100°，倾角很陡，主要在仁化和乐昌可见，地表主要表现为强烈的挤压破碎及糜棱岩化和铁锰质浸染胶结。沿该断裂有许多燕山早期花岗岩体如诸广山岩体、九峰岩体等侵入。

（2）贵东大断裂：位于北纬 24°30′～24°50′之间，主要在本区的花岗岩体中可见，其西部主要作用于大东山花岗岩体，可见到强烈挤压碎裂及伴随的蚀变现象，而东部则主要作用于贵东花岗岩体。

（四）地质演化简史

在距今 600～440Ma 的加里东早中期，本区属于岛弧间海槽环境，沉积巨厚的冒地槽型复理石建造，总厚超过 2000m，其中仅震旦纪的沉积物就超过 1500m。寒武纪，本区基本上继承了震旦纪的构造格局，沉积了现在称为八村群的类复理石建造，但海槽深度亦浅。奥陶纪，本区处于半深海盆地环境，在奥陶纪晚期，粤北海盆的范围明显变小，地壳明显抬升，最后全部变为陆地。在志留纪末期，波及整个华南的加里东运动使本区前泥盆纪地层发生了较大规模的褶皱和断裂，著名的吴川-四会断裂即大概在此时开始运动，此次运动结束了华南加里东地槽的历史。

距今 400Ma 左右，本区进入了海西-印支构造演化期。从中泥盆世开始，海水从广西进入粤西北，并逐渐进入本区，从此时一直到早三叠世，本区主要接受了大量浅海相碳酸盐岩沉积，并夹海陆交互相或浅海沼泽相含煤碎屑岩，同时有大量的鱼类、双壳类及植物类等化石存在。中三叠世，海水急剧撤出本区。中三叠世末期，本区受到印支运动的强烈作用，发生断裂和褶皱作用，九峰大断裂和贵东大断裂大约在此时形成。

距今 195Ma 左右，本区进入燕山-喜马拉雅构造演化期。从晚三叠世到早侏罗世，本区主要接受了滨海沼泽相含煤碎屑岩沉积，形成重要含煤层位，同时见较多菱铁矿和黄铁矿结核。在早侏罗世末期，由于太平洋板块对欧亚大陆板块俯冲，导致早期燕山运动的发生，此时本区主要表现为强烈的岩浆活动和花岗岩侵位，诸如贵东、大东山及诸广山等大岩基均为此时形成，同时本区演化为陆地。在晚侏罗世燕山运动第三期（即主幕），本区亦发生了较强烈的岩浆活动，但较广东中部弱，主要为小型花岗岩株的侵入。从白垩纪开始，由于燕山运动的减弱，本区处于相对稳定时期，在早白垩世到晚白垩世，本区受拉张而形成了南雄和丹霞等盆地，并接受了巨厚的内陆湖泊相或山地盆地相红色碎屑岩，这些盆地中产多种类型生物化石，特别是有恐龙化石的存在。从渐新世开始一直到上新世末期，本区均未接受沉积。在本区主要接受了局部的冲积物和洞穴堆积沉积（李子舜，1977）。

三、丹霞红层地质地貌

(一)丹霞山简介

丹霞山位于韶关市东北约 45km,仁化县城南约 8km 的锦江东侧,总面积约 $180km^2$,由 200 多座奇山异峰组成,是世界上最典型和最大的丹霞地貌区,也是地理学上“丹霞地貌”一词的命名地。1986 年 6 月丹霞山被广东省政府批准成为首批省级重点风景名胜区,同时,“丹霞山风景名胜区管理局”正式成立。1994 年丹霞山被批准成为“国家地质地貌自然保护区”,又称“国家红石公园”。丹霞山丹崖赤壁、灿若云霞、碧水绿树、曲径通幽,奇险秀美的风光令人流连忘返。南雄盆地的恐龙化石、曲江的南华寺、马坝的狮子岩古人类遗址、乐昌喀斯特洞穴、坪石“金鸡岭”、九泷十八滩等景点分布于丹霞山周围,因而丹霞山成为我国重要的地学旅游胜地。

(二)丹霞山地质地貌研究简史

据黄进考证,对丹霞山地质地貌最早进行科学研究的是冯景兰先生。他于 1928 年对丹霞山区和南雄盆地等地的红色砂岩进行了详细研究后,在《两广地质调查年报》第 1 号上发表了《广东曲江、仁化、始兴、南雄地质矿产》一文,其中首次命名了“丹霞层”,并把它置于“南雄层”以下,他生动地将这种特殊的地形描述为“峰崖崔嵬、红流奔腾、赤壁四立、绿树上覆、真岭南奇观也。”1938 年,陈国达先生对粤北地质进行了详细考察后,1939 年在《江西地质汇刊》第 2 号上发表了《贡水流域地质》一文,正式提出了“丹霞地貌”,并提出“丹霞层”应在“南雄层”之上。同年,冯景兰先生在与陈国达先生关于中国东南部红层划分的讨论中使用了“丹霞地形”的术语。

20 世纪 40 年代,曾昭璇、吴尚时等对“丹霞层”和“南雄层”的地质地貌进行了较系统的研究,发表了《仁化南部厚层红色砂岩区域地形之初步探讨》(1943)、《坪石红色盆地》(1948)、《粤北红色岩系之地质与地形》(1948)等重要论文。20 世纪 50 年代初,广东省地质局在编制 1∶50 万地质图时,将“丹霞层”视为第三纪(现为古近纪+新近纪)或始新统—渐新统,并将其命名为“丹霞群”,而将其下的“南雄层”命名为上白垩统“南雄群(K_2NX)”,该分层方案一直使用到 80 年代。20 世纪 80 年代初,广东省区域地质调查大队修编 1∶20 万韶关幅区域地质调查报告时,采样进行微古分析发现有少量轮藻化石(张竹贤等,1986)。随后广东地质矿产局七〇五大队进行 1∶5 万仁化、犁市幅区域地质调查,在丹霞山剖面丹霞组发现了介形虫和轮藻化石,并在丹霞组下伏的长坝组发现大量介形虫、轮藻孢粉等微体化石(张显球,1990,1992),并做了古地磁(徐行等,1990)和同位素年龄测定,确定“丹霞层”的时代应属晚白垩世而非第三纪。

黄进在 20 世纪 80 年代对我国许多丹霞地貌进行了系统的考察和研究后,精辟地把丹霞地貌的形态概括为“顶平、身陡、麓缓”六字,并在 1988 年的全国“第四届旅游地学研究会论文(丹霞地貌与旅游资源)”中首次提出了丹霞地貌的定义:“发育于侏罗纪到第三纪的水平或缓倾斜的厚层紫红色砂、砾岩层之上,沿岩层垂直节理由水流侵蚀及风化剥落和崩塌后退,形成顶平、身陡、麓缓的方山、石墙、石峰、石柱等奇险的丹崖赤壁地貌称丹霞地貌”。此后,黄进(1992)又对这一定义进行了部分修改。1993 年和 1994 年,黄进和吴起俊等主持拍摄了“丹霞山地质地貌”录像片，并由中山大学音像出版社正式出版。此外，陈国能(1991)、刘尚仁(1991)、梁百和(1992)等也先后对丹霞山有关的沉积岩地质特征及形成过程进行了较详细的研究。

(三)丹霞组地层岩性及时代

丹霞山地层主要由丹霞组组成，而丹霞山剖面是丹霞红层和丹霞红岩地貌发育的典型地点(图5.5)。参观和研究丹霞组的岩性组合、层序、沉积特征、化石点及地貌特征，即可以了解丹霞红层及著名的丹霞地貌特征。观察丹霞山剖面可从丹霞山中国旅行社门前上山，经半山亭向左到锦石岩，再经百丈峡、攀龙壁到福音峡附近，此为下层，称为锦石岩景观层；从别传寺经通天峡，攀丹梯铁锁为中层，此称为别传寺景观层；从霞关到观日亭为上景观层。主要的观察点有锦石岩(丹霞组下段粗碎屑岩组成的悬崖峭壁)、攀龙壁(介形虫化石点)、丹梯铁索(丹霞组中段长石石英砂岩组成的悬崖峭壁及大型板状交错层理)、观日亭(丹霞组上段岩性及丹霞地貌景观)。

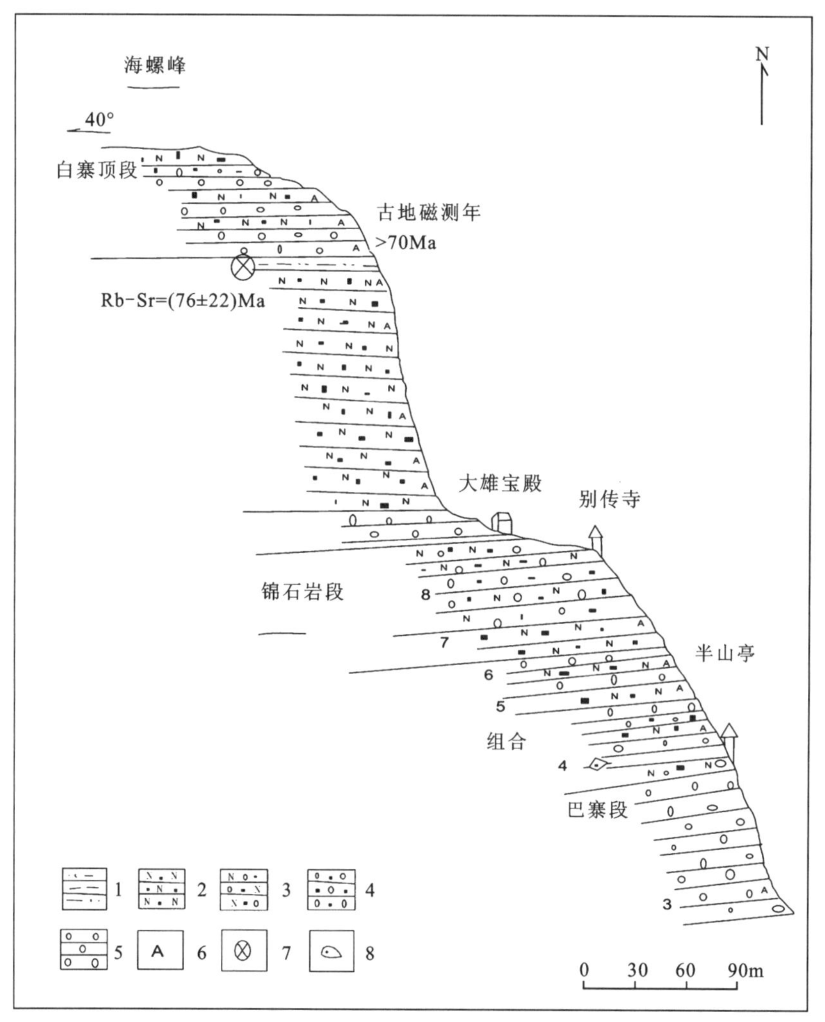

图5.5 仁化丹霞山剖面图(引自杨木壮等，2013)

1.粉砂质泥岩；2.长石砂岩；3.含砾长石砂岩；4.砂砾岩；5.砾岩；6.古地磁采样点；7.同位素采样点；8.介形虫化石点

1. 岩石地层特征

丹霞组主要由砾岩、砂砾岩、含砾砂岩、长石砂岩组成,夹粉、细砂岩,局部夹粉砂质泥岩薄层或透镜体,厚达1000m左右,以岩性粗、胶结较坚硬、形成奇峰绝壁的丹霞地貌为主要特征。

丹霞山的丹霞组按岩性可划分为3个岩性段,从山下到山顶岩性由粗到细再到粗,分下、中、上3段,与该山有三级悬崖、三层台阶面、三个景观层基本吻合(图5.5)。

下段又称巴寨段,由山脚至福音峡附近,主要为褐红色块状砾岩、砂砾岩、含砾砂岩,夹粉细砂岩,局部夹薄层或透镜状紫红色泥岩,厚约500m,以粗碎屑岩特别发育为特征,属第一级悬崖或下景观层。中段又称锦石岩段,从别传寺之下至霞关,主要为棕红色、褐红色长石石英砂岩,夹细砾岩和含砾砂岩,少量粉砂质泥岩,厚125m。以岩性较细、长石石英砂岩为主及发育大型板状交错层理为主要特征,悬崖峭壁非常发育,为第二级悬崖或中景观层。上段称白寨顶段,从霞关至山顶,沉积物比较粗,为暗棕红色砾岩、砂砾岩、含砾砂岩,夹粉细砂岩,顶部已被剥蚀,残留厚度约42m,为第三级悬崖或上景观层。

2. 生物地层特征

丹霞组岩石组成中碎屑太粗、化石稀少,迄今仅发现少量微体化石。

在丹霞组下段攀龙壁附近的紫红色含石膏晶粒的粉砂质泥岩中发现介形虫化石:*Yumenella xiagouensis*,*Y. hemiseleneata*,*Y. danxiaensis*,*Y. latilimbata*,*Y. acutilonga*,*Y. cornuta* 共6种,前两种见于甘肃玉门新民堡群,后4种为丹霞山发现的新种。*Yumenella* 是一类带镶边的介形虫,其分布限于晚侏罗世—白垩纪,即介形虫化石表明丹霞组的时代不可能属古近纪(张显球,1990,1992)。

在丹霞组下段新一线天附近棕色泥质粉—细砂岩中发现少量轮藻化石:*Grambastichara ampliovata*,*Gyrogona qianjiangica*,*Maedlerisphaera minuscula*,*Obtusochara brevicclindrica*;在上段老人峰、海螺峰的紫红色不等粒砂岩中也有少量轮藻化石:*Gobicharadeserta*,*Gyrogona qianjianggica*,*Maedlerisphaera minuscula*,*M. sanshuiensis* 等(张竹贤等,1986)。轮藻化石共5属6种,其中 *Maedlerisphaere minuscula*,*M. sanshuiensis* 见于广东三水和南雄盆地、湖南衡阳盆地、青海民和盆地等晚白垩世地层中。其余4种在晚白垩世—古近纪均有分布,轮藻化石组合面貌也反映晚白垩世色彩。

3. 年代地层特征

微体化石反映丹霞组的时代具白垩纪面貌,不可能属古近纪。丹霞组下伏地层长坝组含微体化石,时代为早白垩世晚期或晚白垩世早期,依据比较充分。丹霞组的时代应晚于长坝组,故从微体化石分析丹霞组的时代应属晚白垩世中—晚期。

丹霞组古地磁测定的结果:下段(巴寨段)上部的剩磁极性为正,中段(锦石岩段)和上段(白寨顶段)出现正、负交替变化,表明它位于静磁期之上(图5.6),其特征与75~70Ma的磁性条带颇为相似,故丹霞组顶部地层的年龄值不晚于70Ma,也排除了丹霞组属古近纪的可能性。即依据古地磁测定出的年龄,丹霞组为晚白垩世,其下伏长坝组为早白垩世中—晚期(徐行等,1990;张显球,1992)。对锦石岩段顶部棕红色粉砂质泥岩进行 Rb-Sr 法等时线年龄测定,结果为(76±22)Ma,同样说明丹霞组属晚白垩世。

从上述化石、古地磁、同位素年龄测定综合分析,丹霞组的地层时代应属晚白垩世中—晚期,不可能属古近纪。

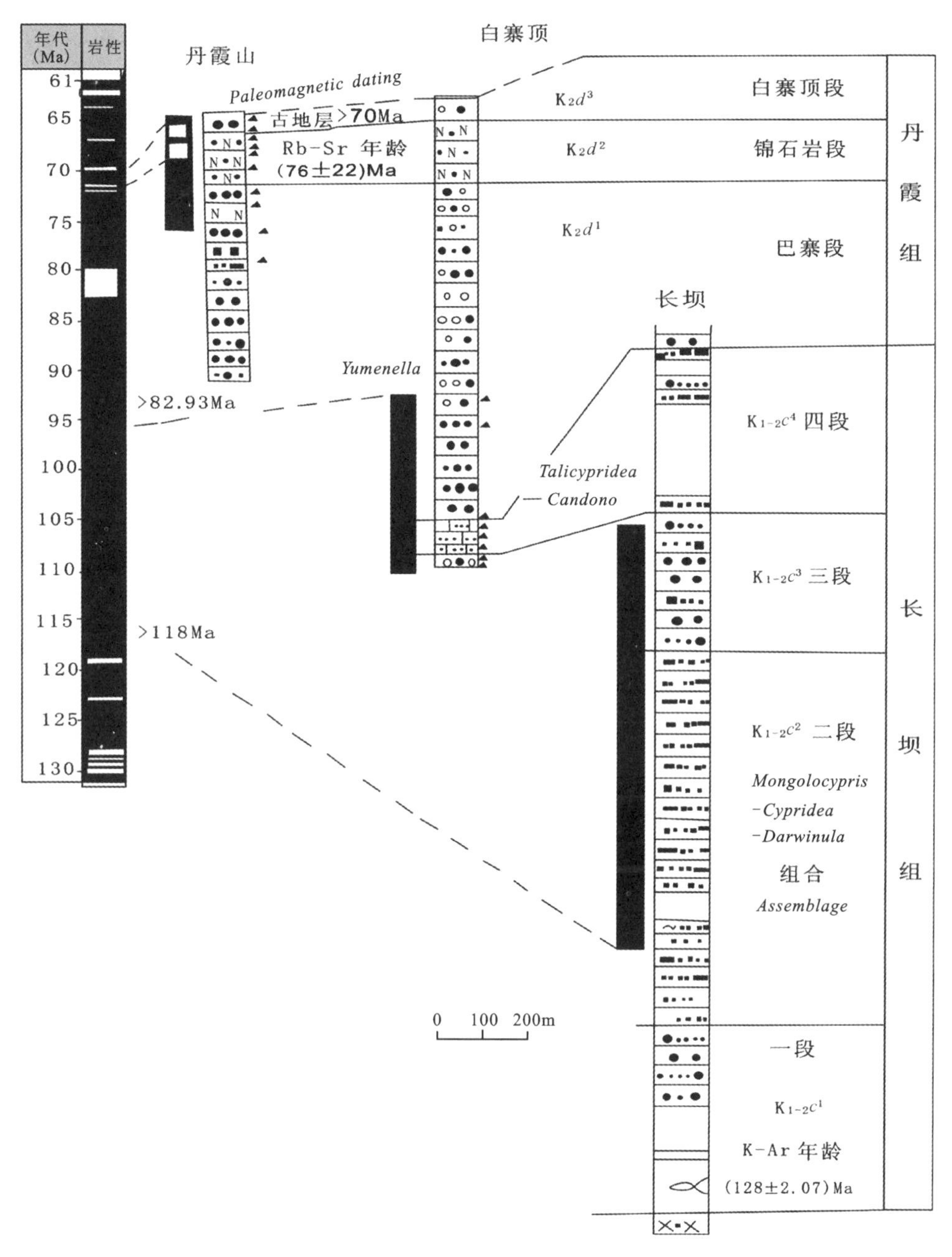

图 5.6　丹霞盆地磁性地层结果对比图(据徐行等,1990 修改)

(四)丹霞山丹霞地貌的成因

正如前文所述,丹霞地貌以“顶平、身陡、麓缓”为特征,而丹霞山又是其中最典型者,山中可见大量的陡崖峭壁、石墙、石柱等地貌,有些地形落差达数百米,且在这些悬崖峭壁上通常可形成许多宽达数十米、深达数米的岩洞,其中著名的有锦石岩、观音岩等,有时甚至将整个山体穿透,如金龟岩所见(陈传康等,1990;黄进,1992)。那么,这些特殊的地形是如何形成的呢?

据研究,距今约137Ma的晚侏罗世是太平洋板块与欧亚板块碰撞加剧、太平洋板块俯冲加快时期,也是中国东部大陆边缘活动带的主要活动期,同时还是广东省燕山运动的高潮期和主幕,这次运动形成了大量火山喷发盆地和改造型花岗岩侵入体。在距今65～100Ma的燕山运动晚期,构造活动相对松弛,在广东省形成了一系列由张性断裂控制的中小型断陷盆地,沉积了一套巨厚的红层碎屑岩建造,夹火山岩建造,晚期并有含膏岩红色建造。著名的南雄盆地和丹霞盆地均在此时形成。

古近纪以后的喜马拉雅运动期中,丹霞盆地基本上继承了燕山晚期构造运动的特征,仍以较大规模的断块抬升为特征,而无明显的褶皱运动,因而丹霞组地层得以保持水平或近水平的产状,在地块抬升过程中,相对脆性的、主要由较坚硬的砾岩和砂砾岩组成的丹霞组,形成了大量呈菱形的垂直大型节理,其中一组为压扭性的北北东向大节理组,其节理数目较少,但延伸很远;另一组为近东西向扭张性大节理组,它排列紧密但长度很短。这些大节理倾角均很大,近垂直。上述大型近垂直的节理将丹霞组地层分割成许多菱形、方格形的块体,沿这些节理中又往往发育河流,水流的不断切割、侵蚀使节理深度加大,同时,在悬崖峭壁的底部又堆积着许多由崩积物组成的山麓堆积物。上述作用的结果即形成了丹霞山典型的顶平、身陡、麓缓的丹霞地貌。由于丹霞组中各种岩性的硬度及抗风化能力相差较大,故在陡崖上常形成许多凹凸地貌,它们与沿垂直节理侵蚀形成的悬槽和悬沟交织起来,即形成了许多方格沟槽。

需要指出的是,与丹霞组同属红层沉积的南雄群中常含有较多的粉砂岩、粉砂质泥岩等岩层,其岩性相对于丹霞组来说较为软弱,易于受到风化和剥蚀,从而形成较低矮的丘陵地貌,因而南雄群中一般不能形成典型的丹霞地貌。

四、丹霞山地层、地质构造观测

(一)三个景观层

(1)锦石岩景观层(下层):从中国旅行社门前上山,经半山亭向左到锦石岩,再经百丈峡、攀龙壁到福音峡附近。

(2)别传寺景观层(中层):从别传寺经通天峡,攀丹梯铁索。

(3)上景观层:从霞关到观日亭。

(二)主要观察点及观测内容

(1)锦石岩:地点在岩前及锦石岩洞穴中,观察丹霞组下段由粗碎屑岩组成的地层及悬崖峭壁特征，以及悬崖上多条溶沟形成的晒布岩。

(2)攀龙壁：在半山亭西北侧攀龙壁附近的小路旁。出露丹霞组下段红色砾岩、砂砾岩与棕色、紫红色砂岩互层，夹一层厚0.5m紫红色含石膏晶粒的粉砂质泥岩，产多种介形虫化石及少量轮藻化石。用放大镜可观察到介形虫化石。

(3)丹梯铁索：附近有别传寺、通天峡、别有洞天、晚秀岩及海螺岩等。观测丹霞组中段由长石石英砂岩组成的悬崖峭壁及大型板状交错层理。

(4)观日亭：观察丹霞组上段岩性及丹霞地貌景观。

(三)实习要求

(1)观测并描述丹霞组的地层岩性特征。

(2)说明丹霞组地层岩性及构造特征与丹霞地貌发育的关系。

(3)绘制丹霞山地质剖面示意图。

五、丹霞山地貌观测

(一)丹霞山整体形态特征

(1)整体形态特征为顶平、身陡、麓缓。

(2)细部形态特征主要有以下几个方面：①构造台地及破碎后形成的峰林地貌，主要有方山(寨、城)、岭(龙、墙)、石峰、石柱、石针、石蛋等；②谷地地貌，主要为巷谷与峡谷(一线天、峡)；③崖壁地貌，包括垂直的或折线状崖、额状崖、蜂窝状崖壁地形，崖壁上的溜痕(晒布岩)等；④岩洞地貌，主要观察和分析岩洞的成因(断裂、崩塌、溶蚀、风化等)，岩洞内微地貌形态(龙鳞片石等)及成因，穿洞(仙人桥)特征；⑤岩溶地貌，主要有溶洞、溶沟(晒布岩)、溶蚀小洞穴等。

(二)丹霞地貌的形成因素

(1)地层因素：丹霞地层的产状与结构(近于水平、软硬相间)。

(2)岩性因素：如岩石的结构、透水性及轻微的可溶性。

(3)地质构造因素：如垂直节理及断层发育，呈X型分布。

要求：说明所观测的丹霞地貌形态特征(整体形态及细部形态)，以及这些形态的成因。

第三节　芙蓉山至马坝狮子山喀斯特地貌观测

一、芙蓉山地质路线观测

(一)目的要求

(1)了解芙蓉山的地层、构造特点。

(2)了解路线穿越法。

(3)掌握测量岩层产状、地质观察点的描述、定点的方法等。

(二)芙蓉山地质简介

1. 地层

石磴子组(C_1s),可分上、下两亚段:下亚段为灰黑色厚层灰岩夹石墨化碳质页岩;上亚段为灰黑色厚层灰岩、泥质灰岩夹页岩和钙质页岩,风化面常呈黄色,顶部还有粉砂岩。含腕足类(大长身贝、新石燕等)及珊瑚类(贵州珊瑚、蛛网珊瑚等)化石。

测水组(C_1c),可分上、下两亚段:下亚段为砂岩、粉砂岩、碳质页岩夹煤层,顶部有一层灰白色石英砂岩(或石英砂砾岩),其可作为上、下亚段分界标志层。本亚段主要为含煤段,大致可分出三层煤,煤层厚薄不一,变化较大。含较多的植物类化石,如翅羊齿、星卢木等。上亚段为粉砂岩、钙质砂页岩和泥灰岩,局部夹煤层,含腕足类和珊瑚类化石。

梓门桥组(C_1z):灰色硅质页岩、硅质岩(含硅质结核)、粉砂岩、薄层粉砂岩等,主要含有大长身贝、蛛网珊瑚和腕足类等化石。

壶天群(C_2H)为一套灰白色厚层至巨厚层灰岩、白云质灰岩,并含燧石灰岩。底部白云质灰岩较多,风化后呈刀砍纹状。中、上部灰岩较纯,含大量的蜓类化石(纺锤虫、假希氏蜓、麦粒蜓等),珊瑚类及腕足类化石。

2. 构造

(1)褶皱:芙蓉山地区为一向斜构造,轴部岩层为壶天群,两翼为梓门桥组、测水组和石磴子组。向斜轴为北东-南西向,芙蓉山正好为向斜的东北端。

(2)断层:围绕褶皱两翼发育有纵断层,一般在测水组内部较发育。另外,放射状的横断层也甚为发育,一般会把纵断层切断。

3. 观察内容及路线

(1)观察各地层(石磴子组、测水组、梓门桥组、壶天群)的特点,测水组煤层的特点。

(2)描述沿途所见的小构造现象,芙蓉山向斜的特点。

(3)路线:芙蓉东路→华南地勘局测绘队→小煤窑→石背窝水库→丝茅坪→小煤窑→粤北第二人民医院→采石场→教育学院。

(三)芙蓉山地质实习作业指导

芙蓉山位于韶关市西南,为一马蹄型山脊,石炭纪地层完整,岩层出露较好,构造简单,是初学地质者的良好实习基地。选择芙蓉山煤矿→芙蓉仙洞→抗菌素厂西侧采石场一线为观测路线,进行路线穿越法野外实习。为配合学员实习报告的完成,特将本路线可见的地质概况及地质剖面示意图的作法介绍如下。

1. 地层特征

本路线出露石炭纪地层,由老到新依次为下石炭统的石磴子组、测水组、梓门桥组,上石炭统的壶天群。各地层特征分别为:

(1)石磴子组。岩层总厚度在200~500m之间,本路线仅见上部,可见厚度约50m。为单一隐晶质灰岩，中层至厚层，灰黑色，层面上有少量不规则泥质页岩夹层，常见不规则方解石脉穿插于灰岩中，岩层产珊瑚类、腕足类等化石。

本组岩层在芙蓉山东翼受动力变质影响，片理化较明显，产状不规则，西翼因采石场开挖，出露良好。

(2)测水组。本路线测水组出露厚度约270m，以石英砂岩为主，由下而上可分数层：①下层为厚约100m的灰白色薄层细粒石英砂岩。②其上为厚35m的灰白色砂质页岩与灰白色薄层细砂岩互层。本层底、顶各有一层厚0.5～1m的煤层，中间还夹两层厚1～3m的煤层。③再往上经厚50m的黄白色粉砂岩与薄层砂页岩互层后，有一层厚20m的白色石英质砂岩，它是构成山脊的坚硬岩层，亦为测水组的标志层。④标志层之上为一层厚24m的黄褐色铁质砂岩，层面上常见铁盘。此层在山脊内侧可见。⑤最上部为砂岩夹砂质页岩，厚度小，沿内侧山坡分布。

(3)梓门桥组。本组岩层在路线上出露厚度约60m，因断层以及岩层倾向与地形倾向大致相同而出露不好，主要出露在芙蓉山内侧山坡下部。本组典型岩性主要为海相碳酸盐岩，但本路线出露的为硅质岩、硅质页岩、砂岩、砂页岩等。

(4)壶天群。总厚度100～700m，本路线可见厚度至少300m。本群为单一海相碳酸盐岩：下部为白云岩、白云质灰岩；上部为较纯的灰岩，灰白色，含大量珊瑚类、蜓类化石。本岩层出露于马蹄型山脊内盆地中，受侵蚀、溶蚀后呈北东向断续分布的峰丛、孤峰石山，内多溶洞，如赤水洞、芙蓉仙洞等。

2. 构造特征

从东侧的芙蓉山煤矿向西穿越芙蓉山地区，岩层由石磴子组→测水组→梓门桥组→壶天群→梓门桥组→测水组→石磴子组变化，即地层由老变新再变老，以壶天群为核心，地层最新，老岩层在其两侧对称分布，为一典型的向斜构造。向斜轴大致经芙蓉山顶呈北东向分布。

在褶皱翼部发现众多的压性纵断层，故沿途见多处岩层破碎及牵引构造，另有放射状横断层发育。其中在东翼路线测水组岩层中，断层面、擦痕清晰可见，沿上山公路断续出现，为一东西向的正断层。

3. 地质剖面示意图的作法

(1)在地形图上依穿越路线作出剖面线，并用罗盘量出剖面线走向。

(2)确定剖面图的水平比例尺与垂直比例尺。要求既能反映出地形起伏，而剖面图的长高比例又比较协调。

(3)在方格纸上作一底线，长度与地形图剖面线相当，并将剖面线走向标于底线两端。若剖面线中间有变向，须在转折点分别表明方向。在底线左侧画一垂直比例尺，其起点可在当地高程稍低的高度开始。

(4)按地形图等高线截取各标高点，标在剖面线之上相应的高度上，用自然曲线连接各点，即为地形剖面图。

(5)利用地质图将岩层分界点截取在底线上，并投影在地面线上。

(6)按岩层大致倾向、倾角，从地面线上各岩层分界点向下画斜线，这些斜线就是各岩层的顶界与底界。然后按构造特点把有关直线相交的地方用圆滑曲线连接成向斜、背斜状态。

地面部分可用虚线连接,以恢复被侵蚀前的构造状态。

(7)填上各岩层符号或颜色。在标志层下标明实测岩层倾向、倾角,在相应地方标上地名、山名等,最后作出图例、图名、比例尺等。

需要注意的是,标准的剖面图绘制时,若剖面线与岩层倾向不一致,须进行换算。在垂直与水平比例尺不一致时也要作倾向、倾角的修正。本图要求从略,故称之为剖面示意图,如图 5.7所示。

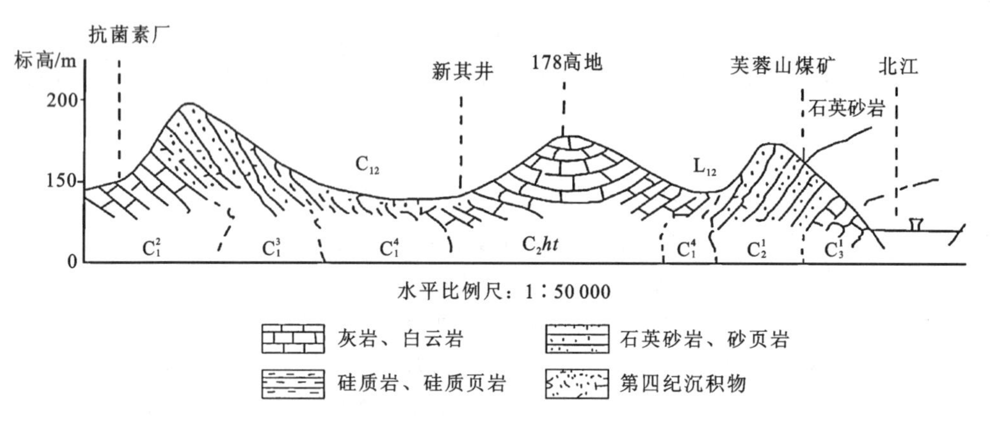

图 5.7　芙蓉山地质剖面示意图(引自杨木壮等,2013)

(四)芙蓉山—西联附近喀斯特地貌观测

内容及要求:

(1)地表喀斯特观测。在丝茅坪和芙蓉山可观察到峰林、峰丛、孤峰、石芽与石沟、漏斗与洼地等地表喀斯特地貌类型。

(2)地下喀斯特观测。在赤水河可观测地下河、地下溶洞,注意观测溶洞的平面形态,截面形态及层次;溶洞内的各种堆积地貌,溶洞及堆积地貌的发育条件;溶洞走向与断裂、节理、裂隙、分布关系。

(3)说明地表及地下喀斯特的发育条件、地貌类型及成因。

二、马坝狮子山、马鞍山地层及古人类遗址观测

(一)马坝狮子山、马鞍山地层观测内容及要求

(1)马坝人遗址及溶洞堆积地貌。

(2)狮子山、马鞍山灰岩地层的特征,观察分析狮尾断层的特点,马鞍山灰岩中化石的特征及时代。

(3)参观了解石峡文化遗址及文物,参观马坝人遗址博物馆。

(二)马坝狮子山溶洞地貌与古人类遗址观测内容及要求

(1)马坝人头骨出土处洞穴堆积情况。

(2)马坝人居住及生活的洞穴内岩性及构造对溶洞发育的影响。

(3)说明溶洞内堆积地貌不很发育的原因及多层溶洞与河流阶地发育的关系。

(4)说明马坝人生存的条件及发现的意义。

(三)马坝人遗址博物馆及马坝人遗址

1.马坝人遗址博物馆简介

马坝人遗址博物馆位于曲江县马坝镇西南约1.5km狮子岩附近(图5.8,图5.9)。1958年6月当地人在狮子岩第三层溶洞中发现古人类化石,经专家研究鉴定,认为可能是一具属于中年男性的头骨化石,命名为马坝人(梁钊韬和李炎贤,1959;吴汝康和彭如策,1959)。为纪念马坝人发现30周年,于1988年建成一座面积为2100m^{2}的博物馆。该馆内容主要有两部分:一部分为马坝人遗址及附近同期化石地点出土的人类化石、文化遗物和动物化石;另一部分为石峡遗址出土的各种人类文化遗存。

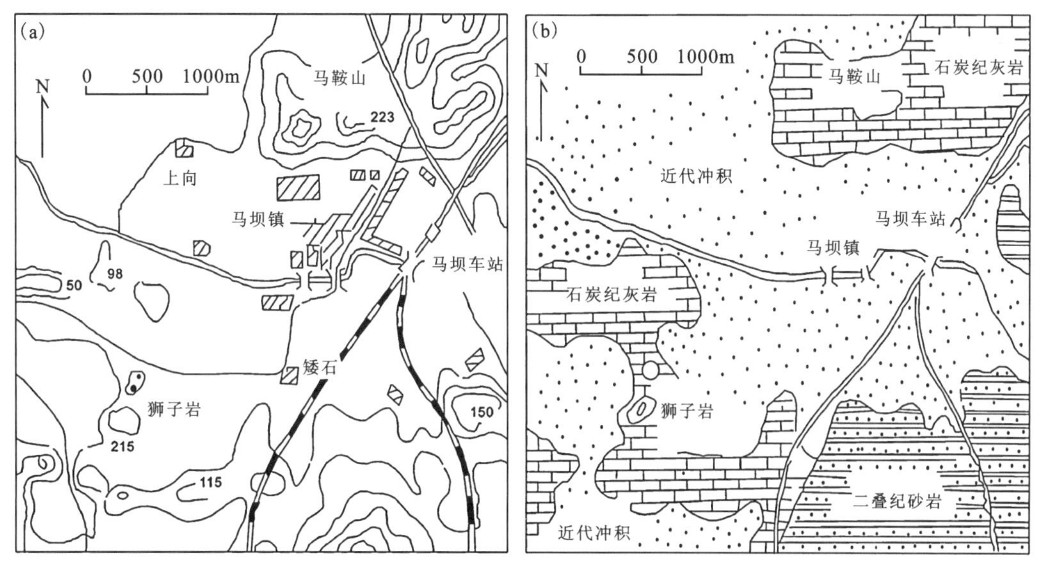

图5.8　马坝镇附近地形图(a)和地质图(b)(据宋方义等,1988)

2.马坝人化石的性质及意义

据人类学家研究,马坝人头盖骨的形状比直立人(又称猿人)进步,比晚期智人原始,而具有一般早期智人(如欧洲尼安德特人)的形态特征。从总的形态判断,马坝人应为早期智人(吴汝康,1988)。马坝人大约生活在距今13万年前。

马坝人化石的发现具有重要意义。我国早期智人化石发现多在华北地区,仅长阳人化石发现于华中的湖北省,马坝人迄今是华南地区唯一的早期智人化石且保存也较好,其发现扩大了我国早期智人的分布范围,填补了在地区上及我国华南人类进化历史上的空白。

继马坝人之后,在其相邻洞穴中又相继发现了属于晚期智人阶段的6颗人牙化石及一左下颌骨化石。

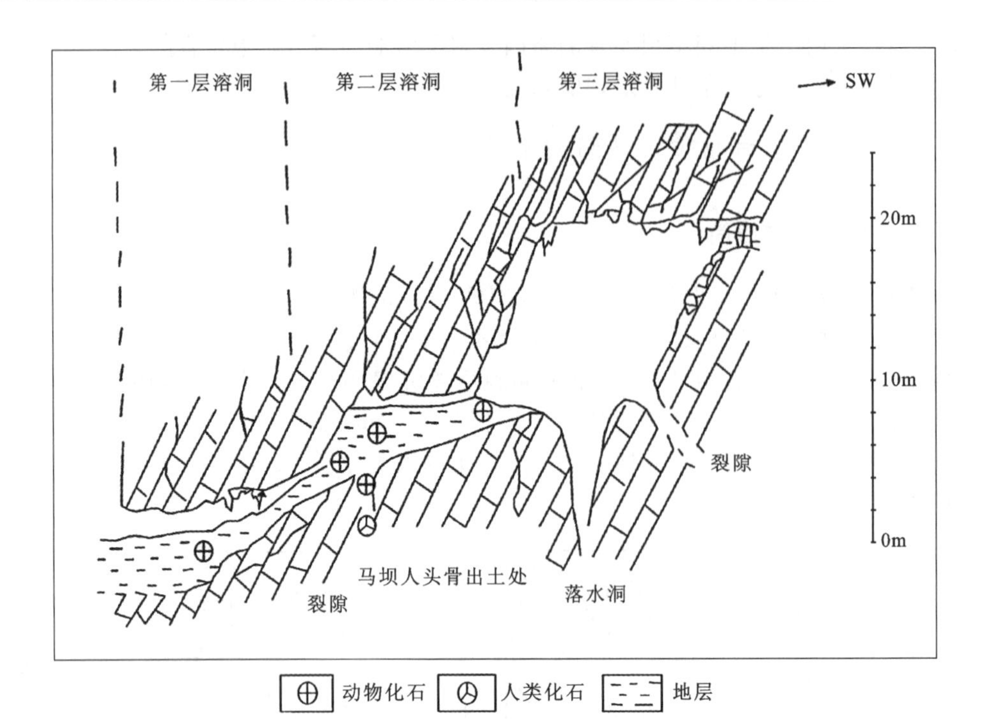

图 5.9 狮子岩(狮头)洞穴堆积综合剖面及人类化石出土层位示意图(据宋方义等,1988)

3. 马坝人伴生动物群

与马坝人伴生的动物有哺乳类、鱼鳖类、鱼类、鸟类、双壳类、腹足类。其中哺乳动物化石有 24 属 27 种(宋方义等,1988)。这些哺乳类化石属于华南地区更新世大熊猫-剑齿象动物群的成员。由于马坝动物群没有第三纪的残种,也没有确凿证据证明有早更新世的种属存在,但有早期智人化石,大部分种类均为中更新世洞穴中常见的大熊猫-剑齿象动物群的成员;轴系法年代测定结果为距今约12.9万年。因此,它的时代只可能是在更新世中期以后。

第六章　区域地貌调查

地貌野外调查是地貌研究的重要方法之一，调查目的主要有3种。

(1)生产及工程建设。地貌学研究的最终目的是为解决生产建设上的实际问题，如农业上的土地利用规划，城建规划，公路及铁路的选线，水库、机场及港口选址，水土流失的整治，泥石流和滑坡的预防与治理等都要做出地貌调查及评估。

(2)地貌学的理论研究。地貌理论是从实践中总结出来的，如过去提出的地理发育循环论、山前平原发育论、流水侵蚀水准面论和流水地貌发育阶段论等，都是地貌学家通过长期地貌调查之后总结出来的。

(3)编制地貌图件。地貌图编制是一项非常复杂而细致的工作，它要通过多个环节和多种手段才能得到，其中野外调查和填图是制图过程中的一个重要环节，有时只有通过调查才能取得最基本和最可靠的素材。

野外调查的基本要求如下：

(1)确定调查区内的地貌类型及其特征、分布、面积和界线。

(2)确定地貌的成因，尤其是地质构造、新构造运动以及气候、水文、植被、土壤等对地貌发育的影响。

(3)确定地貌发育过程与演变。

(4)测定地貌发育年龄，主要是自新生代以来的相对年龄与绝对年龄。

(5)提出对不同地貌类型的利用评价和改造意见。

第一节　地貌调查程序

地貌调查可分为3个阶段：准备阶段、野外调查阶段和总结阶段。

一、准备阶段

1. 确定调查任务

每次地貌调查都有专门任务，为解决某个项目或地区地貌中的问题而进行，因任务不同，所调查的内容、方法和手段也不同。

2. 收集资料

全面收集前人有关调查区的地貌、地质和自然地理等方面的资料，并加以研究整理，提出与本次调查有关的问题，以便在调查中解决。此外还要收集卫星影像和航空相片加以解译，以便对调查区的地貌进行初步了解。选择调查区的地形图底图也是一项重要工作，因为它是地貌调查的主要依据之一,选用地形图底图时应当用较大的比例尺,便于较准确地定位和进行野外填图。选定地形图之后,同样要先开展判读工作。

3. 制订调查计划

制订调查计划具体内容如下:

(1)提出调查的目的、要求。

(2)介绍调查区的地理概况,包括区位、自然地理、地质构造、自然灾害及交通等。

(3)提出调查方法和技术要求、器材装备、工作量、工作人员的配备、经费及时间安排。

(4)提出预期成果。

二、野外调查阶段

野外调查阶段主要进行路线和点的观测、详细记录观测内容、填绘和测量地貌图和剖面图、采集样品等,具体做法如下。

(1)踏勘。调查开始时,应先对调查区作全面概括地了解。为此,先选择多条方向不同的路线进行初步勘察。踏勘路线要尽量穿越地貌类型多、横切河谷和山地走向、割面露头好的地区。最后确定主要调查路线,以便详测。

(2)路线详测。这是调查中的最重要环节,做法是在路线上选择有代表性的观察点详细观察,进行记录、填图、测量剖面图、采样、照相及素描等。调查路线可能有多条,每条路线的观察点也有多个,当完成了所有观察点的观察时,也就完成了总的调查任务。

(3)阶段性资料整理。目的是及时清理记录内容,校正错误,并对资料作初步归纳分析,以便发现问题,及时补漏,校正填图上的错漏;对采集的样品应按测试要求进行分类整理,有的可作初步鉴定。

三、总结阶段

(1)资料的整理。主要把野外记录进行复核校正、归纳和综合分析,编写调查报告。

(2)样品处理。将野外采集的样品如岩矿、土样、化石、古土壤等,按分析要求进行鉴定和实验室分析测试,将结果应写入调查报告中,作为成果内容之一。此外,对照片应进行挑选、剪接或放大,并注上摄影地点内容,附入调查报告中。

(3)编绘图件。包括地貌类型图、剖面图和柱状图(有钻孔的观察点)等,应将这些野外草图与前人的图件对比,修改补充,最后确定其内容,并按制图标准清绘成图,作为调查的重要成果之一。

(4)编写调查报告。调查报告是地貌调查的主要成果,内容应包括下列 6 点:①前言包括调查目的要求、调查区位置、面积、采用的调查方法与手段、调查日期、完成的调查项目和成果。②调查区的地理概况,包括地形、气候、水文等自然地理概况及交通概况。③区域地质概况,主要是影响地貌发育的地质构造、新构造运动及地质发展史概要。④地貌分析是调查报告的重点部分,内容包括地貌类型的划分及各类地貌特征、分布,地貌发育原因(与地质构造、新构造运动、岩性和第四纪沉积物、外力作用等关系),地貌发育过程,地貌发育年代等。⑤结束语,指出调查区内最重要的特征、发育规律或模式、地貌的利用与改造意见、存在的问题等。⑥附上有关图件和照片。

第二节　地貌调查内容

地貌调查的内容随任务的不同而有所区别，但一般着重于地貌形态、地貌的组成物质、地貌成因、地貌过程、地貌类型之间的关系及地貌年龄等方面的内容。

一、地貌形态的观测

地貌形态的观测主要是形态特征和形态计量两方面。

(1)形态特征的描述，即定性分析。根据地貌等级的不同，分 3 个层次描述。首先是大型地貌，如山地高原、丘陵、台地、盆地和平原等的描述；其次是次级地貌，如容地、阶地、洪积、河滩等的描述；最后是地貌要素的分析，所谓地貌要素，即组成某种地貌的最基本单元(棱、角、面)，如阶地由阶地面及斜坡组成；山由山顶(棱)、山坡(面)和山麓组成。

(2)形态计量的描述，即定量分析。如果要对形态特征作深入描述时，必须要作计量描述。因此有关地貌的面积、长度、高度、宽度、坡度、深度、密度等，都要用数据说明。这些数据可用仪器测量或在地形图、航空相片等量测后获得(杨景春和李有利，2001)。

二、地貌成因、过程、类型关系

1. 地貌组成物质的分析

地貌组成物质对于解释地貌的成因有着重大意义，如阶地因组成物质的不同而划分出侵蚀、堆积和基座 3 种阶地。分析组成物质时，首先区别物质属岩石还是第四纪松散沉积物。若是岩石，则应判断属哪种岩类，它的软硬程度、组成矿物、岩石的结构和构造等对地貌的影响。若是松散沉积物，则应确定它的成因类型，只有这样才能分析沉积地貌的成因。

2. 地貌的成因分析

地貌的生成，除了受组成物质影响外，还有受构造、营力(内力、外力)和时间(时间长短)等的影响，构造和内力对地貌的影响主要是在中生代之后，特别是新构造运动影响最为重要，它主要表现为地壳升降、断裂、火山和地震活动等。外力作用主要是对等级较低的地貌。地貌形成的因素是多方面的，因此要善于运用综合观点与主导因素观点进行分析。如华南的冲沟和岗地的发育与风化壳的性质及其厚度、降雨量及降雨强度、植被覆盖度、人为作用及新构造上升活动等多方面有关，其中又以植被、风化壳、降雨强度及人为因素影响最大。

3. 研究地貌之间的相互关系

地貌是在一定自然条件下形成的，但随着时间的推移而发生变化，因此地貌既有新生性，也有继承性，它们之间有一定的成因关系。如现代雪线以上出现的冰斗，往往与构造上升、气候变冷有关；山地中出现多级夷平面又与地壳多次上升有关。

4. 现代地貌过程的观察

某些地貌在历史时期内发生迅速的变化，如崩塌、滑坡、沙丘移动、海岸侵蚀、泥石流、地陷、风化壳侵蚀(水土流失)等。它们作用时间短,都可能造成地貌灾害,在地貌调查中都应详细观察,并进行仪器测量,其资料对于生产建设和地质灾害防治工作均有重要意义。

三、地貌年龄的确定

地貌年龄包括绝对年龄和相对年龄两种。前者是指地貌形成的距今具体年龄;后者是指地貌形成的先后顺序,即属早或晚、老或新的相对关系。

1. 相对年龄的确定

(1)相关沉积法。要确定调查区内侵蚀地貌的年龄,可利用相邻的沉积地貌内沉积物年龄去确定侵蚀地貌的年龄。这是因高地的侵蚀与低地的堆积有着对应的关系,而且时间一致,因此如果知道了沉积物的年龄,那么侵蚀地貌的年龄也可确定。

(2)年界法。要得知侵蚀面的年龄,首先要了解侵蚀面上堆积物的年龄,因为侵蚀面的年龄是在该面的岩层生成之后与覆盖在该面之上的堆积物之间的。

(3)位相法。按地貌的发生规律,位置越高的地貌年龄就越老,如河流Ⅲ级阶地比Ⅱ级阶地老,Ⅰ级阶地又比Ⅱ级阶地新。

(4)地貌对比法。它与地层对比法类似,两种高度相近的地貌,生成时代可以相同,如灰岩区的水平岩溶与邻近河流阶地可以对比。

(5)岩相过渡法。同一成因的堆积物类型,其岩相可能有差别,但时代应该相同。如同一时期的洪积物,由扇顶至扇缘,沉积物颗粒由粗变细,逐渐过渡,如果知道其中一段的年龄,则该段年龄也可判断,整个洪积扇的年龄也因而可得知。

(6)同期异相法。两种相邻的沉积地貌,如潟湖与拦湾坝,虽沉积相和地貌形态不同,但沉积时代应大致相同,因两种地貌沉积物的接触关系是犬牙交错的。

2. 绝对年龄的测定

绝对年龄则需在野外采集有关沉积物的样品,再通过实验室分析才能得出,常用的测定方法有^{14}C法、钾-氩法、铀系法、裂变径迹法和热释光法等。

第三节　地貌调查方法

一、调查路线和点的选择

1. 调查路线的选择

地貌调查路线的选择关系到调查质量的好坏,好的路线既节省人力、财力和时间,又能提高效率,并取得好的效果。调查路线的多少视调查面积大小及要求详简而定。调查路线的选择原则一般有以下两种。

(1)路线应穿越调查区的各种地貌类型,以便对每种类型获得详细的了解。

(2)通过的路线能揭露地貌发育与地质相关的问题,因此调查路线应有两种:①路线垂直于山地走向。山地走向一般与地质构造或岩层走向一致,垂直于地质走向就能在短距离内观察到各种构造形态或岩性的变化，以及它们对地貌的影响。这种路线最为重要，它通常沿顺向谷，在顺向谷或逆向谷进行。②路线平行于山地走向。这种路线是横穿顺向谷或逆向谷等进行的，它对于了解山前地区的地貌，如河谷、沟谷、洪积扇的发育及新构造运动对地貌的影响等均具有较大的作用。

2. 观测点的选择

观测点是设立在调查路线上的，它是地貌调查的最基本点，完成了各个点的观测也就达到了路线调查的目的。观测点的选择原则有以下几个方面。

(1)具有代表性及典型性的地貌类型点。通过类型点的分析也就得知调查区内同类地貌的状况。对于侵蚀地貌点，要注意选择岩性和构造明显的地点；对于堆积地貌点，要注意选择第四纪堆积物清晰、颗粒结构和构造明显、化石多和厚度大的地点。

(2)地貌类型之间的转折点。它对解释相邻两种地貌的差别具有重要意义，为此要注意转折点的地质构造、岩性、堆积物或侵蚀作用的变化。

(3)地貌特殊点。该类地貌有异于相邻的地貌，它是对调查内容的一种补充。

(4)人类活动影响明显的地貌点。某些地貌的发育受人类活动影响甚大，如滑坡、崩塌、塌陷、水土流失等灾害性地貌点，尤其要详加了解。

二、主要调查研究方法

(一)地质学分析方法

地貌的发育受地质影响很大，因此利用地质学的理论和方法去分析地貌，无疑会对调查起到重大作用。

1. 地质构造分析

老地质构造对地貌的影响主要在早期，以后随着时间的延长，构造遭受严重破坏而对地貌的影响逐渐减弱甚至消失。现代地貌主要受新构造影响。新构造类型主要有断块构造和拱拗构造。

(1)断块构造在地貌上有断块山、断陷盆地及谷地。断块山的特征主要表现在山前活动断裂带上，它常因断块急剧隆起而地形反差加大，山势挺拔而峻峭，在硬岩组成的活动断裂带上，常发育有一系列断层崖和断层三角面，在断层面上常有错动的证据，如擦痕、硅化岩等。在软岩的断裂带上，虽然断层崖不发育，但断层破碎带上的断层角砾、糜棱岩等明显。断块山前常发育有多级洪积扇、断陷谷、断陷盆地等负地貌。

断陷盆地有大有小，要分析断陷盆地的活动强度可从沉积岩相的类型、厚度和韵律等方面入手。沉积相有 5 种：①快速下陷与快速沉积，沉积物中富含不稳定矿物，颗粒分选性差；②快速下陷和缓慢沉积，即下陷速度大于沉积速度，从而造成深水沉积；③缓慢下陷与缓慢沉积，沉积物长期处于水动力的作用，反复移动，造成不稳定矿物和有机质减少，交错层理发育，多沉积小间断，颗粒分选良好；④下陷小于沉积，沉积物高出水面并遭受侵蚀，形成地层不整合或假整合接触；⑤孤立构造盆地的沉积，蒸发量大于集水量，形成盐类沉积物，如石膏、岩盐等。从沉积相可推断断陷活动的强度。

沉积物厚度可作为分析断陷幅度的指标,其方法是进行沉积厚度对比,即找出不同地点的沉积层厚度,并作出等厚度图,这样就可了解盆地内各部分的活动程度。如果把各地点相同时代的沉积厚度作比较,则更能了解同一时代盆地内各部分的活动状况。

断陷谷地绝大多数与断块山相伴生,常成为两个断块间的结合带。它的特征是谷地两侧常有多级阶地及出露第四纪沉积物,在沉积物中可找到断层形迹。根据阶地高度及沉积物厚度,可推算断陷谷升降差异活动的强度。

(2)拱坳构造包括拱隆背斜、坳陷盆地和坳陷谷地3种类型。拱隆背斜在地貌上表现为夷平面和阶地面的高度不一致。如鄂西高原为一拱隆背斜的地形,它存在二级夷平面,即第一级称鄂西期夷平面,高1500m,生成于古近纪或新近纪;第二级称山原期夷平面,高1000m,形成于上新世末或第四纪初。山原期夷平面在三峡中部最高,约1000m,向西至重庆歌乐山降至500～600m,向东至宜昌以东荆州为120～140m,再东至沙市已倾伏于平原之下。同样,通过鄂西至川东阶地的分析,也可得出拱隆的结论,如宜昌至重庆的Ⅴ级阶地高度,都是在中部最高,向东、西两侧降低。

坳陷盆地是一宽缓的向斜式构造,它常与拱隆构造相连,成为在统一应力场作用下的负向构造单元,有时也伴有断层,但它非沉陷的主导因素。如鄂西拱隆背斜以东的江汉平原为一坳陷盆地,坳陷盆地中心在潜江至通海口一带,其沉积厚度在270m以上。由此向东、西两侧变薄。

此外,新构造运动上升区会使河道发生改向、倒流、分叉、袭夺,河流作横向迁移,上升一侧支流数目增加,下降一侧侵蚀加强,上升区河流下切复活等现象。还有山前洪积扇出现上叠、侧叠和串珠状等都是新构造运动所致。

2. 岩石和岩相分析法

岩石是组成地貌的物质基础,它的产状和岩性对地貌发育有直接影响。其中岩性的影响主要是指岩石的软硬(即抗压强度)、粒度、化学成分、孔隙度、裂隙度、风化形式和风化速度等方面。

岩相分析主要是对第四纪松散沉积物的分析,它对于研究第四纪沉积地貌有特别重要的意义。它不仅可以了解沉积物的成因类型,而且还可用于恢复古地理环境,反映沉积环境的沉积相有海相、陆相、河流相、湖泊相等。

(二)生物环境分析法

生物的生长、发育及其分布范围与地理环境密切关联,一定的生物类型生活在一定的地理条件下,特别是温度、湿度等气候条件更有决定性意义。如果发现古生物化石今日所处位置与其所反映的地理环境不协调,那么应查明产生这种不协调的原因。一般来说,这主要是受气候变化的影响。然而,造成气候变化的原因有两种:其一,世界性的气候变冷(如冰期)或变暖(如间冰期);其二,构造运动改变了生物化石产地的垂直高度(一般每升高100m,温度降低0.5～0.55℃),即化石形成后,化石产地发生了上升或下降的垂直运动,因而生物位置的气温就不同于原来化石形成时那个位置的气温了。利用这个气温变化值,按气温垂直变化率就可得到地壳运动升降的高度值。在研究高山或高原地区的垂直地壳运动时,这一方法具有重要的意义,如对我国青藏高原上升运动的研究就广泛运用了此法。又如应用在珠江三角洲顺德桂洲田下埋藏的鳄鱼骨骼^{14}C年代数据2540a,以及新会大林鳄鱼骨骼^{14}C年代数据3020a,说明3000多年前珠江三角洲的前缘至少推进到顺德至新会一线。

利用古生物资料可证明华北平原和苏北海滨自晚新生代以来曾经下降了1000多米;利用南海西北部(西沙群岛)海底珊瑚礁的厚度及其年代,可证明该地自中新世以后南海地台瓦解和下沉了1251m,并形成了海洋。又如利用植物孢子、花粉确定沉积地层的古气候;可利用微体化石(如有孔虫、介形虫、硅藻等)的优势种属,鉴别出沉积物的水体环境(咸水、淡水或咸淡水交换环境等)。

(三)古土壤法

土壤是气候地带性的产物,某种类型的土壤或风化壳反映了一定的自然环境,如灰钙土代表温带森林植被的土壤,黑土代表温带草原植被的土壤,褐色土代表半干旱气候的土壤,红壤代表湿润气候的土壤,等等。因此,根据古土壤的类型可以恢复古气候和古自然环境。在世界其他许多地方的黄土中,埋藏土在早更新世时期近于红壤型,如法国等地;在中、晚更新世和我国一样,分别为褐土型和黑土型土壤。总体来看,黄土中埋藏的古壤层是在温湿气候下形成的,反映黄土堆积过程中气候曾经出现过由干冷(黄土堆积)至温湿(古土壤发育)的变化,而且根据古土壤的分布特征得知古地面的起伏状况。又如根据海拔4000多米的青藏高原上分布的红土,说明自上新世以来该高原上升了3000多米,在此之前的高原海拔仅在1000m以下,正如现代亚热带红土分布的高度一样。

(四)外力分析法

外力作用是地貌形成的重要因素之一,特别是对中、小型地貌影响更为明显。因此,在地貌成因分析中,要充分运用外力因素,如海南岛东北部海岸带分布的长、大而高(>50m)的沙垄,是风力堆积所成,并非地壳上升影响。又如干旱和半干旱地区的湖岸(如新疆艾比湖),有多级阶地保存,这是湖泊干涸、缩小所致。在广州七星岗的古海崖,原是第四纪海侵期的产物,现今海岸线虽然已退至南面105km之外,但按今海面高度推算,海洋作用仍然可波及该地区,表示该地的古海崖为珠江三角洲向前推移的遗迹,并非海岸上升而成。

(五)历史考古及古文献分析法

历史考古及古文献分析法是借助考古文物及古文献资料说明历史时期地貌的内外力作用、地貌的堆积(地层)年代及地貌的演变等的方法。考古文物以人类活动及文化活动遗址为主(如古石器、铜铁器、陶瓷器、贝丘、建筑物等)。古文献有全国性的,但更多的是地方志书。例如,考古发现陕西的秦始皇陵墓陶甬现埋深6m(秦始皇嬴政死于公元前210年,至今2180余年),下降速率约每年2.7mm。又如黄河下游强烈的堆积,使平原淤高,城池湮没,巨鹿、开封、商丘、淮阳、定陶、巨野和徐州等古城,一般埋深5～7m,大者超过10m,这些都是从大量考古挖掘和史载资料中取得的。

(六)地貌填图和查访

地貌填图是地貌调查中的一项重要工作,随着调查工作的进行,应将地貌类型的范围、界线、特征等逐一填绘在调查底图上,以便日后进行地貌分析。人类活动影响明显的地貌点,特别是某些灾害性地貌点,发生时间近者仅在数百年甚至数十年内,人们对它的了解仍很清楚,为此应进行当地查访,这对研究历史时期地貌的发育会有较大的帮助。

(七)图片判读和仪器测量

首先是航空影像和卫星影像的解译,它可加快地貌调查的进度和提高调查质量,地形图判读更是地貌调查中不可缺少的方法。对重要的地貌点,还必须进行仪器测量,如关于地貌升降和水平位移的测量,滑坡、泥石流的测量,冲沟的侵蚀和形变测量,海岸带冲淤测量,沙丘移动的测量和重要地貌剖面的测量等,以便取得精确数据来进行地貌分析。

(八)其他方法

其他方法主要包括照相、素描和样品采集等。照相和素描是地貌调查的辅助手段,对地貌分析起着生动直观作用。采集样品的目的是取得测验数据,以便更好地分析地貌。样品测验的项目有物理的、化学的或年代的。因为测验目的和要求不同,所以样品采集的位置、数量、质量、大小、方式、包装等都有各自不同的规格(杨士弘,2002;杨木壮等,2013)。

第七章　广东沿海地质、地貌与水文实习

第一节　海岸沉积地貌和动力过程基础理论

海岸地貌是指海岸在构造运动、海水动力、生物作用和气候因素等共同作用下所形成的各种地貌的总称。第四纪时期冰期和间冰期的更迭，引起海平面大幅度的升降和海进、海退，从而导致海岸处于不断的变化之中。距今6000～7000年前，海平面上升到相当于现代海平面的高度，构成现代海岸的基本轮廓，形成了各种海岸地貌(Komar，1997)。

海岸地貌根据基本特征可分为海岸侵蚀地貌和海岸堆积地貌两大类。侵蚀地貌是岩石海岸在波浪、潮流等不断侵蚀下所形成的各种地貌。堆积地貌是近岸物质在波浪、潮流和风的搬运下，沉积形成的各种地貌。按海岸的物质组成及其形态，可分为砂砾质海岸、淤泥质海岸、三角洲海岸、生物海岸等。

一、海岸动力基本理论

在海岸地貌的塑造过程中，构造运动奠定了基础。在该基础上，波浪作用、潮汐作用、生物作用及气候因素等塑造出众多复杂的海岸形态。波浪作用是塑造海岸地貌最活跃的动力因素。海岸在海浪作用下不断地被侵蚀，发育着各种海蚀地貌。被海浪侵蚀的碎屑物质由沿岸流携带，输入波能较弱的地段堆积，塑造出多种堆积地貌。在热带和亚热带海域，有珊瑚礁海岸；在盐沼植物广布的海湾和潮滩上，可形成红树林海岸。生物的繁殖和新陈代谢，对海岸岩石有一定的分解和破坏作用。在不同的气候带，温度、降水、蒸发、风速不同，海岸风化作用的形式和强度各异，使海岸地貌具有一定的地带性(Eric，2000)。

海洋水动力主要有3种形式：潮汐、波浪和洋流。

1. 潮汐

潮汐即海水位周期性涨落现象，潮汐形成的原因为地月引力和地球自转产生的惯性离心力。由于地月之间的距离近于地日之间的距离，根据万有引力公式，宇宙间任何两个物体之间的引力与它们之间的距离的平方成反比，月球与太阳引潮力之比为2.17∶1，对海洋而言，月亮潮更为显著。

如图7.1所示，朔点时太阳和新月(2)处在地球同一侧，有了最大引潮力。望点时太阳和满月(4)处在地球的两侧，太阳和月球的引潮力也会引起“大潮”。上弦月(1)和下弦月(3)时，太阳引潮力和月球引潮力互相抵消了一部分，所以发生“小潮”。

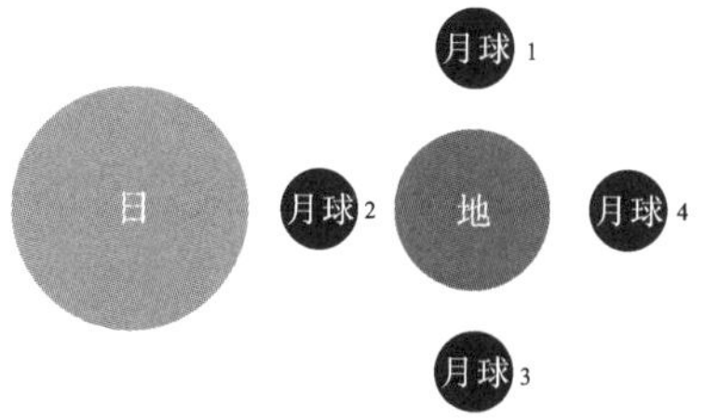

图7.1　日、月、地三者简图

根据潮汐周期划分潮汐类型,可分为半日潮、全日潮和混合潮。半日潮即一个太阴日出现两次高潮和两次低潮,涨潮和落潮过程的时间为6时13分,在我国的渤海、黄海、东海多数地区,青岛和厦门尤为典型。全日潮即一个太阴日只有一次高潮和一次低潮,典型的全日潮地区为南海的北部湾。混合潮分为不规则半日潮和不规则全日潮。不规则半日潮即一个太阴日中,有两次高低潮,但潮差和潮期不等。不规则全日潮即半个月中出现全日潮天数不超过7d,其余天数为不规则半日潮。潮汐周期不同的原因有3个:地日系统与地月系统旋转不同步,轨道非圆形而是椭圆形;黄道面与赤道面并不重合;各地区的海岸形态地形因素的不同,造成不同地区由不同的潮汐类型主导(杨世伦,2003)。

2. 波浪

波浪是海水运动的形式之一,也是海岸地貌作用的主要力量,以周期性和随机性而显著。海面的波浪以风所产生的风浪以及演变而成的涌浪最为常见,两者合称为海浪。此外,波浪也可由气压变化、海底火山、地震、天体引潮力产生。波浪按成因可划分为风浪、潮流、气压波、船行波、海啸;按波形可划分为深水波和浅水波两种。深水波为水深大于1/2波长的水域中传播的表面波。深水波传播速度只取决于波长,而与水的深度无关。浅水波形成于水深小于1/2波长的海岸带上,由深水波进入海岸带转变而成。一般用波浪要素来说明波浪的大小和形状,波浪的要素有波峰、波顶、波谷、波底、波高、波长、周期、波速、波向线、波峰线等(图7.2)。

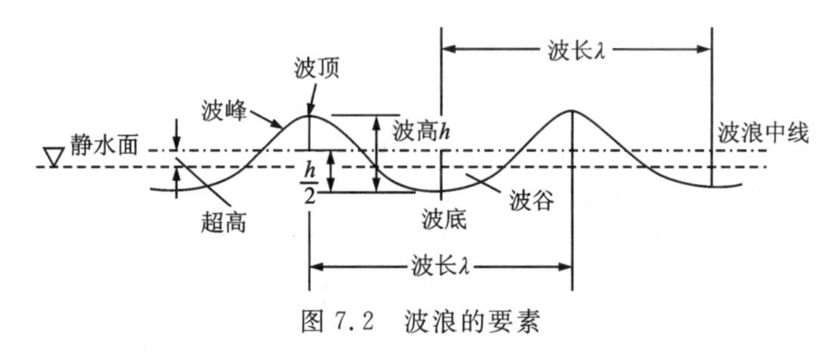

图7.2 波浪的要素

当波浪斜向进入浅水区后,同一波峰线(图7.3)的不同位置按照各自所在地点的水深决定其波速,处于水深较大位置的波峰线推进较快,处于水深较小位置的推进较慢,波峰线就因此而弯曲并渐趋于与等深线平行,波向线则趋于垂直于岸线,这种波峰线和波向线随水深变化而变化的现象就是波浪折射(图7.4)。

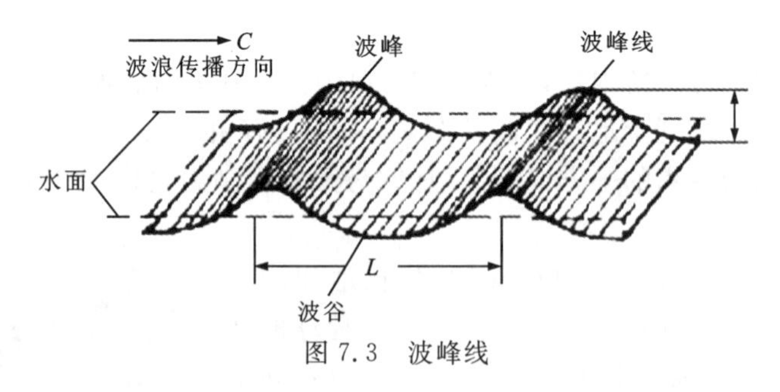

图7.3 波峰线

由于波速和地形的影响,波向发生转折。由此可以解释为什么在海岬处常出现较大波浪,而在海湾处却相对较小。因为在海底凸出的海岬处,由于折射,波向线产生辐聚,而在凹进的海岸处，波向线辐散，能产生泥沙淤积(图7.4)。

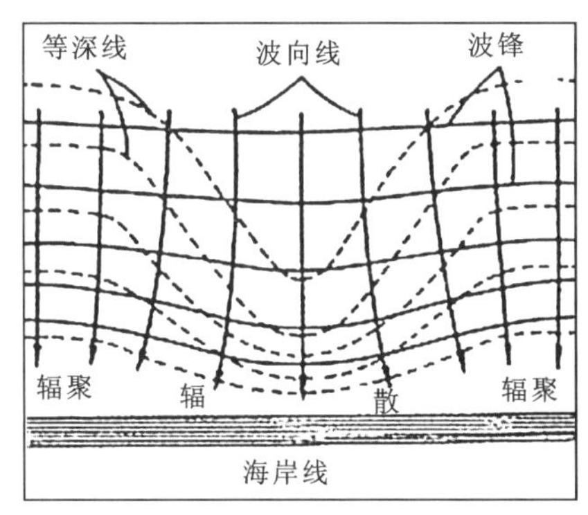

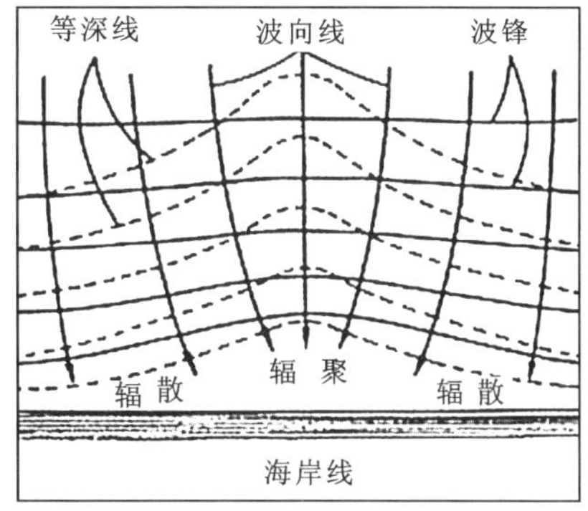

图7.4 海岬与海湾处不同的波向线

3. 洋流

洋流是指大洋表层海水常年大规模的沿一定方向进行的较为稳定的流动。洋流按成因分类可分为风海流、密度流、补偿流。洋流是地球表面热环境的主要调节者，也对海洋生物具有独特意义。在寒暖流交汇处，海水受到扰动，可以将下层的浮游生物和营养盐类带到表层，有利于鱼类大量繁殖。鱼群集中之处便形成渔场。以秘鲁为例，秘鲁地处低纬信风带大陆西岸，常由离岸风吹送而形成垂直补偿流，上升流海域形成渔场。以粤东为例，因为它是典型的上升流海域，当地的渔业资源很丰富。

二、海岸地貌基本类型

海岸地貌按基本特征可分为两大类：海岸侵蚀地貌和海岸堆积地貌。典型的海蚀地貌，如基岩海岸在波浪、潮流等不断侵蚀下所形成的各种形态，主要有海蚀洞、海蚀崖、海蚀平台、海蚀柱等。这类地貌又因海岸物质的组成不同，被侵蚀的速度及地貌的发育程度也有差异。海岸带的沉积物在波浪、水流作用下，发生横向或者纵向运动，当沉积物运动受阻或波浪水流动力减弱时，即发生堆积，形成各种海积地貌。

按海岸物质的组成，海岸地貌主要分为砂砾质海岸、淤泥质海岸、生物海岸等地貌。

(1)砂砾质海岸地貌：发育于岬角、港湾相间的海岸，由被侵蚀的物质经沿岸流输送堆积而成。波浪正交海岸传入时，水质点作向岸和离岸运动，但两者的距离不等，导致泥沙向岸和离岸运动。这种横向的泥沙运动，形成近岸的泥沙堆积体，它们由松散的泥沙或砾石组成，构成了沙滩以及与岸线平行的沿岸沙堤、水下沙坝等一系列堆积地貌。波浪斜向到达海岸时，沿岸流所产生的沿岸泥沙纵向输移，使海岸物质在波能较弱的岸段堆积，形成一端与岸相连、一端沿漂沙方向向海伸延的狭长堆积体，称为海岸沙嘴；若沙砾堆积体形成于岛屿与岛屿、岛屿与陆地之间的波影区内，使岛屿与陆地或岛屿与岛屿相连，称为连岛沙洲；在一些隐蔽的沙质海岸上，有与岸平行或有一定交角的沙脊和凹槽相间的地形，构成脊槽型海滩。

(2)淤泥质海岸地貌：在潮汐作用较强的河口附近和隐蔽的海湾内堆积而成，这类堆积体由粒径0.002～0.06mm的细颗粒物质组成。地貌形态较为单一，成为平缓宽浅的泥质潮间带海滩。与更新世冰水沉积作用有关而发育形成的泥质海岸，岸外海滨有一列断续连接的岸外沙堤，它以北欧瓦登海最为典型。

(3)生物海岸地貌:为热带和亚热带地区特有的海岸地貌类型。造礁珊瑚、有孔虫、石灰藻等生物残骸的堆积,构成了珊瑚礁海岸地貌,主要分为岸礁、堡礁和环礁3种基本类型。岸礁与陆地边缘相连,并从陆地向海方向生长,如红海和东非桑给巴尔的珊瑚礁;堡礁与岸线几乎平行,礁体与海岸之间由潟湖分隔,如澳大利亚的昆士兰大堡礁;环礁则环绕着一个礁湖呈椭圆形,如我国南海西沙群岛大多为环礁。

在茂盛生长有耐盐的红树林植物群落的海岸,构成红树林海岸地貌。红树植物有特殊的根系、葱郁的树冠,能减弱水流的流速,削弱波浪的能量,构成了护岸的防护林,并形成了利于细颗粒泥沙沉积的堆积环境,形成特殊的红树林海岸堆积地貌。

我国海岸线长18 000余千米,其中,岛屿岸线为14 000余千米。在漫长的海岸带上蕴藏有极为丰富的矿产、生物、能源、土地等自然资源。自古以来,海岸带是人类活动的地区,这里遍布工业城市和海港,不仅是国防前哨,而且是海陆交通的枢纽、经济发展的重要基地。因此,从事海岸地貌的研究,掌握海岸的演变过程,预测海岸的变化趋势,对港口建设、围垦、养殖、旅游和海岸能源等自然资源的合理开发利用,都有着十分重要的意义。

第二节 粤西海岸带实习

一、区域概况

粤西(粤西地区)是广东省西部地区的简称。粤西沿海地区主要包括湛江、茂名和阳江三大地级市,总面积63 916.4km^2,占全省总面积的17.99%。

湛江市辖雷州半岛,三面环海,东海岸沿海有海成平原,外缘多沙泥滩,并有东海、南三和硇洲等岛屿。东海岛有海堤与大陆相连。西海岸具高岸特征,多沙堤、潟湖分布。半岛南部海岸港湾众多,有红树林和珊瑚滩。湛江海岸线绵长,港湾密布,港口资源十分丰富。

茂名市地质经历震旦纪、寒武纪、泥盆纪、石炭纪、三叠纪、侏罗纪、白垩纪的地壳运动,造成了复杂的地层结构和断裂构造,生成多种矿藏,形成依山面海、北东高西南低的地形地貌。其中北部和东北部是云开大山、云雾山和天露山集结形成的山地,面积1300km^2,占陆地面积的11.38%。信宜的大雾岭(又名大田顶)海拔1704m,是粤西第一高峰及广东第二高峰。中部主要是丘陵和台地,丘陵面积7518km^2,占陆地面积的65.85%;西南部是平原台地,面积2607km^2,占陆地面积的22.77%。鉴江纵贯南北。沿海形成南海、博贺、爵山三大半岛和水东、博贺、鸡打等港湾,沿岸一带滩涂发育。

阳江地处广东西南沿海,东西宽112.5km,南北长132.75km,土地面积7 955.9km^2,其中丘陵面积占25.6%,山地面积占42.0%,平原面积占21.8%。阳江市东部、西部和北部为群山所环抱,南面濒临南海。东部的桐木山、烂头岭和紫罗山呈北东-南西向展布。地形主要为低山丘陵地貌,台地有风化壳和基岩台地,分布于低山丘陵区的前缘;次为漠阳江的冲积平原、滨海平原。阳春境内沿漠阳江中游、潭水河流域丘陵与台地相间出现。海拔500m以上的山地大多数为燕山第三期岩浆入侵活动形成的花岗岩,阳春境内部分为灰岩。

粤西海岸地貌类型丰富。以沙扒港为界,东段山地丘陵海岸表现为岬角溺谷湾海岸、岬角平原海岸和岬角砂坝海岸。西段台地海岸表现为沙坝潟湖海岸和台地溺谷海岸。海岸发育趋向岬角海岸基本稳定,淤泥质海岸逐步向海推进,砂质海岸被侵蚀后退(徐锡祯等,1986)。

二、东段山地丘陵海岸地貌

东段山地丘陵海岸岩性特征为花岗岩和带条纹或眼球状的混合岩。山地丘陵直临海滨，形成了基岩岬角海岸。基岩凸出成为岬角，岬角之间为海湾、海积平原或三角洲平原。本岸段除漠阳江流域面积较大外，河流都较短小，但却为沿海提供丰富的沙源，右平原外缘发育了沙坝。此外，在广海湾和镇海湾沿岸还有珠江口悬移质向西段搬运沉积的淤泥质平原。

由花岗岩、混合岩组成的岩岸和岛屿，与其相间的溺谷湾是本岸段最主要的地貌形态。基岩岬角在本岸段岩线较长，约占1/3，发育了众多的侵蚀地貌，而且成为海岸的节点，控制着岸线的轮廓。由于受北东-南西向，另外一部分受南北向构造的控制，岸线呈北东-南西向弯曲，海湾多是沿上述两组构造方向发育(海陵山湾)，也有部分海湾呈南北向延伸(镇海湾)(何威勇和罗章仁，1988)。

岬角与海湾相间，形成岬湾地貌。本岸段岬湾地貌有3种状况：①岬湾相间海岸。溺谷湾仍然保留着较大的面积，如海陵山湾和镇海湾，保留着岬角与海湾相隔的情况。②岬角与平原相间的海岸。因海侵淹没形成的海湾已被淤填成平原，如漠阳江三角洲平原，平原外缘通常可能有海岸障壁-沙坝，通常这些沙坝高度较低，一般1～5m，宽度较窄，仅数十米至数百米。以上两种情况分布在沙扒镇以东。③岬角沙坝海岸。在沙扒镇以西，岬角之间发育了沙坝，遂形成岬角和弧形沙坝相间的岬角沙坝海岸。如海陵山湾以西，上川岛飞沙滩连岛沙坝亦具有类似性质。

由于本岸段紧靠珠江口以西，在向西沿岸流的影响下，珠江的悬移质泥沙出口门后逐渐向西扩散，使本岸段东部广海湾、镇海湾等山地丘陵溺谷海湾产生强烈而广泛的粉砂质黏土沉积，形成沿岸淤泥质平原及水下浅滩。从沿岸粉砂质黏土沉积物分布的范围看，珠江口悬移质泥沙对广海湾、镇海湾有强烈的影响，向西影响逐渐减弱，至漠阳江口基本消失。

三、西段台地海岸地貌

沙扒至安铺段海岸具有低平海岸的特征，按其成因和形态，以鉴江口为界分为东部沙坝-潟湖海岸和西部雷州半岛台地溺谷海岸。东部沿岸是花岗岩、混合岩、变质岩等组成的台地，计有60～80m、30～40m、20～25m、10m四级，由陆地向海缓慢倾斜并没入海中。据平原与沙坝的钻孔表明，一般基岩风化壳埋深在平均海面下7～15m，许多地方分布着丘陵与残丘。在波浪作用下，砂粒沉积于波能消失带上，并不能堆高填宽形成沙坝；沙坝向陆侧低地则为潟湖。潟湖大部分面积被淤浅，发育宽广的潮坪，但仍保留着潟湖与海连通的潮汐通道，其深度超过5m。水东湾的沙坝-潟湖海岸体系是典型的例子。本岸段沙坝和潟湖的规模较大，如沙扒港潟湖面积约20km^2，水东港潟湖面积32km^2。水东湾西段沙坝长9km，宽2～4km，高10～32m；东段延伸至博贺湾，长约13km，宽2～4.5km，高10～15m。沙坝-潟湖海岸岸线相对较平直，但因丘陵、残丘或台地直临海滨，形成向海凸出的基岩岬角，成为控制岸线形态的节点(如博贺湾外的莲头岭、博贺湾，水东湾之间的尖岗岭，水东湾的晏镜岭)，还有河口水下三角洲、潮汐通道口外的落潮三角洲堆积体也起节点作用，使岸线呈锯齿状弯曲。沙坝岸的弯曲像东段的沙堤岸一样呈对数螺线形，对一个小湾而言，弯曲段位于东部，平直段位于西部。

至于弧形沙坝形态与形成的动力机理,已有学者已作过深入的阐述(Silvester,1974;戴志军和李春初,2008)。在稳定方向的波浪作用下,有岬角屏障的砂质海岸,岸线将发育为对数螺线形。岬角屏障作用使波浪产生折射形成弯曲岸段和稳定波浪作用方向垂直的岸段为直线段,或称切线段。直线段与弯曲段达到对数螺线形,是岬湾砂质弧形海岸岸线达到动态平衡的标志。本岸段的岬湾沙坝海岸的发育也有这样的规律。粤西海岸线大体为北东-南西向延伸,以阳江站的风向看:偏东向频率占70%,偏西向频率为16%,而且以偏东风速较大,故以偏东波浪作用强。对于一个海湾而言,东侧受岬角屏障,偏东向波浪折射,侵蚀沙坝形成弯曲段;海湾西侧偏东向波浪作用方向与岸线垂直,成直线段。许多岬角与弧形海湾连续分布,形成锯齿状的岬湾砂质海岸。

台地溺谷湾海岸分布于雷州半岛沿岸,以湛江组和北海组的砂砾层和玄武岩互层组成的台地分布广泛。台地被许多小河流切割,冰后期海面上升淹没低洼谷地,形成许多大型的溺谷湾,海岸线曲折,在凸出的岬角形成玄武岩、砾砂层的陡崖和各种海蚀地貌;一些旧入的湾沿岸分布着沙坝。深入内陆的溺谷湾有湛江-雷州湾、流沙湾、钵口湾、安铺湾等。

本岸段较大的三角洲有九洲江三角洲和鉴江三角洲。九洲江三角洲位于安铺湾内的汊河分支的三角洲。鉴江三角洲受台地和沙坝约束,河口段河床宽阔,江心洲发育,表明其受波浪作用较强,同时因潮差较大(平均潮差超过2m),潮流作用也较强,河口呈喇叭状。本岸段有珊瑚礁地貌分布,主要在雷州半岛西南部,如水尾角、灯楼角等处,礁坪宽达200～1000m。该处的珊瑚礁是在玄武岩面基础上发育的(何威勇和罗章仁,1988)。

第三节 雷州半岛地质、地貌实习

雷州半岛东濒南海,西临北部湾,有东海岛、硇洲岛等附属岛屿,其中东海岛有海堤与其相连(图7.5)。雷州半岛是中国三大半岛之一,与山东半岛、辽东半岛合称“中国三大半岛”,因古雷州府辖地而得名。半岛地势平缓,西北高、东南低,海拔多在1000m以下。南部为玄武岩台地,占半岛面积的43.3%,略呈龟背状,台地上多分布有孤立的火山锥、双峰嶂,海拔382m。中西部和北部多为海成阶地,占半岛面积的26.7%,海拔在25m以下。中东部为冲积和海积平原,占半岛面积的17.4%,地形平缓。半岛地表水缺乏,河流主要有南渡河、西溪河、英利河、通明河、调风河等,呈放射状独流入海,其中南渡河最长,达65km,流入雷州湾。雷州青年运河纵贯半岛北部,长236km。地下水资源较丰富。

雷州半岛岸线曲折,港湾众多。东部为台地溺谷湾海岸,南部为火山台地海岸,西部为海成阶地和台地溺谷湾海岸。港湾主要有湛江港、雷州湾、流沙港、乌石港、安铺港。半岛之东近岸海域中有30多个岛屿,较大的岛屿有东海岛、硇洲岛、新寮岛和东里岛。东海岛位于雷州湾与湛江港之间,面积247km^2,地势平坦,东部有沙堤,东北蔚律港水深26～41m,西部沙滩宽阔,有长6820m的大堤与大陆相连。硇洲岛为火山岛,位于东海岛之东,面积53km^2,岛上最高火山锥海拔81.6m,东部为陡崖。

雷州半岛区域属热带气候。年平均气温22.5℃,1月平均气温14℃,7月平均气温28℃。年平均降水量1417～1804mm,5—10月为雨季,9月为暴雨鼎盛期,有明显的干、湿季之分。常年多风,冬季盛行西北风和东北风,夏季盛行东南风和西南风,年平均风速3m/s。夏秋季多台风,年平均登陆台风2～3个。半岛东侧沿海为不规则半日潮,西侧沿海为规则全日潮。

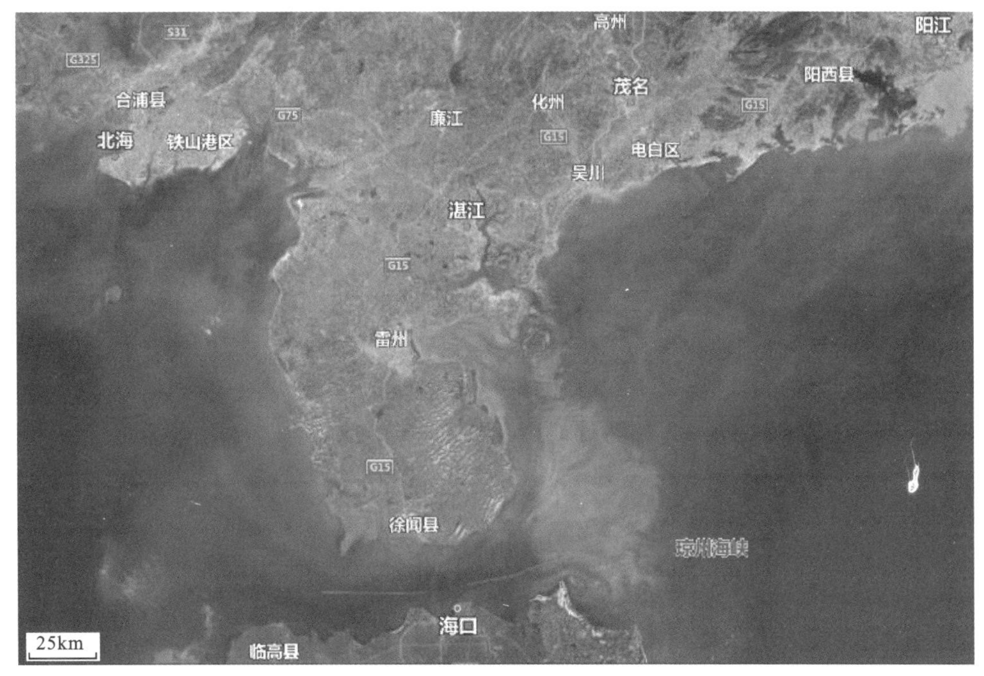

图 7.5 雷州半岛影像图

一、湖光岩玛珥湖火山地貌

湖光岩玛珥湖位于湛江市西南 18km 处，是距今 16～14 万年间经多次平地火山爆炸深陷而形成的玛珥湖。湖面面积 $2.3km^2$，湖深 446m，其中火山泥沉积物厚 400 多米，水深 20 余米。世界上仅有两个玛珥湖，湖光岩最早时称“净湖”或“镜湖”。湖光岩的玛珥湖比德国的玛珥湖大，是世界上发现最大的玛珥湖，且保存得非常自然、完整。

1. 湖光岩玛珥湖的形成

湖光岩玛珥湖的形成主要经历两个阶段的火山喷发。

(1)第一阶段，东湖火山喷发阶段。在距今 16～14 万年之间，以湖光岩—交椅岭地区为中心发生了一次规模强大的火山喷发活动，地壳深部的炽热岩浆沿断裂入侵并上升到湛江组，这些炽热岩浆与湛江组中富含的地下水接触，形成过热水。过热水产生大量蒸气，并积累了巨大压力，然后冲破松散的沉积盖层，与表土层发生强烈的爆炸，并将炽热的岩块、角砾、火山灰、火山渣和大量的围岩碎块等抛射出来，后散落堆积，经压实固结而成为火山碎屑岩，环绕在火山口的周围。这便形成了玄武岩地被，在地学上被称为湖光岩组台地。这一阶段的喷发强度较小，时间也较短，喷出的火山碎屑物不多，所形成的岩环比较低矮。

(2)第二阶段，高强度火山喷发。距今大约 14 万年时期，湖光岩玛珥湖又发生了一次喷发，喷发强度相对第一次更高，喷发的火山碎屑物更多。大量的喷出物在火山口周围堆积成高大的火山碎屑岩环，高度可达 100m。部分火山碎屑物充填了第一次喷发形成的东湖火山口，使得东湖火山湖的深度降低。在火山平息冷却后，火山口深部形成了相对真空低压区，周围的火山岩崩塌下陷，形成比原来的火山口面积大几倍的锅形火山洼地，与东湖火山口形成了一大一小的两个火口坑,具有一墙之隔。后来气候变化,地下水与雨水增多,火山坑逐渐积水,形成湖光岩。

湖光岩组层型剖面命名地,代表雷州半岛北部第四纪晚更新世(距今 16～14 万年)时火山喷发的堆积层。岩石主要是玄武质的火山角砾岩、凝灰岩和集块岩。总厚度大于29.23m,划分 18 层,7 个喷发点。韵律从粗到细呈正递变,由火山角砾岩开始,至凝灰岩结束。剖面具体划分如表 7.1 所示。

表 7.1　湖光岩组剖面特征

分层	岩性	厚度/m
第 18 层	层凝灰岩火山角砾岩	1.30
第 17 层	火山角砾岩	0.60
第 16 层	层火山角砾岩	1.40
第 15 层	层凝灰火山角砾岩	1.00
第 14 层	火山角砾岩	2.40
第 13 层	层凝灰岩	0.30
第 12 层	火山角砾岩	1.50
第 11 层	熔渣状火山角砾岩	0.30
第 10 层	层凝灰岩	0.40
第 9 层	火山角砾岩	2.40
第 8 层	层凝灰火山角砾岩	0.40
第 7 层	火山角砾凝灰岩	0.25
第 6 层	火山角砾凝灰岩	2.28
第 5 层	层凝灰火山角砾岩	3.70
第 4 层	层凝灰火山角研岩	0.30
第 3 层	凝灰岩	2.28
第 2 层	凝灰火山角砾岩	6.20
第 1 层	凝灰岩	1.70

2. 湖光岩火山岩介绍

湖光岩之前有多种类型的火山岩,现将主要类型火山岩介绍如下。

(1)杏仁状玄武岩:岩石中气孔被后来形成的矿物充填而呈杏仁状。

(2)熔岩钟乳:熔岩隧道顶壁上的钟乳状下垂体,是残留洞壁的液态熔岩,或因高热气体使洞壁部分融化而形成。

(3)火山角砾岩与凝灰岩互层:由含集块的火山角砾岩与凝灰岩互层组成,形成于第四纪晚更新世。

(4)火山角砾岩：岩石多由粒径 2～50mm 的玄武岩屑、晶屑、玻屑及石英碎屑组成，火山灰胶结。

(5)橄榄玄武岩：岩石斑晶主要由橄榄石组成的玄武岩。

(6)绳状玄武岩：熔岩在流动过程中起伏卷动而形成。

(7)熔渣状玄武岩：火山喷溢物质。岩石具熔渣状结构，矿物成分主要由斜长石、橄榄石、普通辉石、火山玻璃和金属矿物组成。

(8)熔渣状火山角砾岩：岩石角砾主要由熔渣状玄武岩和少量围岩碎屑(黏土、石英砂、砾)组成，火山灰胶结。

(9)火山渣：火山喷发的岩浆被抛到空中，由于压力的急剧减小，致使岩浆中气体大量逸出，产生大量气孔，形成类似炉渣状碎屑物。物质组成为铁镁质，呈黑色或暗红色等。

(10)凝灰岩：岩石由粒径小于 2mm、含量大于 75%的火山碎屑物质组成，具交错层理。由火山灰和火山尘胶结。

(11)火山泥：粒度极为细小的纳米级黏土矿物，其中含有镍、锶、锌等 60 多种微量元素，具有熔点低、可塑性好、吸附力强、扩散性好等特性，是极其珍贵的优质医疗保健用品。

3. 特殊岩石形态介绍

(1)交错层理：通常也称为斜层理，由一系列斜交于层系界面的纹层组成，斜层系可以彼此重叠、交错、切割的方式组合(图 7.6)。它的特点是细层理大致规则地与层间的分隔面(主层理)呈斜交的关系，上部与主层理截交，下部与主层理相切。可利用斜层理的倾向了解沉积物的来源方向。这种层理是由沉积介质(水流及风)的流动造成的。当介质具有一定流速时，底床上可以产生一系列的沙波，这种沙波顺流移动的结果，在陡坡加积作用一侧形成了由一系列纹层组成的斜层系。斜层系互相平行或彼此切割构成不同形态的交错层理。纹层倾向表示介质流动方向。

图 7.6　玛珥湖火山地质遗迹层理结构

(2)火山混杂胶结堆积：具有层理的凝灰岩巨石块，与无层理的玄武质凝灰岩混杂胶结堆积在一起，这是一种特殊的火山喷发堆积的地质构造。玄武质凝灰岩具有气孔构造和流动构造。

(3)柱状节岩：因大量岩浆流缓慢冷却收缩后形成的柱状构造。

(4)绳状熔岩：又称结壳熔岩或波状熔岩，表面似波状起伏或似长绳盘绕，是熔岩流动过程中起伏卷动造成的。

(5)古浪蚀洞穴：洞穴发育于晚更新世火山爆发形成的火山碎屑岩中，形成原因主要是当时湖水面高达此处，湖水波浪长期不断地对岩壁冲刷侵蚀，岩体脱落流失。

(6)柱状节理:成分相对均一,厚度较大的岩流,在冷却过程中由于等距离的收缩而成。

二、灯楼角海岸地貌

灯楼角岬角三面环海,海陆面积近 700km^2(图 7.7)。雷州半岛大部分地面为海拔低于 80m 的台地、缓坡地和狭窄的沿海平原,其上点缀数十座死火山锥,其中最高的石峁岭(259m)和次高的石板岭(245m)均位于本区东北面 30~35km。半岛上有几条独流入海的小河。该区东面 18km 源于石板岭向南流入琼州海峡海安湾的大水桥河,全长 39km,多年平均流量 2174m^3/s,估计年泥沙输出仅 3×10^4t。南面的琼州海峡东西向长约 8013km,平均宽度 2915km,中央深槽最深点为 119m,东口和西口外为出峡潮流所成的水下三角洲,海底相对高起,滩槽相间,浅滩水深最浅仅几米,甚至干出,滩间浅槽水深 615~2710m。

图 7.7 灯楼角

灯楼角和雷州半岛的大部分在地质构造上属于北部湾盆地(旧称雷琼凹陷)(图 7.8)。它是南海北部大陆架的一个大型新生代沉积盆地,基底由古生代变质岩系和中生代的碎屑岩组成,沉积盖层新生界齐全,海陆相都有。新生代火山活动分 10 期。新生界沉积厚度计为 1013~3507m。研究区内出露的最老地层是早更新世湛江组海相砂砾、砂、粉砂质黏土及黏土互层,分布于角尾湾头的白坡、对楼内、东港和地罗一带,以及本区北部的迈陈周围,构成这两片高 20~40m 的台地;次老的是中更新世螺岗岭期玄武岩,广布于本区北部、中脊、灯楼角岬角岩滩、角端前方沿岸浅水中蚀余的二洲和三洲岩礁及其周围海底。地表岩石经长期热带季雨林生物地球化学作用形成砖红壤,构成本区北部和中部连片分布的红土台地和坡地,具有显著的热带地貌色彩。东北部华丰岭高近 61m,是本区地形最高点。在地表径流的侵蚀作用下,台地和坡地中发育有坳谷和小河谷,充填薄层冲积-洪积物。沿全新世海岸线发育现代海蚀-海积地貌(赵焕庭等,2002)。

在灯楼角南东 913km 处水深 70m 的水下电视录像中观察到海底砂砾和贝壳随水流滚动、跃移的情景。研究区内潮下带的沿岸水下岸坡,在东部角尾湾部分向南至水深 50m 过渡到区外的琼州海峡中央深槽的北边陡坡,西部苞西港部分向西过渡到区外的海峡西口外水深为 20~50m 的水下潮成三角洲。

水下岸坡可分上、中、下 3 段:上坡上接珊瑚礁(岸礁)礁前向海坡,水深为 2~8m,倾斜平缓;中部台阶水深为 8~15m,平缓;下坡角尾湾水深为 15~50m,苞西港水深为 15~30m,略倾斜。介于两港湾之间的灯楼角水下岸坡循岬角走向呈北东-南西水下延展的鼻状隆起地形,两侧为分别切入东、西两湾水深 15~20m 的潮流侵蚀沟。鼻隆上坡水深为 2~8m,缺中部台阶;下坡水深为 8~50m,坡度为 1°32′,是区内沿岸水下岸坡最陡处。水下岸坡的物质组

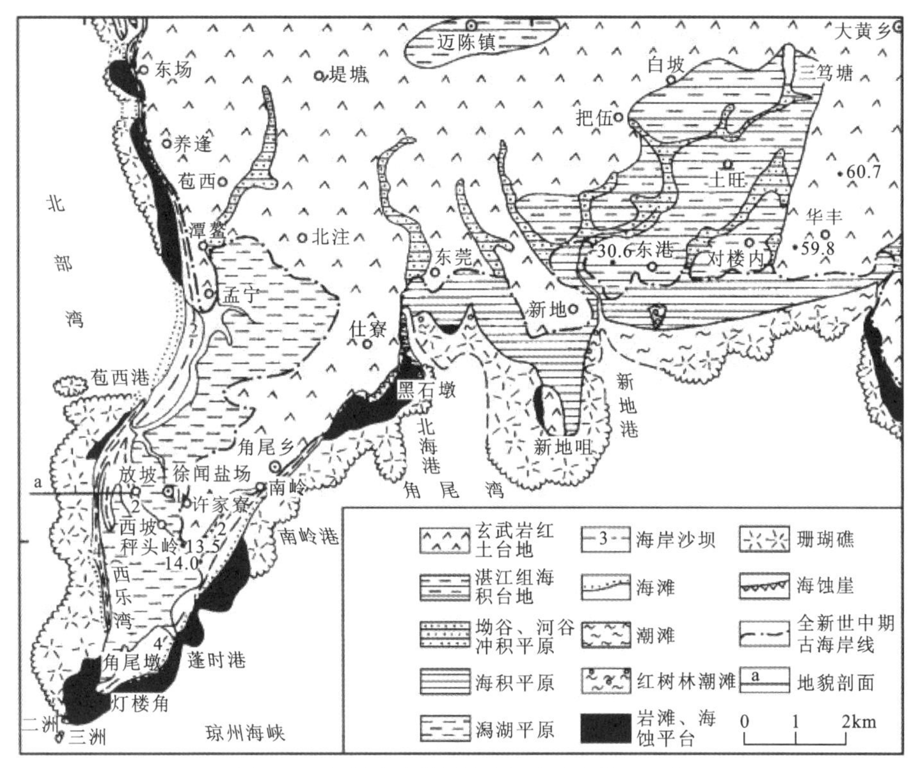

图 7.8　灯楼角地貌图(引自王丽荣等,2002)

成,在鼻隆一带为玄武岩,岸礁向海坡为生物骨壳堆积,其余底质皆以陆源碎屑沉积为主,掺有生物骨壳碎屑。西部海湾沉积物较粗,由沿岸向外为粗砂、砂—粉砂—黏土,局部如灯楼角西南水深 4～16m 处有大片珊瑚礁;东部海湾底质相对较细,由沿岸向外为粉砂质砂、粉砂质黏土。角尾湾口水深 5～7m 处有一片砂砾,可能是更新统砂砾层露头就地被波浪潮流改造过的。

灯楼角海区海岸地貌发育的主要环境条件外动力为波浪,尤其是在热带风暴时发生的大浪,造成海岸强烈的侵蚀和堆积。据徐闻气象台 1957—1980 年观测资料统计,冬半年盛行偏北风,夏半年盛行偏南风,多年平均风速为 311m/s,热带气旋和强冷空气常引发大风(≥8 级),多年平均大风日为 614d。热带气旋中心一般从东横贯雷州半岛,据 1949—1988 年统计热带气旋中心路径经过本区有 30 次,其东邻同纬网格(110°～111°E)则有 37 次,平均每年不足 1 次。据角尾湾东岬的四塘观测资料,1995 年 6—12 月平均波高为 122m,平均周期为 3171s,最大波高为 2180m,相应周期为 5100s,相应风速为 1513m/s。

热带浅水造礁石珊瑚和沿岸红树林繁盛。本区表层水温冬季为 17～18℃,夏季为 30℃。在区内采得活造礁石珊瑚有 16 属,隶属 8 个科(图 7.9),但实际上可能不止此数。就珊瑚生长状况而言可把造礁石珊瑚分出几个生态带:不长活珊瑚的内礁坪带、珊瑚生长稀疏的外礁坪带和珊瑚丛生的礁前水下斜坡带。河口、湾头和湖-潮汐通道的潮滩上宜长红树林,主要类型为红海榄群落、秋茄、桐花树群落和海榄雌(白骨壤)群落,为小乔木和灌木(聂宝符等,1997;王丽荣等,2001;赵焕庭等,2001)。

灯楼角区域在全新世中期海侵以来的数千年间,临海玄武岩被波浪冲蚀,造成海拔 2～

图 7.9　雷州半岛灯楼角海域珊瑚

6m 的石质陡崖以及崖下潮间带磨蚀的石质平台，崖麓和平台上还有一些蚀余的裸露岩体，大面积覆盖许多大小不等的石块和砾石。这类地貌主要分布于东岸仕寮、南岸角尾墩和西北岸养逢等局部小岬岸段，是由波能相对集中造成的。例如，仕寮海蚀崖高 3～5m，磨蚀平台宽 100～300m，其近崖麓宽约 20m 的台面，微向海倾斜，坡度为 3°～5°，而基岩依节理呈球状风化，这与全新世晚期海平面已下降 2～3m，暴露时间较长、海浪磨蚀少、风化多有关。向海一侧平台上铺盖薄层砾石和少量大石块，砾径可达几十厘米，磨圆度和扁平度较好，既是现代浪蚀产物，也是浪蚀工具。灯楼角岬角前的二洲和三洲岩礁是岬角冲蚀后退的遗迹。

波浪至海湾后波能分散和衰减，在湾头和湾侧海岸或湾口堆积成沙堤；如果沙堤围圈着河口、溺谷或湾口内浅海水域，水质微咸至咸，即为潟湖。这种沙堤、潟湖与进出湖的潮汐通道的组合，称沙坝-潟湖体系。本区西岸从养逢到灯楼角直线距离 10km 的海岸线上发育一组规模颇大的复合沙坝-潟湖体系。

沙坝的物质成分以白色石英砂砾为主，含少量玄武岩砾屑和黑色矿物，珊瑚和软体动物的骨壳屑占 10%～30%。沙坝体的下部是海滩砂砾，基本上已胶结成海滩岩；上部是黄色砂层，不少已胶结成沙堤岩；表面局部有些后期上叠的灰黄色风沙波，尚未胶结。沙坝以海岸线上的岬角或岩滩为起点，并在岬间的湾岸上堆积。第一道沙坝连接红土台地和盐场场部古岩滩，第二道沙坝起于岬角，背叠于玄武岩红土台地前缘，第三、四道沙坝的端点均依托于岩滩。第三、四道沙坝的南段面向盛次偏东风的琼州海峡，风沙加积作用较强，故较高也较宽。

在海岸沙坝的临海侧或海岸线上其他适宜地点，拍岸浪把沙子推向高潮带堆积，形成砂质海滩。本区海岸沙坝下的海滩在中低潮带出露，宽几米至 20m 不等。海滩后缘往往是高潮拍岸浪将沙坝冲蚀成高 1～2m 的砂质陡坎，向中低潮带连续为沙滩，或转为岩滩或珊瑚礁坪。滩面坡度约为 3°，海滩物质主要是中砂和细砂，其次是粗砂和小砾，间有砾块。主要成分为石英砂，含少量长石、软体动物和珊瑚的骨壳屑以及玄武岩屑。海滩砂重矿物含量小于 1%，重矿物种类与本区湛江组和晚期玄武岩类的重矿物成分相同，说明海滩物质源自区内。灯楼角东南海岸线上海滩砂粒度类型从东北向西南由粗变细，从角尾乡府外为含砾中、粗砂，到南岭村外为中、粗砂，至灯楼角东为中、细砂，反映了物质移动方向。砂样中普遍含黑色铁质结核，含量约占 5%，结核呈鲕粒状，粒径为 2～5mm，磨圆度很好，内核是矿物或岩屑，外层为同心圆状铁质，是一种化学沉积复经外力破碎和海浪磨蚀而成。东岸仕寮熔岩台地有一铁质结核夹层，应该是它的物源地。

本区西岸线上的海滩砂均为中、细砂类型，沿岸无明显的变化。物质来自海岸线上玄武岩和附近北部湾海底第四系侵蚀产物。从苞西港向南至灯楼角，除了局部玄武岩滩外，其余均为大片连续分布的珊瑚礁，它是北部湾海底砂被波浪冲上岸的不可逾越的障碍，但在苞西港潮汐通道口附近岸段，水下岸坡全是砂，西北向波浪可把该处海底砂推到潮间带上。在航空相片上可见苞西港湾头海滩与水下岸坡浅水沙波连接。在西向波浪作用下于高潮带堆积成海滩。苞西港潮汐通道以南的现代海滩及其后缘沙坝的物质来源部分是潟湖输出的，其余是苞西港海底砂被波浪推上潮间带来的，在南向沿岸流作用下逐渐沿滩南移，但过去在第三、四道沙坝形成时尚不足以供其连接灯楼角，故留下原西乐湾口。10 多年前由人工筑堤堵口后，今在堤外已形成几米宽的海滩连接灯楼角。

区内珊瑚礁沿岸和在原湖内发育为岸礁（裾礁）。潮间带呈现礁坪，礁缘脊沟交错，潮下带为礁前向海坡。西岸从灯楼角向北断续分布至区外的流沙港等地，东岸断续分布到角尾湾湾头仕寮和新地咀等地。苞西湾的“珊瑚岛”，以一条宽 200～300m，深 2m 左右的浅水水道同岸礁分开，过去曾被划为离岸礁，现据航空相片分析，实际上它是岸礁的一部分。那条浅水水道是礁坪上的一条两头贯通、比较宽的潮沟。礁坪可见宽度一般为 500～1000m，如包括后缘向陆被沙坝-潟湖或红树林潮滩沉积物叠覆埋藏部分，最宽可达 2000m。坪面实际并不平整。近海滩部分间或叠置薄层（不过 20～30cm）细砂“沙帽”。满布小洼坑和细小的潮水沟积水10～50cm 不等。有部分洼坑是人工开采礁石的遗迹。礁前缘间或有略为高起的礁砾带，宽约 5m。向海坡上部礁脊和沟槽相间，平面上呈锯齿状。向海坡缓坡倾入海底。

岸礁一般由岸向海增厚。本区礁坪最厚可能超过 4m。区内岸礁是由原生礁构成的。挖坑观察坑深 3.1m 尚未见底，礁很大组成部分是角孔珊瑚。坪面上出露的原生珊瑚除角孔珊瑚外，还有巨大的已死亡的滨珊瑚、蜂巢珊瑚、牡丹珊瑚、蔷薇珊瑚、盔形珊瑚和鹿角珊瑚等。礁坪的高程在不少测点会高出平均海平面，最高点出露的牡丹珊瑚群体高出平均海平面 0.825m；次高点出露的滨珊瑚，高 0.655m，^{14}C 测年结果为距今 5950a，说明它是在高海平面时形成的。由^{14}C 测年已知灯楼角最老的珊瑚礁岩样为距今(7120±165)a。西岸南段礁坪面上 10 个死亡原生滨珊瑚骨骼的^{14}C 测年的年龄有 9 个，在距今(6550±130)～(5120±110)a 之间，只有位于礁缘的一个为距今(1170±110)a；挖坑中 8 层角孔珊瑚^{14}C 测年的年龄，从底层 1.9m（未见底）的距今(5730±110)a 有序地变化到顶层 0.2m 的距今(4040±95)a，表明本区珊瑚礁是全新世中期海侵以来形成的，成礁时期主要在距今(7120～4040)a 的高海面时。大约距今 4000a 以来，本区造礁珊瑚在礁坪面上向上生长已基本停止，原生珊瑚礁已不再垂直向上发育，反映海平面略下降，但礁缘水下造礁石珊瑚仍可生长。今礁前向海坡上生长着至少 16 个属的珊瑚，证明岸礁仍以水平方向向海缓慢拓展。

红树林潮滩是由热带、亚热带沿岸潮间带生长的红树林截留河口和潮流输送来的泥沙，加上红树林群丛的枯枝落叶和遗株，以及软体动物壳屑的混合堆积。区内现存红树林潮滩分布在角尾湾湾头的潮间带，主要为含砂的粉砂质淤泥堆积。区内盐田原是红树林潮滩。今沙坝-潟湖体系内盐田的潮沟和边头地角尚残留一些红树林植株。角尾湾除湾头北海港和新地港的盐田老堤外，从 1960 年的航片上可见，红树林潮滩呈平行带状分布，宽 200～300m，沿岸断续展布约 6km，1995 年被盐场扩建时围成新盐田 578hm^2，所围区域内外尚有局部残存。仕寮东面北海港头潮沟两侧那片白骨壤-红海榄-秋茄群丛，高达 2.5～3.0m，面积约为 6km^2。

红树林潮滩仍有逐渐向海发展的趋势。

三、硇洲岛海岸地貌

地质学者们普遍认同的中国火山代表北有五大连池,南有雷琼火山。从 40～50 万年前的中更新世到十多万年前的晚更新世,雷州半岛都有大规模火山活动。雷州半岛共发现火山 76 座,约占整个半岛总面积的 38.5%,其活动规模在我国第四纪的 9 个火山区中居首位,被誉为“天然地质博物馆”。

硇洲岛是在大约几十万年前,由海底火山爆发的岩浆而形成的海岛,也是中国第一大火山岛。全岛陆地面积约 $56km^2$,海岸线长约 44km。硇洲岛火山经历了两次喷发,早期火山喷发距今 36.8 万年;晚期火山喷发距今 18.9 万年。岛上有两个火山口,整个岛屿都是由火山岩构成的盾形台地。

岛上遍布的火山喷发时形成的独特景观,是硇洲岛最具魅力的风光。那晏湾为火山剖面,即为雷州半岛标准火山岩地层的剖面,层理清晰明显。下部的火山岩层异常弯曲,海蚀洞形状各异;上部是玄武岩柱状节理,高大的石柱群并排屹立着面向大海(图 7.10,图 7.11)。

图 7.10 硇洲岛那晏湾石滩

图 7.11 硇洲岛那晏湾玄武岩柱状节理

第四节　粤南沿海砂质海岸地貌实习

在风力作用下，砂质海岸地表物质产生的吹蚀、搬运和堆积作用，称为风沙作用；在风沙作用过程中形成的地貌，称海岸风沙地貌。海岸风沙地貌包括风蚀地貌与风积地貌，其中由风沙堆积形成的形态各异、大小不同的海岸沙丘是最基本的海岸风沙地貌形态。

海岸现代风沙系指全新世以来的风沙活动所导致的风沙堆积，以区别于晚更新世的古风沙堆积。全新世风沙堆积形成的海岸沙丘称之为新沙丘，一般未固结、非红化，由松散的黄色风成砂组成；晚更新世的古风沙堆积形成的海岸沙丘称之为古沙丘，其中，凡半胶结、已红化者习称"老红砂"。新沙丘和古沙丘中非红化、但已固结成岩者称为沙丘岩。

一、海岸沙丘分布特征

海岸风沙(沙丘)是海岸带一种独特而复杂的自然景观。它与内陆沙漠沙丘不同，其分布不局限于干旱、半干旱地区，不具有明显的地带性，不受气候(降水等)条件的制约。在我国，从北方的温带半湿润区一直到南方的热带湿润区，除江苏省以外的沿海各省区(包括台湾省的西海岸)，差不多都有海岸沙丘分布。华南沿海地处热带季风地区，具有干季与风季在时间上同步性的特点，在有丰富沙源供应的条件下，非常有利于海岸沙丘发育。粤南海岸现代风沙在分布上有3个显著特色。

(一)分布范围广而规模较小，且分布零散

华南沿海东北起自福建长乐，西南至广西企沙，数千千米海岸断续有海岸风沙分布，所以分布范围广泛。然而，由于华南沿海受X型断裂构造的控制，海岸曲折，港湾岬角相间，岛屿罗列(刘以宣，1981)；弯曲的岸线，波浪作用强度差异很大，突出的岬角受波浪侵蚀产生大量岩屑物质；凹入的海湾则因波浪作用减弱，产生堆积形成砂质海滩和沿岸堤，为海岸风沙活动提供沙源，故海岸风沙主要分布在海湾。因此，受海岸岬湾相间地形等的影响，风沙沿海岸呈带状断续零散分布，分布面积只有数百平方千米至数千千米，极少数能超过$1\times10^4\,hm^2$，规模较小。

(二)分布地形多样

披覆在各类地形之上，是华南海岸风沙分布的重要特征。海岸风沙披覆的下伏地貌主要有砂质海岸平原和基岩丘陵、台地两大类。

1. 砂质海岸平原

砂质海岸平原按其成因又可分为三角洲平原和海积平原两类。

三角洲平原是由河流入海泥沙在河水和海水作用下向海加积形成的，位于河流入海的河口地区。三角洲平原的砂质沉积层深厚，沙源丰富，海岸风沙可成片较大面积的分布。如韩江三角洲平原，面积$915.08km^2$，是广东第二大三角洲。韩江年入海沙量平均为$7.27\times10^6\,t$，泥沙入海后，沙子受潮水顶托，向河口两侧散开，并产生纵向运移，在横向波浪作用下，形成平行于岸线的滨岸沙堤。由多列滨岸沙堤及堤间带状低地(潟湖平原)组成了韩江三角角洲南

部砂质平原。平原第四系厚度30～60m,地面组成物质为中细砂(沙堤)和黏土质粉砂(堤间低地),经风力改造形成大片沙丘和平沙地。韩江三角洲南部的沙堤、沙丘(或平沙地)分布区,东西长18～33km,南北最宽达10多千米,沙丘高度一般为4～10m,最高为东溪口外的福建围沙丘达16.5m,面积达1.23×10^4 hm^2(李平日等,1987)。

海积平原多见于基岩岬角之间较为开敞的海湾内,湾内为砂质海岸,岸线较为平直,海积地貌发育,形态类型多种多样。其中主要有岬湾沙堤(湾内沙堤)、湾口沙坝、河口沙咀和连岛沙洲(沙坝)等。

岬湾沙堤(湾内沙堤):发育于两个岬角或半岛间的弧形沙堤。在波浪斜交海岸时,沿岬角两侧的拍岸浪,使泥沙顺海湾作纵向移动,形成自岬角向湾内流动的沉积物流,堆积于海湾的中段,形成湾内沙堤。如粤东碣石湾—红海湾沿岸所见。规模较大的湾内沙堤,宽度可达数千米,长度达十几千米,沙堤上广泛发育沙丘。

湾口沙坝(拦湾沙坝):多发育于湾口一侧或两侧,由一条或多条沙坝组成。它是波浪横向运动进入海湾后,波能减弱,使泥沙于湾口处落淤而形成。华南沿海拦湾沙坝特别发育。例如,广东的电白水东—博贺湾和海南的万宁小海等的拦湾沙坝都很典型。

连岛沙洲(连岛沙坝):连接岛屿与大陆间(或岛屿之间)的沙堤,由泥沙在大陆岸外岛屿背后波影区堆积的岸边沙咀和岛屿内侧沙咀相互衔接而成。华南沿海大陆岸外岛礁星罗棋布,连岛沙坝甚为发育。大型的有广东汕头广澳连岛沙坝、汕尾施公寮连岛沙坝、惠来平海连岛沙坝等。连岛沙坝上多发育有大片沙丘,如广东电白博贺湾外的莲头连岛沙坝,它原是孤立于海湾中的小岛(莲头岭),位于陆岸花岗岩低丘的前端,东南向浪和西南向浪均于此受阻分道绕射,而来自东北沿岸的泥沙流和从博贺港排出的大陆来沙,则于莲头岭背后波影弱能区汇聚沉积,便形成连岛沙坝。沙坝长2.5km,宽1km,沙坝之上又发育了风成沙丘,高20多米。

2. 基岩丘陵、台地

华南沿海分布着众多由燕山期花岗岩、第四纪火山岩(玄武岩),以及早、中更新世的湛江组、北海组等组成的丘陵和台地。山丘临海,登岸风沙受山体障碍而在丘陵山坡上堆积,形成缓沙坡地(沙坡)或爬坡沙丘。披覆在沿海丘陵和台地上的风沙一般呈斑块状,处数多但面积小。风沙分布高度视山体大小、风力强弱和沙源多寡而不同,可从坡麓一直到数十米至百米的高度不等。广东湛江的东海岛东岸,爬坡沙丘覆盖到了龙水岭(为一海拔111.1m的玄武岩锥形火山)82m高度的山腰上。

(三)多于河流入海口的旁侧分布

这与河流泥沙搬运到河口,由波浪和海流作用堆积在其外侧滨岸地带有关。如广东韩江三角洲南部大面积风沙分布区,海南岛西部东方四更沿海的风沙地,也都分别位于韩江和昌化江入海口之南。

此外,海岸风沙的分布位置还与岸线的朝向有关。华南沿海盛行东北风,一般规模较大的海岸风沙均分布在朝向东北或东方向的海岸,朝向正西的海岸则很少见到风沙。最典型的例子为雷州半岛,这里秋、冬季盛行北风与东北风,春、夏季最多的是东风及东南风,全年以偏东风为主。因此,东海岸全年吹的是向岸风,海岸风沙大规模分布,总面积达3.4×10^4 hm^2;

相反，在西海岸东风为离岸风，对风沙作用不大，能起作用的向岸西风频率则不多且风力不大，故西海岸除乐民港、岛石港附近等地有少量风沙分布外，其余则罕见风沙（吴正，1995）。

二、海岸沙丘的形成发育和形态类型

Pye(1983)研究认为，海岸沙丘的形成需要两个基本条件：①有丰富的分选良好的海滩砂供应；②一年中至少有部分时间有能够移动沙的向岸风。王颖和朱大奎(1987)通过对我国东河口以北海岸沙丘的研究，提出大规模海岸沙丘发育的条件是：①海岸带有丰高的沙质沉积物；②有干旱或半干燥的气候，有强劲的并恒定的海风作用；③平坦的海岸坡度，平均坡度1∶1000，中等潮差，落潮时可形成宽广的海难。吴正和吴克刚(1987b)研究海岛东北部海岸沙丘时也指出，影响海岸沙丘形成发育的因素以风况、沙及形成沙丘所在地形空间为主，Goldsmith(1978)和Bird(1990)也认为地形条件是海岸沙丘发育的重要因素。

此外，植被也常被认为是海岸沙丘发育的因素。有学者认为植被种类、生长特点、形态和密度等对沙丘的形态具有较好的控制作用，但它并不是海岸沙丘形成的必需条件（Klijin，1990）。Cater(1990)认为，海岸沙丘的发育可以不需要任何植被，许多干旱海岸的例子证明了这一点，如秘鲁沿海地区。

海岸沙丘的形成发育，除动力条件——强劲的向岸风外，还必须有一定的沙丘砂物质来源，它是海岸沙丘形成的物质基础。

海岸沙丘砂主要来源于海滩、沙堤等海岸砂质沉积物，东南沿海有较丰富的海岸砂质沉积物供应，其物源主要通过以下途径供给：

(1)河流输沙。这是近岸砂质沉积物的主要泥沙来源，据统计，广东向海沿岸入海河流的年平均推移质输沙量约为1.0×10^{7}t。它们在河口及近岸带，受径流、潮流和波浪的作用，形成不同成因类型和形态特征的砂质沉积体。如雷州半岛有鉴江、九洲江、南渡河、遂溪河、坡月河等20条直接入海河流，据水文资料统计，年地表径流在1.0×10^{10}m^{3}以上，河水含沙量年平均为0.16～0.36kg/m^{3}，夏季时，量高达0.70kg/m^{3}，平均每年向海输送的沙量达1.5×10^{6}t以上，加上东北部附近的漠阳江输沙量，每年向沿海输送的沙总量高达2.0×10^{6}t以上。入海泥沙在沿岸流和波浪的作用下，于沿海地区沉积形成宽广的沙质海滩和海积平原，它们为雷州半岛，特别是其东部沿海地区的大面积海岸沙丘的发育，提供了较为充足的沙物质来源（吴正，1995）。

(2)海岸侵蚀供沙。华南沿海广布燕山期花岗岩和第四纪火山岩；雷州半岛、海南岛和广西沿海又大面积分布早、中更新世的湛江组、北海组地层。在热带季风气候条件下，花岗岩风化淋溶强烈，风化壳深厚，其石英、长石、云母等矿物含量丰富；湛江组、北海组地层，富含矿物质，结构较疏松。由它们构成的海岸，极易受暴雨冲刷和海浪冲蚀，产沙量丰富。特别是台风带来暴雨和巨浪，猛烈冲击海岸，使大量泥沙倾泻入海。对海滩供沙来说，通常海岸侵蚀是仅次于河流输沙的第二个重要来源。华南沿海多湾海岸，较常见的则是海岸基岩岬角受波浪侵蚀，产生岩屑物质沉积在相邻的海湾，形成砂质海滩和岸堤，为海岸风沙活动和海岸沙丘发育提供了物源。

(3)大陆架供沙。在南海北部内大陆架上水深5～30m或更深处的浅海，分布有与海岸平行、规模宏大的沙体。它们是低海面时所形成，后来由于海面上升而遗留在内大陆架上的残留沙，当全新世海侵时，它们受海流、波浪作用，并随海面上升向陆搬运，成为现代海岸砂质沉积物的重要泥沙来源。至今,近岸内大陆架的残留沙,仍可被风暴潮大浪掀动向岸输送,给予海港沙一定的物质补充。这些被波浪和海流携带到岸边沉积下来的大陆架沙,也成为海岸风沙的物源之一。

(4)生物碎屑供沙。华南沿海属热带地区,沿岸有相当数量的珊瑚礁和各种海洋生物贝壳,在波浪作用下破碎成生物碎屑,被搬运富集于岸边参与泥沙堆积,也提供了部分沙源。在局部岸段,生物碎屑供沙可成为重要供沙方式。如海南岛东海岸分布有大规模的裙礁(岸礁),礁坪宽度多为800m以上,最宽可达2000m,其提供的生物碎屑可占琼东海岸的海滩砂和沙丘砂含量的30%~40%,是不可低估的物质来源。

(5)人为活动影响。海岸沙丘的形成发育,强劲的风力和丰富的沙源等自然因素固然重要;但有人类历史时期以来,人为活动的影响也不可忽视。近几百年来,沿海地区人口剧增,人口稠密,过度的农业开垦、放牧、樵柴及工矿交通建设等不合理经济活动,破坏了砂质海岸地表植被,可以促进海岸风沙活动和海岸沙丘的形成与发育。

从系统论的观点看,海岸沙丘是一个由自然因素与人文因素组成的复杂开放系统。各种因素的相互制约与协同作用,形成海滩-沙丘系统的复杂响应,共同影响着沙丘的形成与稳定。

三、海岸沙丘的分类及形态特征

(一)海岸沙丘的分类

近30多年来,很多从事海岸研究的地貌工作者,都曾先后进行过海岸沙丘分类的探讨。Davis(1980)把海岸沙丘分为原生沙丘和次生沙丘两种类型。前者指来自海滩砂形成的沙丘;后者则是已稳定的原生沙丘的再活动、改造所致。Goldsmith(1978)把有植被存在的沙丘和顺风自由移动的沙丘的形态作为分类的基础,据此提出VAMP分类方案:植被沙丘、人为沙丘、海岸沙山和抛物线形沙丘。此外,他认为还应该包括风成沙丘岩和黏土沙丘。

Pye(1983)把海岸沙丘划分为障碍沙丘和进积沙丘(再堆积沙丘)两大类。其中,障碍沙丘又细分为草丛沙丘、沙坪、前丘脊、横向沙丘脊(非进积型)、小丘状沙丘和月牙形沙丘等。进积沙丘则细分为新月形沙丘、横向沙丘脊(沉淀型)、进积沙席、抛物线形沙丘和斜形沙丘等类型。

Bird等(1990)曾对欧洲海岸沙丘进行分类。如分为原始沙丘(前沿沙丘)、风蚀沙丘(圆形沙丘、抛物线形沙丘)、流动沙丘(新月形沙丘、沙丘链)和残留沙丘等。成濑敏郎(1989)根据沙丘形态的发育过程,把日本海岸沙丘也分为原生沙丘和次生沙丘两大类。原生沙丘是在海滨沙堤基础上形成的前沿沙丘,以横向沙丘为基本形态;次生沙丘是原生沙丘受到风蚀,流沙在内陆重新堆积形成的。李从先等(1987)对我国滦河口以北的冀东海岸沙丘进行了类型划分,分为横向沙丘、新月形沙丘链、星状沙丘和平沙地等。

由上述可知,国内外虽然对海岸沙丘提出过多种分类方案,但至今仍未有一个比较统一的分类系统。这一方面固然有赖于海岸沙丘分类研究工作的深入,另一方面也与各地海岸的自然地理环境与海岸沙丘形态的千差万别有关。结合华南沿海地区的实际条件,通过野外调查和航空相片分析,各种沙丘的形态要素示量值的量测,并依据形态-成因原则,本书将华南海岸沙丘简明地分为海岸前丘、横向沙丘、新月形沙丘(沙丘链)、抛物线形沙丘、纵向沙垄、沙席和爬坡沙丘，以及草灌丛沙丘等类型。

（二）各种沙丘的形态特征及其成因

华南沿海地区与我国干旱区巨大内陆盆地（如塔里木盆地等）相比，沙源不算很丰富；加之热带海洋性季风气候，冬季虽然干燥少雨，东北风强劲，但夏季炎热多雨，限制了风沙的活动，一年中风力塑造地貌的有效时间相对较短。更由于沿海地区，水分条件较好，植物生长对沙丘形态的发育有显著抑制作用。此外，沿海地区人口稠密，人为活动频繁，也影响沙丘形态的充分发展。因此，海岸沙丘的形态就远不如内陆沙漠沙丘那样典型和规整，沙丘的形态类型比较简单，复合型沙丘少见。

下面对华南沿海几种主要海岸沙丘的形态特征及其成因，进行概要的阐述。

1. 海岸前丘

海岸前丘是海岸环境中最有特色的风成沙丘类型。它是发育于特大高潮线以上，并平行于海岸的第一道沙丘。

前丘为呈连续或半连续的沙脊，发育的雏形是后滨的沙堤或滩脊。Hesp（1983）认为，前丘可由多个草丛沙丘沿后滨发育而成，每个草丛沙丘逐渐生长，互相接合，形成表面波状起伏、植被茂密的前丘类型。Pye（1983）也认为，复合草丛沙丘可能就是前丘脊发育的第一阶段。

平时向岸风从海滩上吹扬起的沙，首先沉积在滨后的滩脊上，在滩脊的海滩沉积上形成了一个风成砂层的"盖帽"，使得这种沙丘在沉积相上具有独特的"二元相"，即上部风成相和下部海滩相。而且，由于堤上植物的滞积作用，常形成许多小的草丛沙丘。前丘的高度几米至十几米不等，而草丛沙丘相对高度较小，一般只有 1～2m。

在暴风时，前丘上部的风成盖帽大多被强劲的风力所吹蚀；吹扬起的沙向内陆输移，从而使前丘上只残留下一些蚀余的数米长宽不规则的小丘。暴风之后，又接受新的风沙沉积。海滩沙通过这种方式，借海岸前丘为"跳板"，不断地向内陆输沙，并向其他沙丘形态演进。

2. 横向沙丘

广义的横向沙丘包括新月形沙丘、新月形沙丘链和抛物线形沙丘等。这里所指的横向沙丘是狭义的，它发育在前丘之后，是一种与盛行风向垂直的长而较平直的沙丘脊。单风向作用下的简单的典型横向沙丘，剖面形态不对称，迎风坡缓（10°～15°），背风坡陡（30°～34°）。当风速加强或有反向风作用时，剖面形态趋于对称。横向沙丘多发育于积沙深厚、风力强劲或有移动障碍的岸段。它的重要特征是移动缓慢而不断加积增高，故常在近岸形成一列或多列高大沙堤。这段海岸形成巨型的横向沙丘堤，一则是地下水位高，沙子湿度大；二则更重要的是由于风成砂中含有大量的贝壳碎屑，在海洋水汽的浸润和雨水淋溶下溶解而使沙丘胶结，故横向沙丘的向海坡和沙丘顶部分布着一层半胶结的沙丘岩壳。这些都有碍于沙丘移动但有利于加积作用。这里的横向沙丘顶部时常还叠加次一级小沙丘，成为复合型横向沙丘。

3. 新月形沙丘

新月形沙丘在内陆沙漠地区中较为典型，在沿海，尤其是缺少植被的砂质海岸也可以出现。这种沙丘的平面形态呈新月形,有两个指向下风方向的兽角(或称为翼),是由从沙丘两侧绕过的、具有垂直轴涡旋的横向环流引起的。两翼之间交角的大小(称“两翼的开展度”)取决于优势风的强弱,优势风愈强,交角愈小。新月形沙丘的横剖面形态具有两个不对称的斜坡,迎风坡凸而平缓,坡度介于 5°～20°之间,取决于风力、沙量、沙粒的大小和密度;背风坡是凹而陡的斜面,即滑动面,或称落沙坡,倾角为 28°～34°,相当于沙子的最大休止角。单个新月形沙丘的高度一般不大,很少超过 10m,其宽度约为高度的 10 倍。新月形沙丘是在单一方向风的作用下形成的,形成时要求植被稀少或缺乏植被。

在沙源比较丰富的情况下,许多密集的新月形沙丘常横向相互连接而成一条链索,称新月形沙丘链,类似于横向沙丘,但其平面形态不平直,弯曲度较大。沙丘链的高度较大,可达 10～30m,甚至更高。高大的沙丘链上,也可叠加次生小沙丘,形成复合型沙丘链。新月形沙丘与沙丘链多分布于横向沙丘或海岸前丘之后,靠近内陆一侧;也可直接位于低矮的滩脊之后紧邻海岸。

4. 抛物线形沙丘

抛物线形沙丘是华南沿海海岸沙丘中分布最广泛的沙丘类型,常群集分布。它的形态特征与新月形沙丘刚好相反,即沙丘的两个兽角,也叫丘臂,指向上风方向。迎风坡平缓而凹进,背风坡陡而呈弧形凸出。平面图形与马蹄相似,又像一条抛物线,所以称为抛物线形沙丘。它一般是由新月形沙丘演变而来。海岸环境地下水位较高,水分条件较好,新月形沙丘上生长了植物,尤其在较低的沙丘两翼植物生长良好,由于风的作用受阻,沙子移动缓慢甚至完全固定不动;但沙丘顶部因相对高起,水分、植被条件较差,受风的吹扬可使丘体继续不断向前移动。这样发展的结果,就形成反向沙丘形态——抛物线形沙丘。如果风力较大,抛物线形沙丘的中部(弯曲的丘体)未被植物固定的部分继续向前移动,则把两个丘臂拉成又长又窄的形态,相互近于平行,使沙丘外形呈“U”字形,又似发夹,称为“U”形沙丘或发夹形沙丘。

抛物线形沙丘常多个相连成链状。单个抛物线形沙丘的两个丘臂长数十米至数百米,最长可达 1700m;两丘臂间距为十几米至几百米;高为 10～20m。

抛物线形沙丘形成在有一显著的单向风的岸段,多由新月形沙丘演进而来,故常成片分布于新月形沙丘与沙丘链的下风内陆一侧。抛物线形沙丘也可因后滨的沙堤和前丘脊的吹蚀,导致吹蚀地或吹蚀槽的发育,从洼槽里吹出的沙子被风搬运到其下风处堆积而形成,从而出现于沙堤或前丘脊之后的近岸线处,呈平行于海岸的成排分布状况。

5. 纵向沙垄

纵向沙垄是一种长条形的垄状沙脊。沙脊的长轴与主风向大致平行,通常称为纵向沙丘或线形沙丘。华南沿海纵向沙垄较少见。它一般是由“U”形或发夹形的抛物线形沙丘,在强劲的单向风作用下,其中部弧形丘体进一步遭受风蚀而断开,则其丘臂成为纵向沙垄。故纵向沙垄在分布上,常与抛物线形沙丘共生,没有明显的分界线。纵向沙丘高度数米至十多米,少数可超过 20m;长度几十米至数百米,最长可超过 1km,如广东吴川吴阳沙咀南段所见。

6. 海岸沙席

海岸沙席是一个较宽广平坦的或微波状起伏的风沙堆积区域,又称沙坪或平沙地。一般位于海岸沙丘带的后缘最靠内陆一侧。华南沿海地区海岸沙席分布较广泛。海岸沙席的发育与海岸特殊的动力环境和物源供应等多种因素有关：①向岸风由于搬运沙子和沿程摩擦阻力的增加，越向内陆方向风力越小；②向岸风所携带的沙子由于沿程沉积，沙源越来越少；③风力吹送方向的海岸后方有低平地或洼地；④较高的地下水位，使沙保持潮湿，限制风成砂运移，防止发育沙丘（吴正和吴克刚，1987）。

7. 爬坡沙丘

爬坡沙丘是华南沿海常见的一种海岸沙丘类型，主要分布在临海的基岩丘陵、台地的迎风山坡上。它是海岸风沙向岸吹移的过程中遇到了山体的阻挡，风沙顺山坡上爬堆积所形成的。

爬坡沙丘的形态和爬升高度，受山体形态与高度、风力强弱和沙源供应等多种因素的影响，因地而异。有的具有明显落沙坡的沙丘形态，也有的以缓坡沙地的形态贴附在沙丘的山坡上。

爬坡沙丘有的爬得很高，如前面曾经提到的湛江东海岛龙水岭火山锥东坡，沙丘爬升到了 82m 的高度。平潭君山后的镜沙，爬坡沙丘覆盖到了海拔 97.6m 的火山岩残丘上并已越过残丘顶部在背风面堆积下来，这种沙丘又可称为崖顶沙丘。

除了上述几种主要海岸沙丘形态类型外，在沿海地区，由于水分、植被条件较好，草丛沙丘分布也很普遍。它是风沙在植物周围遇阻堆积而形成的，其形态一般呈圆丘状，也有的形态呈锥状，迎风坡较陡，坡度 28°～35°，最大可达 60°，多为沙生植物所固定。背风面为一顺风向拉伸的锥状沙脊（或称沙舌），裸露无植被。草丛沙丘的高度各地不一，小者 1～3m，大者 5～7m，甚至 10 余米。

四、海岸现代风成砂的沉积特征

沙物质在风力作用下，不仅发生搬运和堆积过程，形成海岸沙丘，而且在这种过程中产生相应的沉积构造特征，并使沙物质本身在物理、化学特性等方面也不断发生变化，即发生沙物质的风成分异作用（西多林科，1956；吴正，1987a），形成其特有的性质。

1. 物质成分

华南沿海的风成砂呈黄色，其物质成分除陆源碎屑外，还有一定含量的海相生物碎屑。海相生物碎屑主要是双壳类与腹足类的贝壳碎片，偶见有孔虫壳体，但已强烈磨损。贝壳碎屑含量一般比海滩砂中少，且各地含量相差悬殊。由于贝壳碎屑通常比海滩砂中的石英砂粒粗，风力吹扬搬运的距离有限，且容易从风成砂中淋滤出去，故贝壳碎屑含量在近岸的风成砂中较多，向内陆逐渐减少，甚至完全缺失。

陆源碎屑以石英、长石等轻矿物为主，含有一定量的重矿物。在风成砂中石英占 68.06％～91.23％，平均为 81.65％；长石占 1.14％～24.45％，平均为 5.86％，石英与长石平均比值为 13.93。在海滩砂中，石英占 67.34％～96.18％，平均为 85.85％；长石占 0.95％～29.34％，平均为 9.68％，石英与长石平均比值为 8.86。不论是风成砂还是海滩砂，其重矿物含量各地差异较大，低者不超过 1％，高者则大于 10％，甚至形成重矿物局部富集层（呈黑色条带）。风成砂中重矿物含量一般高于海滩砂。但向陆搬运距离较远处，则含量有所降低，甚至可低于海滩砂。

风成砂的重矿物组合,虽因各地区陆源物质不同有所差异,但总的来说,以绿泥石、钛铁矿和绿帘石为主,反映了华南沿海基岩多变质岩、岩浆岩和第四纪火山岩的特点,受它们的制约作用。比较各地风成砂和相邻海滩砂的重矿物组合特征,表明其矿种相似,但含量稍有变化。风成砂的物质组成和海滩砂基本相似,说明风成砂系海滩砂吹扬改造所致。

2. 粒度特征

粒度参数是用来描述沉积物粒度特征的基本数据,在一定程度上能反映动力的大小和性质。根据粒度分析,华南沿海现代风成砂主要由细砂和中砂组成,并有一定的极细砂和粗砂含量。这些砂除披覆于基岩丘陵山坡上的爬坡沙丘中外,常混入有暴雨期坡面片流作用而堆积的基岩风化碎屑砂砾石(如粤东汕头广澳)处,风成砂中一般极粗砂含量很少,几乎不含砾石。风成砂中还含有少量的粉砂。华南沿海现代风成砂的平均粒径介于 $\varphi0.86\sim3.03$ 之间,平均为 $\varphi2.05$,相当于 0.24mm,属细砂;海滩砂的平均粒径在 $\varphi1.31\sim2.719$ 之间,平均为 $\varphi1.85$,相当于 0.27mm,属中砂。所以,风成砂比海滩砂略细。

标准偏差反映了沉积物的分选性。华南沿海现代风成砂的分选性较好,其标准偏差介于 $\varphi0.16\sim1.19$ 之间,平均值 0.589φ。其中,介于 $\varphi0.35\sim0.71$ 之间的占 52.38%,属分选好到分选较好;$<\varphi0.35$ 者占 28.57%,属分选极好之列。而海滩砂的标准偏差在 $\varphi0.54\sim1.50$ 之间,平均为 $\varphi0.97$,分选程度中等。可见,风成砂的分选性优于海滩砂。

偏度对于了解沉积物的成因有一定作用,但历来对沉积环境的鉴别有较大争议。一般认为,沙丘砂(包括海岸沙丘和内陆沙丘)多为正偏,少数为低负偏;而海滩砂则主要为负偏(成都地质学院陕北队,1978)。也有人认为,典型的海岸沙丘砂呈负偏度(Friedman,1961)。

峰态是量度粒度分布的中部和尾部展开度之比,通俗地说,就是衡量分布曲线峰的宽窄尖锐程度。一般窄峰态的曲线,其中部较尾部分选性好。华南海滩砂以中等到窄峰态(0.9~1.50)为主,部分为很窄(1.50~3.00);风成砂的峰态多由窄到很窄,甚至出现非常窄的峰态(>3.00)。

3. 沙粒形态与表面结构特征

一般认为,风是一种比水更有效的磨圆介质。风成砂粒的磨圆度高,被认为是其颗粒形态的重要特征,也是鉴别风积物的标准之一。根据动量和动能的计算,一个质量为 m 的沙粒的相对动量,在空气中比在水中大 29.3 倍;相应动能在空气中比在水中约大 430 倍。另外,空气的绝对黏度要小得多,只有水的绝对黏度的 1.76×10^{-6},这意味着在撞击之前空气的缓冲作用也是最小的(水中的沙有一种黏得很紧的吸附水膜,使之不受碰撞)。关于海岸沙丘砂的磨圆度是否比海滩砂高,研究者看法也不一致。Shepard 和 Young(1961)的研究认为,在向岸风占绝对优势的海岸,沙丘砂的磨圆度比海滩砂高;而在向岸风和离岸风经常交替出现的季风海岸,沙丘砂的磨圆度和海滩砂没有差别。傅启龙和沙庆安(1993)研究了河北昌黎海岸沙丘砂和海滩砂的磨圆度,二者基本没有差别。

华南沿海海岸沙丘砂和海滩砂的石英砂粒磨圆度的观测统计结果表明,海岸沙丘石英砂的磨圆度较好,多为次圆颗粒,占颗粒总数的 67.4%,并可见到许多几乎完全磨圆的颗粒,出现率达 28.8%,而尖棱状颗粒极少见。与海滩石英砂相比,次棱角颗粒数量明显减少,次圆状和圆状颗粒数目都有所增加，表明磨圆程度变好。

五、海岸沙丘地的开发利用

华南沿海的海岸沙丘分布广泛。沙丘受向岸风作用，会不断向陆地侵入。据海南文昌冯坡镇调查，滨海流动沙丘每年平均移动达 18m，一次强台风就可移动 8m(姚清尹，1985)。据广东湛江东海岛东简镇崩塘村调查，沙丘移动速度为 3～5m/a。沙丘移动可淤塞港湾、淹埋农田和吞噬村舍，造成危害。

当然，海岸沙丘也还有它有利的一面。海岸沙丘地或称滨海沙地，是一种土地资源，具有一定的开发利用潜力，可因地制宜地改造和利用，发展林农牧业；海岸沙丘砂中还富集有多种砂矿资源，可供工业开采等。因此，改造和开发利用海岸沙丘地，除害兴利，对发展沿海经济、提高人民群众生活水平、改善生态环境，都具有重要意义。

(一)海岸沙丘地的改造和利用

海岸沙丘地(滨海沙地)俗称沙荒地，是沿海地区重要的潜在土地资源。根据对滨海沙地的理化性质的分析，有下面两个共同特点：①沙性大，漏水漏肥易旱，滨海沙地的质地疏松多孔，通气性良好，渗透性很强，故肥力低是滨海沙地的主要特征(刘腾辉等，1988)。②滨海沙地虽具有瘦瘠的不利性质，但气候条件较优越，一般降雨都较多，在 1000mm 以上，且光、热资源充足，其中雷州半岛半积温高达 8000℃ 以上。这是造林及发展耐旱性热带作物和经济作物、果树的有利条件。此外，很多滨海沙地地势平缓连片，特别是其中的沙席(平沙地)坡度一般小于 5°，万亩以上连片的不少，较易于开发利用。

1. 造林绿化

造林绿化是改造利用海岸沙丘地的前提，也是防风固沙的根本措施。党和政府十分重视沿海防风固沙林的建设，在海岸沙丘地主要分布地区，先后建立了林场，造林绿化沙丘地，成效显著。如粤东沿海，1958—1964 年间，发动群众营造了以木麻黄为主的防风固沙带。经过几年的奋斗，海岸沙丘地已基本实现了绿化，在陆丰湖东林场、东海岸林场、惠来南海林场等地的防风固沙林带，宽度可超过 10km。

目前，这一以木麻黄为主的防风固沙林带，使沿海沙丘地的自然面貌发生了很大变化，林带已在防风固沙、调节气候、改善生态环境等方面发挥了作用。据广东海洋大学农学院观测，湛江南三岛宽 600m、树高 13m 的林带，林带前缘 40m 处至林带背风面 15 倍树高(约 200m)范围内，风速降低明显。林带对林内温度、蒸发和空气湿度也有明显调节作用(邓义等，1988)，可促进固沙保水改土。

2. 建立农田林网，开展多种经营

在防风固沙林带内侧某些地势平坦、灌溉条件较好的海岸沙丘地，应建立农田林网的主林带与主风向垂直，宽 12～40m，林带间距 200～250m；副林带平行于主风向，宽 8～20m，间距 1000～1500m。每个网格面积 1～2hm^2(刘鹏辉等，1988)。然后在林网格内开展治沙改土工作，可以全垦渗入客土，增加泥质比例。在此基础上轮种豆科绿肥，采集大叶相思等叶片压青、堆肥；在靠近村镇有条件的地方施用有机土杂肥等，借以逐步促进沙土熟化，增加有机质，

改良沙土结构并提高肥力;在栽培技术上做到轮种、间种、套种相结合(邓义等,1988)。实践证明,通过治沙改土的海岸沙丘地,亦能栽培出产量不低的农作物及果树。

由于各地水热条件的差异,为了充分发挥自然优势,取得最佳效益,应该因地制宜地着重发展更适合当地特点的种类。例如,大陆沿岸的沙丘地可种植柑橘、番石榴、木瓜、杨桃、荔枝等。海南岛沿岸沙丘地宜种菠萝蜜、面包树、芒果、蒲桃、鸡蛋果、人心果等。其中,海南岛西南部芒果品种优良,且有种植习惯,可发展为芒果基地。此外,还可发展沙参、党参、首乌、薯蓣等药材,以及咖啡、槟榔、腰果、剑麻等热带作物。

3. 保护沙生植被,利用植物资源

海岸沙丘地生境严峻,沙生植物大多数是较耐热、耐旱、耐瘦和耐盐的种类,且多具匐、低矮、针叶、肉质、有刺和根系发达、抗风力强等生态生理特征。主要沙生植物有刺篱木、露兜簕、仙人掌、酒饼簕、刺格、转转草、白背刑、刺、香附子、厚藤、海刀豆和铺地泰等。

但由于海岸沙丘地自沙滩后缘至沙丘内缘,沙地类型和生境条件不同,分布的沙生植被群落外貌也会因地而异。总的来说,沙生植物在海岸沙丘地上的分布,均较稀疏,覆盖度在10%~30%不等,甚至更小。但是,它们对固沙保土却起着重要作用。因此,必须注意保护天然沙生植被,严禁滥砍乱挖。此外,在海岸沙丘地的沙生植物中,还有不少可供利用且较有经济价值的植物。如单叶蕞荆的果实是一种常用的中药材——蔓荆子,有散风热、治头痛、眩晕、眼痛及湿痹拘挛的功效;厚藤全草可入药,能祛风除湿、拔毒消肿,可治风湿性腰腿痛、腰肌劳损、疮疖肿痛等疾患;仙人掌也可入药,从花中可提取作饮料用的天然食用色素,有利用前景。

综合上述,只要充分利用各地的光、热、水条件,选择适宜的树种,海岸沙丘地是可以通过造林绿化,进行人工改造的;且一经改造后的沙丘地,还可利用辟为果园或经作、热作园,栽培种植多种水果和经济作物,建立起一个海岸沙丘地改造与利用相结合的、合理的农业生态系统,以取得良好的经济及生态效益。海岸沙丘地除经人工改造用于发展林业和农业生产外,还可利用其作为城镇和交通建设用地。沙丘地的地势相对较高,不易受洪水或潮水威胁。沙丘砂为风积中细砂,本身具有一定的强度,如经很好压实,则可获得较高强度的地基。华南沿海地区,特别是粤东沿海群众积多年实践经验,将滨海沙堤和沙丘地多用于公路路基和村镇宅基地,如韩江三角洲的汕头金砂、庵埠、鲍浦、下蓬、外砂、上华、澄海、莲莲阳、东里和盐鸿等市镇,都建立在滨海沙堤和沙丘地之上。在沙堤、沙丘地上建造村镇,大量房屋等人工构造物覆盖沙面,既固定了沙地,防止了流沙再起,又可节省大量用于建房的农田耕地,做到除害兴利,这无疑是沿海沙区群众的一大创造。

(二)滨海砂矿开采

滨海砂矿是增加矿产储量的重要潜在资源之一。据报道(谭启新等,1988),世界锆英石的储量 3.1752×10^{7} t,96%来自滨海砂矿;金红石的储量 9.435×10^{7} t(钛含量),98%为滨海砂矿;钛铁矿的总储量 2.46×10^{8} t(钛金属),砂矿占 50%。从滨海砂矿开采量所占世界总产量的比例看,钛铁矿占 30%,独居石占 80%,锆英石占 90%。因此,滨海砂矿是仅次于大陆架石油和天然气资源,居于第二位潜在的海洋矿产资源宝库。

滨海砂矿多属稀有元素和贵重金属,用途极其广泛。如钛铁矿用于制造合金、钛白粉、人造金红石和电焊条等；独居石用于制造特殊合金、打火石、防辐射玻璃及瓷电气照明点火装置和白热炭精。其中所含钇是原子能的重要能源之一，还可炼制优质合金、制作接触剂、X射线管电极和化学指示剂等。锆英石主要用于耐火材料、陶瓷、显像管玻璃制造，亦可用于制造合金。此外，滨海石英砂可用于玻璃制造和铸型等。

华南沿海广泛分布有加里东期混合岩、混合岩化花岗岩，燕山期花岗岩和第四纪火山岩（玄武岩），富含钛铁矿、金红石、锆英石、独居石等有用矿物，这些岩石在热带湿热气候条件下，受强烈的物理-化学风化作用，普遍形成一层很厚的红色风化壳，厚度一般为20～40m，最厚的陆丰甲子花岗岩风化壳超过80m，并使得有用矿物从岩石中分离出来。然而，风化产物被地面径流搬运入海，再经波浪、潮流的往复分选淘洗，赋存和富集于滨海地带的有利地貌部位，形成滨海砂矿。

根据谭启新等(1988)的统计资料，现已查明我国不同矿种的滨海砂矿床有140个，其中华南有121个，约占我国已查明滨海砂矿床总数的86%，可见华南滨海砂矿资源丰富，在我国有着举足轻重的地位。华南滨海砂矿床的勘测表明，其储量的80%以上赋存于滨岸沙堤中，尤其是以老红沙堤丰富。华南沿海的滨岸沙堤主要是由波浪和风力作用造成的，故称海-风成沙堤。风力的吹扬作用对沙堤的加积和对砂矿的分选、富集起着重要作用。构成老红沙堤的老红砂，前已分析属于风成砂。

在华南滨海砂矿中，具有风积或风海积成因的砂矿：稀有金属矿产有钛铁矿、锆英石、独居石、磷钇矿、金红石等，多为伴生矿床，主要分布在广东和海南沿岸。目前，已探明属于风积或风海积型的重要矿产地有海南文昌铺前钛铁矿、万宁保定钛铁矿，广东陆丰甲子锆英石矿、电白博贺独居石矿等。

此外，石英砂矿在广东、海南也都有分布，如广东阳江溪头、海南文昌铺前、东方八所等地。滨海砂矿是易于开采和运输的外生矿床，开发利用有较高经济效益，利于振兴沿海经济。由于滨海砂矿（尤其是风积型或风海积型）多地处海岸沙丘地带，目前虽多已人工植树固定，但生态环境系统十分脆弱，倘若盲目乱挖滥采，必将引起生态平衡的破坏，流沙再起，风沙危害又趋加剧，如海南东部万宁沿海钛矿区所见。因此，开发利用石英砂矿，必须做好统一规划，并把重点放在原有矿区的深度开发上。

第五节　粤中海岸带实习

一、江门市海岸地貌

江门地处广东省的中南部、西江下游，珠江三角洲西部。东邻佛山市顺德区、中山市、珠海市斗门区，西接阳江市阳东区、阳春市，北与云浮市新兴县、佛山市高明区、南海区为邻，南濒南海，毗邻港澳。面积9541km^2，其中海岛面积235.17km^2，约占珠三角土地面积(41 698km^2)的23%，约占全省陆地总面积的5.32%。台山市、新会区的南部和恩平市的东南部濒临南海。面积在500m^2以上的岛屿有97个，其中台山市上川岛面积最大，为137.16km^2；下川岛次之，为81.73km^2。江门市水深200m以内的沿海大陆架，东起黄茅海，西至镇海湾，面积约2257km^2。全市海岸线长约615km，占全省的20%。

江门市地势西北高，东南低，北部、西北部山地丘陵广布，东部、中部、南部河谷、冲积平原、三角洲平原宽广,丘陵、台地错落其间,沿海沙洲发育,组成错综复杂的多元化地貌景观。江门市山地丘陵4400多平方千米,占46.13%。市内海拔500m以上的山地约占1.77%。800m以上的山脉有9座,多为北东-南西走向。恩平市、开平市与新兴县接壤的天露山,长70余千米,走向偏北,主峰海拔1250m,为全市最高峰。北部的菱髻顶、皂幕山,东部的镬盖尖和南部的笠帽山、凉帽顶,均山势陡峻,岩古嶙峋,呈"V"形谷发育。500m以下的山丘、台地面积约占总面积的80.34%,多分布于山地外围,开平、台山、江门市区的冲积平原内有零星点缀。丘陵多无峰顶,呈缓波起伏,坡面多为第四系堆积。河流冲积平原、三角洲平原约占总面积的17.89%,其中江门市区、新会以南由西江、潭江形成的三角洲平原面积达500km^2,位于台山南部由大隆洞河、都斛河形成的广海都斛平原面积达300km^2(赵焕庭等,1999)。

由西江、潭江下游支流形成的河流冲积平原沿河作带状分布,中游狭长,下游宽阔,现多为良田。区域内地质构造以新华夏构造体系为主,主体为北东向恩平-从化深断裂,自恩平经鹤城斜贯全市延出市外;东部沿西江河谷有西江大断裂。两支断裂带构成境内基本构造格架。境内有震旦纪、寒武纪、奥陶纪、泥盆纪、石炭纪、二叠纪、三叠纪、侏罗纪、古近纪及第四纪等地质年代的地层,尤以第四纪地层分布最广。侵入岩形成期次有加里东期、加里东-海西期、印支期、燕山期,尤以燕山期最为发育,规模最大。江门全市水资源丰富,年均河川径流量为119.66亿m^3,占全省河川年均径流量的6.65%;水资源总量为120.8亿m^3,占全省水资源总量的6.49%(赵焕庭等,1990)。

二、珠海市海岸地貌

珠海市位于广东省中南部,东与香港、深圳隔海相望,南与澳门相连,与澳门相距9km,横琴新区与澳门隔江相望。西邻江门市,北与中山市接壤。设有拱北、九洲港、珠海港、万山、横琴、斗门、湾仔、珠澳跨境工业区,港珠澳大桥珠海公路口岸等。国家一类口岸9个,是珠三角中海洋面积最大、岛屿最多、海岸线最长的城市,素有"百岛之市"之称。

珠海市出露地层较简单,除广泛发育第四系外,在东北部和中西部零星出露有古生代的寒武系、泥盆系和中生代的侏罗系,面积共759.09km^2,占全市陆地面积的57.95%。中生代时期珠海地区岩浆活动极为剧烈,燕山期酸性岩浆岩分布很广,出露面积达550.78km^2,占陆地面积的42.05%。地貌形态明显受北东向、北西向构造线控制,珠海地区被北东向、北西向断裂切割成断块式隆升与沉降的地貌单元,形成了断块隆升山地与沉降平原。海岸地貌类型多样,大陆海岸线长约166km。平原海岸堆积作用强烈,发育有广阔的冲积海积平原。沿岸泥滩向外推移较快,如磨刀门。山地港湾海岸的湾口有岬角,湾内有沙堤和潟湖平原。地面坡度和缓,除岛屿的地面坡度较陡外,大陆地面坡度较和缓。山丘台地主要由花岗岩组成,全市广泛出露燕山期花岗岩。

珠海市共有大小岛屿146个,它们星罗棋布地分布于珠江口外。以青洲—三角山岛—小浦台岛为界分成两部分。东南部的万山群岛、担杆列岛、佳蓬列岛为陆上莲花山脉向海延伸的部分,主要是以侵蚀为主的基岩岛屿。地貌类型以花岗岩丘陵为主,高程多为100~300m,最高为二洲岛的凤凰山473m。这些岛屿处于万山隆起带,因地质构造作用而不断上隆,加上风化剥蚀强烈,形成基岩裸露的石山,山坡陡峭,坡度多在30°以上,部分达60°以上。在岸边或低凹处,因重力堆积作用而形成巨砾滩。西北部各岛位于珠江三角洲盆地边缘,主要为扩淤型岬湾岛屿。由于堆积作用盛行,一些岛屿已与大陆相连。地貌类型以丘陵台地为主。沿海有部分海积平原、丘陵地区，发育有较厚的红壤型风化壳，地面坡度多在40°以下。

淇澳岛在广东省珠海市香洲区东北部13km，珠江口内西侧，东距内伶仃岛13km，北与虎门相对，南距唐家大陆1.2km。全岛面积23.8km²(图7.12)。地质以花岗岩结构为主体，表层为黄沙黏土，长有灌木丛林，林木覆盖率达90%。地势南、北两端高，中间平坦，把岛分为南、北两半，呈北东-南西走向。岛上高山连绵起伏，100m以上的山有18座，最高主峰望赤岭，位于岛东北。四周海(港)湾较多，主要有二斜湾、关帝湾、金星湾、石井湾、大围湾、东侧湾，多为沙岸，泥沙底，西、北两侧湾多为淤积泥滩，水较浅，低潮干出。

图7.12　淇澳岛遥感影像图

淇澳后沙湾遗址位于淇澳岛东部后沙湾的沙丘坡地上，地形呈弯弧月状，西靠望赤岭，东临海边顶轮坡小山，北背牛婆湾，西南倚山坡梯田，东南面向伶仃洋。现存遗址面积约500m²，高出海平面4.5m左右。1984年文物普查中在这里发现了新石器晚期时代到夏商时代遗存的彩陶文物，成为广东省内屈指可数的历史年代较早的古文化遗址之一。

小沙澳湾位于珠海市淇澳岛东南部，海湾湾口朝东南，其余三面为山冈，东北为白头石山，北为望慈岭，西南为老虎山，呈漏斗状。山冈上长满了树木杂草，多股山泉从山冈上的不同方向流向海湾，形成自北向南的一条溪水从遗址的两边流过。因受海浪侵蚀及人为盗沙的影响，海湾湾口已向内收缩，湾口两端呈岬角状。而小沙澳湾遗址位于小沙澳湾近湾口东南部的沙丘上，与山冈相连。

小沙澳湾遗址是迄今在淇澳岛东南部海湾一带发现的8处遗址之一，其中经正式发掘的有后沙湾和东澳湾两个遗址，已被列入广东省第六批省级文物保护单位。而小沙澳湾遗址正好位于这两个遗址之间。专家认为，小沙澳湾遗址的发现和挖掘是珠海市内又一重要考古发掘。珠海市博物馆馆长张建军认为，小沙澳湾遗址属于商周时期的海湾沙丘遗址，是珠海早期古文化遗址中最重要、最有特点的一种遗址。

根据文献记载，夏商周时期香山岛属于百越海屿之地，是海岛散布型的地理环境(赵焕庭等，1990)。考古发现这一时期的遗存特点是，数量相对前一时期明显增加，而且空间分布范围更广泛,一些偏僻岛屿也有分布,特别是在一些淡水资源丰富的海湾地带遗址分布较为密集,地理分布较为稠密,反映了人口的增加和经济的发展。在淇澳岛周围一带大小海湾都有珠海先民生活的遗迹发现,典型的如东澳湾遗址、南芒湾遗址等,都与小沙澳湾遗址属同一时期。

小沙澳湾遗址的发现和挖掘又一次表明了,在远古时代,珠海先民已经熟练掌握了驾舟航海技术和水上停船技术,以渔猎为生,创造了中国文明史上远古海洋文明。长期在变幻莫测的大海上生存,珠海先民逐步养成了勇于冒险的精神,海洋文明更是珠海地域文化中开拓精神的发轫和源头。该遗址对于研究沿海史前人类的生产方式、生活方式,乃至经济模式,探索早期人类发展规律,完善珠海古代编年史,具有重要的考古学术研究价值。

第六节　广州七星岗古海岸遗址实习

七星岗古海岸遗址1937年被中山大学地理系教授吴尚时发现,有着“世界第一古海岸遗址”之称的国宝级海蚀遗迹。这一发现为海内外专家们所关注,它突破了世界古海岸线与今天海岸线宽度最大值为50km的说法。在此之前,地理学家们普遍将意大利距今海岸50km的内陆古海岸遗址视为海面从大陆退出的最大里程。七星岗古海岸遗址距今海岸100km以上,是原来说法的一倍。

关于珠江三角洲海岸线南移的成因,学术界的观点有巨大分歧。吴尚时在1938年发表《广州附近地形之研究》一文指出,七星岗海蚀崖下平台高出平原1m多,是海岸南移过程中珠江三角洲北部地壳的上升起着决定性的作用。同意这一说法的学者认为,如同白云山的形成一样,白垩纪以来的地壳运动使珠江三角洲一带地表逐步上升,从而将海岸线推移至如今的位置。但这一观点并未被地理学界普遍接受。另一些学者认为,第四纪世界性的冰川期将海平面抬高到水域足以到达七星岗一带,随着冰川期的过去,海平面又退回到原来的位置。而介于两者之间的看法则认为,冲积平原的发育使得珠江三角洲一带地表逐渐增高,并逐步向外推进,从而将海岸线挤到了如今的位置。他们认为,珠江三角洲平原是距今6000年间形成的,因此,推测七星岗古海岸存于距今6000年前(图7.13)。

图7.13　七星岗古海岸遗址俯瞰图

七星岗古海岸遗址的地貌颇为奇特,山冈的北坡和缓,南坡崖壁则呈额头状,下部山岩凹陷,岩壁下成斜平面台,台面向外下倾,倾角为15°(图7.14)。这是一种海蚀地貌,表明远古时

图 7.14　七星岗古海岸

代南海水域的边缘深入到珠江三角洲的北部。地理学家将它命名为古海蚀崖。此海蚀地貌形成于距今约 6000 年前，是世界上少数深入内陆的古海岸遗址之一，也是珠江三角洲地区海面变化的重要证据，对研究广州地区自然环境变化有重要的科学意义（赵焕庭，2009）。

七星岗古海岸遗迹是由白垩纪红色砂砾岩层所构成的小山坡，在山坡脚约 20m 的距离内，分布着海蚀崖、海蚀平台、海蚀洞等典型海蚀地貌。它们由海浪侵蚀而成，海蚀崖呈额状突出，高约 2m。海蚀平台宽 6m，高出今海平面约 1.93m，为切平构造地面，岩层倾角 15°，崖下的洞穴为深约 1m 的海蚀洞，洞穴上方呈额状突出。它们都是在海浪侵蚀作用下形成的，是 5000～6000 年前广州古海岸存在的有力证据。七星岗古海岸遗址是现在已发现的最深入陆地的古海岸遗址之一，海岸已向南移动了 100 多千米，这在世界地质史上也是相当罕见的。珠江三角洲约形成于 3.7 万年前，曾发生过两次海侵。七星岗海蚀遗迹很可能形成于第二次海侵盛期，距今 4000～5000 年。当时，全球气温可能比如今还要高，普遍转暖，中、高纬度的冰川大量消融，海平面上升，广州大部分地方，尤其是海珠一带，处于一片汪洋中。海浪以其巨大的威力拍击岛岸，七星岗海蚀遗迹由此而来。

随着广州地区构造下沉作用暂停，淤泥作用加强，海水开始缓慢地退出广州。宋代时广州城下仍称“小海”，因海面阔，常有海中巨鱼游至城下。从明代开始，珠三角水陆面积开始发生明显变化，海退的速度明显加快，至清代嘉庆和道光年间，海水已退至顺德以南一带，随后以每年 70～130m 的速度退出。在七星岗以东 1.5km 的赤沙村，还曾发现有古沙堤，沙堤埋有海生贝类动物牡蛎的壳（蚝壳），这是古海岸存在的又一物证。在七星岗南面 2km 的小洲村，还存有村民利用从地下掘出的大量蚝壳建造的房子。这些海蚀崖、洞、平台、古沙堤以及大量的蚝壳，从不同方面印证了广州历经沧海桑田的变化，具有颇高的科学、教育等价值（赵焕庭，2017）。

第七节　深圳大鹏湾海岸地貌实习

一、大鹏半岛基本概况

大鹏半岛位于深圳市最东南，三面环海，以距今约 1.46 亿年晚侏罗世至早白垩世时期 5 次火山喷发形成的古火山遗迹和 2 万至 1 万年以来形成的海岸地貌景观为主，大自然的鬼斧神工造就了这里“山海相依、水火共融”的奇特景观。火山喷发作用形成的七娘山是深圳市第二高峰。

大鹏半岛海岸地貌类型多样,可分为基岩海岸、堆积海岸和生物海岸三大类型。由于大鹏半岛处在构造隆升区,海岸类型以基岩海岸为主。多处基岩海岸保留了完好的海蚀崖、海蚀平台、海蚀槽穴、海蚀柱等各类典型的海蚀地貌。堆积海岸主要发育于岩石岬角间的海湾内,在有河流流入的海湾处形成岬湾沙坝-潟湖海岸,在无河流的海岸处则形成湾顶海滩。半岛中段狭窄的呈哑铃状腰部的东岸,因深入内凹、波浪减弱,有淤泥质海岸发育;红树林发育于淤泥质海岸以及各潟湖内,而半岛周边浅海区有珊瑚群落生长。大鹏半岛以及邻近地区海岸地貌特征和海岸沉积物年代数据显示:①地质构造与海平面升降是塑造该半岛海岸地貌的主要因素;②该半岛的海岸地貌是在中全新世早期以后才开始发育的;③该半岛全新世以来不存在强烈的地壳抬升;④该半岛海岸中全新世出现过高于现代海平面的高海面(王为和黄日辉,2015)。

大鹏半岛位于珠江口东侧大鹏湾与大亚湾之间(图7.15)。半岛内的最高峰七娘山,海拔869.7m,地势由此向西、向北逐渐降低,基岩海岸最低点在大亚湾仙人石附近,海拔高度2.2m;大鹏半岛属南亚热带季风气候,光照充足,热量丰富,降水充沛,年平均气温22℃,年降雨量在2280mm左右,全年降雨量80%出现在4—9月,具有雨热同期特征;风向具有明显的季节变化,全年盛行偏东风,夏季以东南风为主,冬季以东北风为主。

图7.15 大鹏半岛遥感影像图

二、大鹏半岛主要海岸地貌

大鹏半岛海岸地貌类型丰富,根据海岸地貌类型组合特征和形态成因的相似性,可划分为基岩海岸、堆积海岸(砾石滩、沙滩、淤泥质海滩)和生物海岸三种类型(张崧等,2013;王为和黄日辉,2015)。

1. 基岩海岸

基岩海岸是大鹏半岛区域分布最为广泛的海岸地貌类型,除了河口段和陡崖前沿堆积的(湾顶)海滩外,几乎都是基岩海岸,其中以构造抬升最为强烈的排牙山南北坡和七娘山东南坡分布最广。基岩海岸由岩石组成，岸线曲折，岸坡较陡；主要动力作用以波浪为主，波浪对海岸岩石的冲蚀和磨蚀作用，塑造出各种不同形态的海蚀地貌。

大鹏半岛多处海岸及外围岛屿发育比较完整的海蚀崖和海蚀平台地貌组合，如西冲、杨梅坑、秤头角、大甲岛。海蚀平台有多级，如西冲湾东侧岬角，发育了4级海蚀平台，分别相当于当地平均海面高度－0.7m、0.8m、2.0m、3.9m，每级平台后缘有波浪侵蚀的凹槽。发育较完好的海蚀平台岸段多由抗侵蚀能力较弱的沉积岩构成（泥岩、砂砾岩），在较坚硬的岩石岸段往往只有陡峭的海蚀崖，崖脚常有海蚀洞发育，而有些海蚀平台窄或不发育，通常成为崩塌海岸。海蚀平台上往往发育海岸壶穴，多为圆形或椭圆形。海岸壶穴是波浪进退流过程中产生的旋转水流携带的泥沙对海蚀平台表面磨蚀形成的微地貌。海岸壶穴的形成、扩大和加深实际上是对海蚀平台产生破坏。

在突出的岬角，波浪向岬角辐聚，波浪在岬角两侧侵蚀出来的海蚀洞连通后，岬角成为海蚀拱桥，随海蚀洞的扩大，拱桥顶部崩塌后，剩余部分成海蚀柱。基岩海岸的岩石除了受波浪的机械侵蚀作用外，还要受风化作用，包括化学风化和盐风化（特别是花岗岩海岸），因而也形成了各种海岸风化微地貌。

2. 堆积海岸

砾滩/卵石滩主要分布于西岸，形成与沙滩相间分布的格局；南岸分布于东冲与西冲之间、靠近西冲一侧；东南岸则分布于海柴角—大水坑湾之间。此外，高排坑、李伯坳坑和马料河河口周围也有巨砾滩分布。岩岸陡崖崩塌下来的岩块，波浪只能对其磨蚀，无法将其搬运出海岸，故堆积在陡崖前缘或海蚀平台上。

岩块大小不一，小者为砾石滩，大者成巨砾或卵石滩。崩落的岩块根据其大小和崩落的时间长短，磨圆度不同。岩块崩落时间短，没有磨圆的岩块堆积海岸，也可以划入基岩崩塌海岸。在西冲湾以东的陡崖前，最大岩块的直径可达6m以上。

大鹏半岛有大小沙滩18处（图7.16）。大多分布在西边的海湾内（13处）以及南边海岸（2处），海滩较长且数量多，而半岛东海岸沙滩较少（3处）且较短。大鹏半岛的沙滩多堆积在基岩岬角之间的海湾，可称岬湾沙滩。从成因上讲，沙滩类型包括了沙坝沙滩和湾顶沙滩。沙坝-潟湖组合是典型的堆积海岸地貌景观之一。沙坝海滩位于沙坝向海一侧，沙坝后侧水域为潟湖，与沙坝一起组成沙坝-潟湖海岸。冰后期海面上升后，大鹏半岛原先的河谷被海水淹没成小型深入海湾（图7.17）。海湾长期接受河流沉积物后被充填淤浅，由于深入的海湾在横向上有宽阔的空间，激浪流将水下岸坡物质带到海滩上堆积成与岸线平行的自然堤（滩脊型海滩），堤后侧水域成为潟湖，沙坝往往被海岸风沙堆积成的海岸沙丘所加高。虽然沙坝隔开了潟湖与大海，但沙坝在（波能较弱的）一端形成了一个连通潟湖和大海之间的潮汐通道。沙坝海滩宽度较大，坡度较缓。沙坝海滩潮间带沙粒上粗下细，沙坝顶部堆积的沙丘砂来源于海滩砂，但其粒径较之小，分选更好。

潟湖中堆积细砂和淤泥，岸边有红树生长。大鹏半岛沙坝-潟湖海岸皆发育于海湾之内，属于海湾沙坝或港湾沙坝。典型的有西冲湾、东冲湾、杨梅坑鹿嘴湾等。西冲湾海滩上还有海滩岩出露，实地测量的出露最大高程高于当地平均海面2.58m，^{14}C年龄为距今(2170±85)a。

湾顶沙滩形成于基岩海岸无河流注入的海湾顶部。湾顶沙滩的沉积物来源于波浪对海

图 7.16　大鹏半岛东西涌砾石滩

图 7.17　大鹏半岛下沙村金沙湾

湾两端岬角岩石侵蚀所产生的碎屑,并在沿岸流的作用下带到海湾顶部堆积而成。在仅有小溪流入的小海湾(如鹅公湾海滩),因为溪流带来的沉积物有限,仅能为海滩提供有限的沉积物;又因海湾空间狭窄,海滩后部不足以形成潟湖,所形成的海滩也类似于湾顶沙滩。因为大鹏半岛海岸以基岩海岸为主,沙滩类型除沙坝沙滩外多是湾顶沙滩。海湾型沙坝海滩和湾顶沙滩的特点是沙滩位于海湾两侧岩石岬角之间,海湾两侧岬角及水底地形控制湾内入射波浪的运动方向,使之与湾内岸线垂直,所以波浪和泥沙在湾内以横向运动为主。当湾内泥沙冲淤达到平衡时,波峰线平行逼近岸线,波浪同时破碎,波能没有沿岸分量,湾内无纵向泥沙运动,此时海滩达到平衡。由于一年中不同季节波浪大小的变化,其波陡也随之而变化,泥沙横向(向岸—离岸)搬运方向也随之改变。在大波浪活动的风暴期,特别是台风季节,泥沙从滩肩离岸向海转移形成水下沙坝。在较小的涌浪作用时期产生相反的过程：泥沙向岸回移而使滩肩增长。因而海滩的年变化在带有水下沙坝的"风暴剖面"和带有滩肩的"涌浪剖面"之间转换。当入射波浪方向改变时，湾内原有泥沙冲淤平衡被打破，需要通过纵向泥沙运动和岸线的改变等调整以达到新的平衡。因此常态的盛行波浪决定了岬湾海滩岸线的基本走向，但由于每次台风风浪的方向和大小并不一样，海滩岸线走向在台风期间会有所改变。

驻波特别容易在两岬角之间形成，导致沿海滩等间隔地出现裂流，进而形成有规律的韵律地形，所以海滩滩面上常有滩角地形出现。在相同的波高和激浪带较长的条件下，岬角间宽度和湾内岸线长度控制了滩角地形的多寡。在狭窄的海湾，受岬角的端点效应的作用，岬角两端海滩上易于产生强烈的裂流。

淤泥质海岸是由粉砂和淤泥堆积的低缓平坦海岸，海岸线平直，岸坡平缓，浅滩宽广。大鹏半岛在地质构造上不是沉降地区，海岸地带没有低缓平坦的大河下游平原，潮滩地貌不发育；但在半岛中段狭窄的呈哑铃状腰部的东岸，岸线深入内凹，很好地遮蔽了风浪。尽管此处的平均潮差不足1m，但波浪作用的减弱，使潮汐作用相对增强。同时又处于王母河和新大河河口处，地势平坦，有河口沉积物注入，所以此段有淤泥质海岸发育。

3. 生物海岸——红树林海岸和珊瑚礁海岸

红树林是发育在热带和亚热带泥滩上的耐盐性植物群落，红树林海岸是由红树林及林下沼泽泥滩组合的海岸。大鹏半岛红树林海岸主要在半岛中部的龙岐、新大河河口咸淡水交汇处以及大鹏澳湾顶分布。另外，在沙坝-潟湖海岸的潟湖中，如西冲潟湖、东冲潟湖、鹿咀潟湖也有红树林生长。

大鹏半岛的珊瑚主要分布在大鹏湾和大亚湾海域沿岸，大澳湾、大鹿湾、东涌-西涌、杨梅坑4片海域分布着面积较大的珊瑚群落。珊瑚礁群虽不大，但现已探明的许多存活的珊瑚品种，共有30多个，以石珊瑚为主，并有为数不多的柳珊瑚和软珊瑚。由于人类活动影响以及海洋酸化的加剧，大鹏半岛部分珊瑚礁已出现了白化和衰退。

尽管大鹏半岛东、西两侧海域不在南北纬24°以内，处于纬度相对较高的海域，但由于位于南亚热带季风气候带，光照充足，半岛两侧海区（大亚湾、大鹏湾）水温都较高，年平均海水表面温度SST（Sea Surface Temperature）约23℃，最高月平均SST约28℃（7－8月），最低月平均SST约15℃（1－2月），水温在珊瑚生长温度范围之内。大鹏半岛本身无大河流的河口，离珠江口距离已经较远，同时由于地转偏向力的作用使珠江口河流径流出海后向西流向粤西海区，其浑浊水流和淡水不能影响大鹏半岛海区。另外，大鹏半岛本身的河流短小，流出的淡水和泥沙不足以影响周边海区，所以海水的光照度、浑浊度、盐度等都适合珊瑚礁生长。相对高纬度海域的石珊瑚群落被认为是石珊瑚物种延续的最后保留地，因此大鹏半岛石珊瑚群落具有较高的保护与研究价值。

第八节　惠州海岸地貌实习

一、惠州市自然地理概况

惠州市位于广东省东南部，属珠江三角洲东北、东江中下游地区，市区东西相距152km，南北相距 128km。东接汕尾市,南邻南海,并与深圳市相连,西南接东莞市,西交广州市,北与韶关市、西北与河源市为邻。现辖惠城区、惠阳区、惠东县、博罗县、龙门县,设有大亚湾经济技术开发区和仲恺高新技术产业开发区两个国家级开发区。

惠州的最高峰为莲花山,海拔 1336m,另有海拔 1000m 以上的山峰 13 座,如罗浮山的飞云顶(海拔 1281m)、白马山(海拔 1256m)、南昆山的天堂顶(海拔 1210m)等,这 13 座山峰及其从属的山脉包围在惠州行政区划的边界上,形成一个周边高,逐渐向南部沿海开口的簸箕形地形,而在此地形的中部,则多为花岗岩和红色砂岩构成的丘陵台地。

惠州市所处大地构造单元属华南褶皱系。地层岩性多样,以花岗岩等岩浆岩为主,地质构造以褶皱和断裂最为发育。断裂构造的展布以东北向为主,主要有罗浮山断裂带、紫金-博罗断裂带、莲花山断裂带。岩性多样,形成种类多样的土壤。变质岩类主要分布于莲花山大断裂带、紫金-博罗断裂带北部、罗浮山山麓部分,发育的土壤一般土层厚度在 1m 以上,质地较细,黏粒含量较高,磷、钾养分较富。红色砂页岩主要分布在博罗、惠东等地,由不同粒径的砾石、砂、黏粒组成,土层一般浅薄。河流冲积物遍布各地,土层深厚,质地较均匀,黏粒含量和土壤养分较高,适应性广。海滨沉积物主要分布在沿海的惠东、惠阳等地,土壤土层深,养分含量丰富,潜在肥力高,但含盐量高,有的地区还可能受酸、碱危害(赵焕庭等,1999)。

惠州市地处亚热带,北回归线横贯全市,属南亚热带海洋性季风气候,区内阳光充足,雨量充沛,四季宜人。惠州市年平均日照时数为 2.023h。年平均气温为 19.5～22.2℃。全年最热月为 7 月,月平均气温为 28.3℃;全年最冷月为 1 月,月平均气温为 13.0℃。年平均降水量为 1700～2000mm,雨量主要集中在 4 月和 9 月,占全年的 82.5%。

惠州市有大小河流 20 多条,较大的河流有东江和东江的支流西枝江、增江(又称为龙门河)。有湖泊和大小水库约 130 个,较大的有西湖、白盆珠水库、天堂山水库、显冈水库、花树下水库、角洞水库、水东陂水库等。

惠州拥有大亚湾和红海湾部分海域(东山海),海岸线长度和海域面积分别居广东省第五位和第六位。其中大亚湾是广东省最深入内陆的优良海湾,面积达 560km^2,湾内岛屿众多,潮差小。同时,大亚湾毗邻香港,具有优越的区位优势。全市海域渔业资源丰富,是著名的浮水鱼类渔场和鲷科鱼类的繁殖场所。同时,惠州市也是南海各渔场的部分经济鱼类幼体的索饵场所。大亚湾海域为省级水产资源自然繁殖保护区;惠东县港口海龟自然保护区为国家级自然保护区,面积 18km^2,为亚洲大陆唯一的海龟自然保护区。

二、惠州双月湾海岸地貌

惠州双月湾位于惠州市惠东县港口镇。双月湾由平海湾和红海湾相邻的两个半月形湾组成。左湾水平如镜,右湾波涛汹涌。由于风向原因,形成了左湾水色不清,右湾水清见底的景色。潟湖是被沙嘴、沙坝或珊瑚分割而与外海相分离的局部海水水域。沿岸流把沙带到海湾的突出位置,流速减慢后进行堆积形成沙嘴,后期沙嘴逐渐发展,成为窄而长的沙堤,岸线向陆转折,发育成潟湖。连岛坝是连接大陆与岛屿的沙坝,是海岸受岛屿海护而形成的海岸堆积地貌,其形成与海洋水动力大小、岛堤的离岸距离以及在波峰线上的投影长度之比和泥沙供给条件等有关。连岛沙坝前身为海峡,是岛屿和陆地之间海水的通道,由于岛屿前方受波浪能量辐聚导致冲蚀破坏;而岛屿后方是波影区,是波浪能量辐散的区域,波能所携带的泥沙逐渐地在波影区形成堆积,再加之常有由岸上河流携入的泥沙,故形成的堆积体愈来愈大,并使两个岛屿或岛屿同陆地相连起来(图 7.18)。

图 7.18　双月湾分区示意图

三、惠州磨子石海岸地貌

磨子石(图 7.19)公园位于惠州市惠东县巽寮湾,为一处典型的花岗岩石蛋地貌。花岗岩体的球状风化产物的表层风化物被剥离以后,风化的残余部分多呈球形,故名石蛋。这种地貌常见于广东南岭山地一带分布的花岗岩体,风化剥蚀后表层分布着许多大小不同的石蛋,构成一种特殊的地形,称石蛋地形。花岗岩风化物,又多具砂性,疏散易蚀,沿节理常有沟谷发育。垂直节理(X 型节理裂纹)发育的花岗岩体,在重力崩落过程中还常形成陡峭的崖壁。最有特色的花岗岩地貌景观是峰林状山体、馒头状山体和石蛋状地形。在松散的风化碎屑被剥蚀之后,常在山顶或山坡出露由花岗岩球状风化形成的大大小小的石蛋,圆石堆叠,形成奇特的花岗岩石蛋地形。磨子石公园中的"磨子石"(图 7.19 所示最高石块)正是花岗岩石蛋。

图 7.19　磨子石

第八章　基于互联网资料的基础地质学实习

第一节　基于互联网实习的内容和要求

一、实习内容

认识并熟悉基本的矿物,单质矿物如金刚石、石墨等,化合物矿物如石英、长石、云母等;了解常见矿物的用途;认识和了解三大岩类(岩浆岩、沉积岩、变质岩),并可以依据基本特征对其进行区分;认识各种地质构造并掌握其基本特征;认识和熟悉地壳演化历史中每个时期的标志性化石。

二、基本要求

掌握地质学实验的基本方法与步骤,正确辨识地质标本的主要类型和分析地质图,理解常见的地质现象产生和演化的机理。

第二节　互联网实习平台介绍

一、实习平台1:https://www.mindat.org/

网站简介:该网站是一个免费在线矿物数据资源网站,它拥有全球最大的矿物数据库平台和矿物学参考资源。该网站提供世界各地的矿物数据,矿物收集数据,矿产地的数据和其他矿物的信息。由来自全球的地质科学工作者更新的矿物信息、矿产地、图片、储量等数据资源。据统计,目前该网站已经收录了5605种矿物,2948种岩石以及各种矿物或岩石的照片共1 048 781张。

该学习平台的特点:①矿物、岩石的不同种类资料齐全;②网站公开,免费浏览;③网站内的照片清晰度高,且有多角度拍摄影像;④每种矿物或岩石都有很详细的“身份信息”(包含化学式、尺寸、发现者、产权所有者、发现地、分布情况等)。

二、实习平台2:https://geology.com

网站简介:这是一个有关地质学相关知识以及地质科学新闻和信息的网站,网站涉及很多方面,如普通地质学的相关知识、常见矿物(96种)、常见岩石(45种)、宝石、地质灾害、板块构造、地震分布等资源,是一个综合性的地质网站。

该学习平台的特点:①常见矿物和岩石的特征介绍均为不同地质学专家撰写,介绍仔细,附图多样，通俗易懂；②网站公开，免费浏览；③网站内涉及的地质学知识全面，趣味性强。

三、实习平台 3 http://www.nimrf.cugb.edu.cn/(国家岩矿化石标本资源共享平台)

"国家岩矿化石标本资源共享平台"(http://www.nimrf.net.cn)创建于 2003 年，是我国主办的综合性岩矿资源学习网站，平台系统有岩矿化石标本资源 12.6 万余件，包含标本资源信息检索和专题数据库检索，前者包含化石、矿物、岩石、矿石等数据库，后者包含古生物化石群、典型矿床、珠宝玉石特色、地学教学、地学科普等专题。

网站特点：①岩矿化石标本资源丰富，齐全，包含典型矿物标本 1.2 万件，岩石标本 3.7 万件，80 余个典型矿床的矿石标本 1.5 万件，化石及化石群标本 6.2 万件；②岩矿化石信息专业、系统，是地质学学习和查询的资源网站；③包含矿晶的三维展示(需安装插件)。

四、实习平台 4 https://www.pitt.edu/～cejones/GeoImages/

此平台为匹兹堡大学的地质档案馆官网，网站涉及地质学基础这门课程中学习的各章节内容，如地球的形成、矿物和岩石、板块运动以及其他地貌学相关知识。此网站特点：①与地质学基础课程内容联系紧密，覆盖内容全面；②网页设置简单明确，查阅简单。

五、其他实习平台

(1) 网络上的实习平台资源丰富，如侧重矿物和岩石科普的网站：①https://www.nps.gov/subjects/geology/，此平台为一般科普网站，网站中有高清的矿物和岩石的照片，也有部分科普性的视频，配有英文解说，趣味性强。②https://www.windows2universe.org/earth/geology/geology.html，此平台主要为全宇宙知识的科普，矿物和岩石占地质板块的一小部分，但以问题的形式提问并以图片和解释作答，其关注的矿物、岩石方面的问题也相对典型，网页为互动模式。

(2) 侧重板块构造和板块运动的网站：① https://storymaps.arcgis.com/stories/6da410dc6b174c16a5e3b0979a2fb599%20，此网站介绍断裂构造的成因和分类，属于科普性网站。②https://www.ngu.no/en/topic/bedrock-geology，挪威国家地理网站，有很多反映构造运动的野外摄影图片，包括区域地质、构造地质等科普知识。

(3) 名校地质学网站：https://openpress.usask.ca/geolmanual/chapter/overview-of-strike-dip-and-structural-cross-sections/，萨斯喀彻温大学地质学网站，与教材的内容设置一致，方便学生按章节学习，同时也熟悉地质学名词的英文。网页简洁，板块构造章节值得学生去学习和阅读，包含很多简化示意图。

(4) 侧重化石学习和研究的网站：①http://collection.ivpp.ac.cn/news/class/131/，中国科学院古脊椎动物与古人类研究所——标本中心，中国科学院建立的大型化石数据库，可按照目标化石的名称或类属(脊椎动物、低等动物、古人类等)进行检索。②http://www.uua.cn/list-20-1.html，化石网，专业的化石研究网站，网站及时更新各种化石相关的国内外研究成果并以中文新闻稿形式进行介绍，属于化石研究科学新闻网。③https://www.britannica.com/science/fossil，大英百科，一般科普网站，网站上有视频短片，介绍化石的形成过程和典型化石科普。④https://www.nationalgeographic.org/encyclopedia/fossil/，美国国家地理，网站中包含全球范围内发现的典型化石，图片像素高，有化石的详细介绍。

⑤https://www.nps.gov/subjects/fossils/fossils-through-geologic-time.htm,美国国家公园网站,这个网站设有不同地质时期的化石分类,以及发现这些化石的公园链接,属于引导式的网站。⑥https://www.bgs.ac.uk/discoveringGeology/time/fossilfocus/home.html,英国地质调查局官网,对不同化石种类有详细的介绍,如包括化石的大小,化石形成过程,不同时期化石反映的同类生物的演化,内容较专业,是优秀的化石学习网站。

第三节 矿物与岩石的观赏和鉴别

矿物与岩石的互联网实习分为两大部分,一部分是矿物的观赏和鉴别,另一部分为岩石的观赏和鉴别。岩石由矿物组成,矿物的学习是本节实习的基础,故而非常重要。学生学习的第一步是观赏,所以建议首选矿物/岩石图片清晰度高的网站开展学习。

一、矿物的观赏和鉴别

1. 实验目的

通过观察和认识矿物的物理特征,初步掌握利用矿物典型特征来进行肉眼鉴定的方法;掌握描述矿物标本的一般方法。

在已经初步掌握常见矿物的形态及物理性质的基础上,通过使用照片或影像的网络采集手段,对目标矿物进行视频数据采集。对所收集的矿物视频数据加以矿物特征的解说,能够用于日常教学、科普等活动。

2. 实验内容及要求

(1)观察主要造岩矿物的形态和物理性质:①浅色矿物——石英、长石、方解石、石膏、高岭石等;②暗色矿物——橄榄石、黑云母、角闪石、辉石、赤铁矿、磁铁矿、黄铜矿、黄铁矿、石榴子石、方铅矿、石墨等。

(2)认识常见矿物的基本特征,鉴定常见矿物:描述浅色、暗色各一种(或多种)矿物的形态及物理性质等特征,包括矿物名称、分子式、形态、物理性质、用途等内容。采用网络上可用的矿物照片、三维图片数据对目标矿物进行解说,制作视频。

3. 实验原理

(1)矿物的形态:矿物有一定的形态,并有单体形态和集合体形态之分,因此,观察时首先应区分是矿物的单体或集合体,然后进一步确定属于什么形态。矿物单晶观察晶形(单形、聚形)、结晶习性、晶面花纹等;矿物集合体观察粒状、片状、鳞片状、针状、纤维状、放射状、致密块状、晶簇等。

(2)矿物的主要物理性质:光学性质包括颜色、条纹、光泽、透明度;力学性质包括硬度、解理、断口、脆性和延展性、弹性和挠性。

4. 线上实习参考网站举例

①https://www.mindat.org/;②https://geology.com/minerals/;③https://www.

nps. gov/subjects/geology/rocks. htm。

5. 学生作品展示

学生作品展示如图 8.1 和图 8.2 所示。

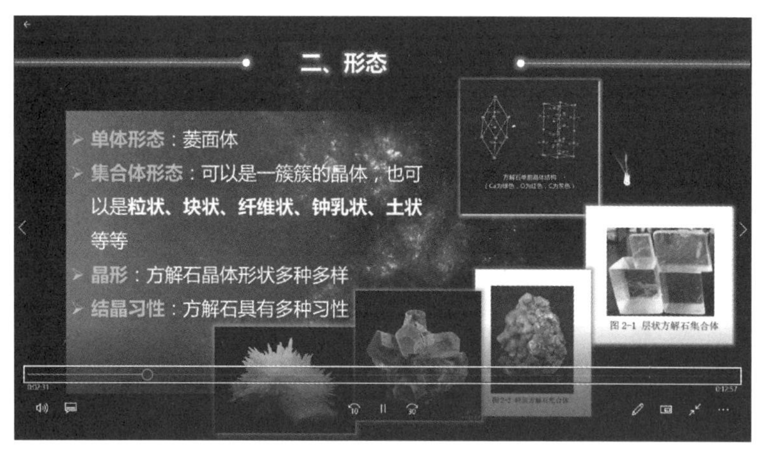

图 8.1　学生实验报告展示——方解石

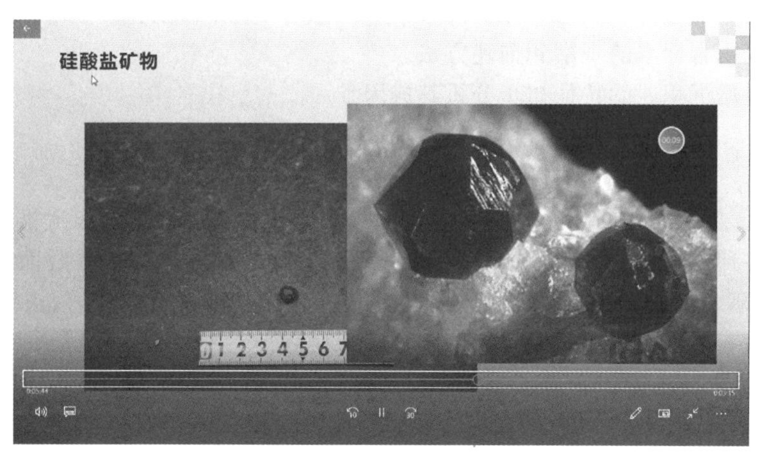

图 8.2　学生实验报告展示——石榴子石

二、岩石的观赏和鉴别

(一)岩浆岩

1. 实验目的

(1)学习鉴定和描述岩浆岩标本的步骤和方法。
(2)熟悉岩浆岩的结构、构造,并能解释其成因。
(3)掌握观察岩浆岩的基本特征,并能进行肉眼鉴定。

2. 实验内容及要求

(1)观察超基性岩(橄榄岩)、基性岩(辉长岩、辉绿岩、玄武岩)、中性岩(闪长岩、闪长玢岩、安山岩)、酸性岩(花岗岩、花岗斑岩、流纹岩)、脉岩(伟晶岩、细晶岩、煌斑岩)、火山玻璃岩(黑曜岩、浮岩)等岩石。

(2)认识常见岩浆岩的基本特征,学习常见岩浆岩的鉴定方法。

实习网站:前述实习平台1—4。

要求:鉴定并描述3块(至少)岩浆岩(基性岩、中性岩、酸性岩)标本。

3. 实验原理

(1)岩浆岩的结构。

(2)岩浆岩的构造。

(二)沉积岩

1. 实习目的

(1)认识沉积岩的各种结构、构造特征。

(2)掌握沉积岩标本的观察和描述方法。

(3)能够根据沉积岩的特征初步分析其成因。

2. 实验内容及要求

(1)内容:①沉积岩的结构,角砾状、砾状、砂质、粉砂质、泥质、化学和生物化学结构;②沉积岩的构造,各种类型层理、结核,以及波痕、干裂、晶体假象、晶体印痕等层面构造;③主要沉积岩,角砾岩、砾岩、石英砂岩、长石砂岩、岩屑砂岩、粉砂岩、火山集块岩、火山角砾岩、凝灰岩、泥岩、页岩、石灰岩、白云岩、泥灰岩、硅质岩、磷块岩。

(2)要求:鉴定并描述2块(至少)沉积岩标本(碎屑岩类1块、化学岩或生物化学岩类1块)。

3. 实习原理

(1)沉积岩的颜色。

(2)沉积岩的结构。

(3)沉积岩的构造。

4. 线上实习参考网站举例

①https://www.pitt.edu/～cejones/GeoImages/5SedimentaryRocks.html;②https://www.mindat.org/;③https://geology.com/minerals/;④https://www.nps.gov/subjects/geology/rocks.htm;⑤http://www.nimrf.cugb.edu.cn/cms/mediaList?type=1。

(三)变质岩

1. 实验目的

(1)认识变质岩的各种结构、构造特征。
(2)掌握变质岩的观察、鉴定和描述方法。

2. 实验内容及要求

(1)内容:①认识主要变质岩,构造角砾岩、糜棱岩、蛇纹岩、云英岩、大理岩、角岩、矽卡岩、板岩、千枚岩、片岩(云母片岩、绿泥石片岩、石榴子石片岩、角闪片岩)、片麻岩、角闪岩、混合岩。②比较三大类各主要岩石的特征(重复观察各种岩石手标本)。
(2)要求:鉴定并描述2块(至少)变质岩标本。
注:网络授课时段,请参照以下网站。

3. 实验原理

(1)变质岩的矿物成分
(2)变质岩的结构
(3)变质岩的构造

4. 线上实习参考网站举例

①https://www.pitt.edu/～cejones/GeoImages/;②https://www.mindat.org/;③https://geology.com/minerals/;④https://www.nps.gov/subjects/geology/rocks.htm;⑤http://www.nimrf.cugb.edu.cn/cms/mediaList?type=1。

第四节　地质构造和板块运动证据的识别

1. 实验目的

(1)观察岩层产状、褶皱、断层、地层接触关系等模型及其在平面、纵剖面、横剖面上的特征,达到建立地质构造的时空概念的目的。
(2)熟悉地质构造的观察与描述方法。

2. 实验内容及要求

(1)内容:①岩层产状观察。分别观察水平、直立、倾斜三种产状岩层在平面和剖面的表现特征,以及新老岩层的相对位置在三种基本产状中的平面和剖面的表现。②褶皱观察。通过观察,理解褶皱要素含义及相对位置;褶皱性质与类型;组合特征;褶皱形成时代等。③断层观察。通过观察,理解断层几何要素含义及所在位置;断层性质与类型;组合特征;断层形成时代等。④地层接触关系观察。通过观察,理解地层接触关系的含义;地层接触关系类型及特征。

(2)要求:根据观察结果,说明褶皱、断层的要素及其形态分类。

3. 实验原理

(1)岩层产状成因与类型。
(2)褶皱构造成因、类型与特征。
(3)断层构造成因、类型与特征。
(4)地层接触关系类型与特征。

4. 线上实习参考网站举例

① https://openpress.usask.ca/geolmanual/chapter/overview-of-strike-dip-and-structural-cross-sections/;② https://storymaps.arcgis.com/stories/6da410dc6b174c16a5e3b0979a2fb599%20;③ https://www.pitt.edu/~cejones/GeoImages/7Structures.html;④ https://www.ngu.no/en/topic/bedrock-geology;⑤ https://geology.com/;⑥ http://www.360doc.com/content/16/0810/21/30072915_582333809.shtml 嵇少丞的"构造地质学":地质之美——构造地质学科普系列-上/下。

第五节 地壳演化不同时期古生物化石的认识

地壳演化不同时期沉积的地层中包含了各种各样的古生物化石。地层中的化石属于沉积岩的一个重要特征,单独设置了一节内容实习,一是因为地壳演化历史也是一部生物演化史,二是此节的内容是全教材中最具趣味性,容易激起学生对地质学的学习热情,并且网络上有大量的有关地壳演化的地质素材和古生物化石学习材料,可以很好地实现学生的线上实习。

1. 实验目的

(1)观察和熟悉不同地质时期典型化石,可以从观察的化石类型反推地质时代。
(2)认识不同时期的化石种类和特征,理解生物演化与环境的关系。

2. 实验内容及要求

(1)内容:①不同地质时期化石种类的观察。分别观察从古生代到新生代的典型化石类型,熟悉不同时期化石特征。②标志化石的观察。通过观察,理解标志化石的概念,以及标志化石对于地质年代确定的重要性。③化石的形成。通过查阅网站相关信息,深刻理解化石的形成过程。④结合地壳演化史中不同时期的环境特征,推断生物与环境之间的关系。

(2)要求:根据观察和分析,说明生物演化(种类、形态)过程与地壳演化过程中环境的关系,以视频形式呈现。

3. 实验原理

(1)不同地质时期的古生物化石类型。
(2)同种古生物的演化迭代。

(3)地壳演化历史中的地史特征。

(4)生物与环境的作用。

4. 线上实习参考网站举例

① https://www.britannica.com/science/fossil; ② https://www.nationalgeographic.org/encyclopedia/fossil/; ③ https://www.nps.gov/subjects/fossils/fossils-through-geologic-time.htm; ④ http://collection.ivpp.ac.cn/news/class/131/; ⑤ http://www.uua.cn/list-20-1.html; ⑥ https://www.britannica.com/science/fossil; ⑦ https://www.nationalgeographic.org/encyclopedia/fossil/; ⑧ https://www.nps.gov/subjects/fossils/fossils-through-geologic-time.htm; ⑨ https://www.bgs.ac.uk/discoveringGeology/time/fossilfocus/home.html。

主要参考文献

陈传康,高豫功,俞孔坚,等,1990.丹霞风景名胜区的旅游开发研究[J].地理学报,45(3):284-294.

陈国能,梁百和,朱素琳,1991.粤北金鸡岭丹霞地貌发育与地质构造的关系[J].第四纪研究(3):229-236.

陈培权,1995.广东二叠纪岩石地层划分[J].广东地质,10(1):42-48.

陈渭民,2017.气象卫星学[M].北京:气象出版社.

陈欣树,王文介,黄金森,1988.广东东部海岸地貌及其开发利用[J].热带地貌,9(2):56-63.

成濑敏郎,1989.日本的海岸沙丘[J].地理学评论,62(2):129-144.

程捷,2009.第四纪地质学与地貌学实习指导书[M].北京:地质出版社.

崔讲学,2011.地面气象观测[M].北京:气象出版社.

成都地质学院陕北队,1978.沉积岩(物)粒度分析及其应用[M].北京:地质出版社.

戴志军,李春初,2008.华南弧形海岸动力地貌过程[M].上海:华东师范大学出版社.

邓义,陈树培,梁志贤,1988.广东滨海沙滩沙生植被的改造利用[J].热带地理,8(4):309-314.

傅启龙,沙庆安,1993.昌黎海岸风成沙丘砂组构特征及其与海滩砂的比较[J].地质科学,28(1):52-59.

龚正元,1982.DEM6型轻便三杯风向风速表的使用[J].气象(8):28.

广东省海岸带和海涂资源综合调查大队,1987.广东省海岸带和海涂资源综合调查报告[M].北京:海洋出版社.

何威勇,罗章仁,1988.粤西海岸地貌特征及港口资源[J].热带地貌,9(2):46-55.

黄嘉佑,李庆祥,2015.气象数据统计分析方法[M].北京:气象出版社.

黄建桦,林小明,李宏卫,等,2016.粤东北地区天子岭组碎屑岩特征及沉积环境分析[J].地球科学前沿,6(2):108-114.

姜世中,2020.气象学与气候学[M].2版,北京:科学出版社.

黎汉明,1995.广东侏罗纪岩石地层划分[J].广东地质,10(1):54-60.

李春初,1986.华南港湾海岸地貌特征[J].地理学报,41(4),311-320.

李建生,1990.雷州半岛地区第四纪环境演变[J].海洋科学(2):40-44.

李子舜,1977.谈谈粤北中生代含煤地层问题[M].北京:煤炭工业出版社.

梁百和,朱素琳,1992.粤北金鸡岭丹霞地貌的岩石分析[J].热带地理,12(2):133-140.

梁钊韬,李炎贤,1959.马坝人发现地点的调查及人类头骨化石的初步观察[J].中山大学学报(自然科学版)(1):136-146.

刘国庆,王昊,乔保龙,等,2013.野外地质勘查工作程序及注意事项[J].中国科技信息(1):40-41.

刘尚仁,黄瑞红,1991.广东红层岩溶地貌与丹霞地貌[J].中国岩溶,10(3):5-11.

刘腾辉,杨萍如,1988.广东的滨海沙土资源[J].自然资源学报,3(4):356-366.

刘以宣,1981.华南沿海区域断裂构造分析[M].北京:地震出版社.

聂宝符,陈特固,梁美桃,等,1997.雷州半岛珊瑚礁与全新世高海面[J].科学通报,42(5):511-514.

宋春青,邱维理,张振春,2005.地质学基础[M].北京:高等教育出版社.

苏生瑞,2010.地质教学实习教程[M].北京:地质出版社.

谭启新,孙岩,1988.中国滨海砂矿[M].北京:科学出版社.

王丽荣,赵焕庭,宋朝景,等,2001.雷州半岛灯楼角珊瑚礁生态带[J].科技快报,7(1):81-83.

王为,黄日辉,2015.深圳大鹏半岛海岸地貌成因及演化[M].北京:地质出版社.

王颖,朱大奎,1994.海岸地貌学[M].北京:高等教育出版社.

王颖,朱大奎,1987.海岸沙丘成因的讨论[J].中国沙漠,7(3):29-40.

吴汝康,彭如策,1959.广东韶关马坝发现的早期古人类型人类化石[J].古脊椎动物学报,3(4):176-182.

吴尚时.1937.广州附近地形之研究[J].地理集刊(1):55-64.

吴尚时,曾昭璇,1948.广东砰石红色盆地[J].地质论评,13(Z2):274-275.

吴尚时,曾昭璇,1948.粤北红色岩系之地质与地形[J].地学集刊(6):13-45.

吴正,黄山,胡守真,1992.海南岛海岸风沙及其治理对策[J].华南师范大学学报(自然科学版)(2):104-107.

吴正,吴克刚,1987.海南岛东北部海岸沙丘的沉积构造特征及其发育模式[J].地理学报,42(2),129-141.

吴正,1987.风沙地貌学[M].北京:科学出版社.

吴正,1995.华南海岸风沙地貌研究[M].北京:科学出版社.

西多林科 A B,1962.荒漠中物质的风成分异作用[C]//沙漠地貌的起源及其研究方法译文集.陈治平,等,译.北京:科学出版社.

徐行,葛同明,肖晖,1990.丹霞盆地红层时代的初探:古地磁研究的新证据[J].成都理工大学学报(自然科学版)(2):10.

杨景春,李有利,2001.地貌学原理[M].北京:北京大学出版社.

杨木壮,谢献春,陈俊仁,2006.雷州半岛田洋玛珥湖湿地沉积证据及古环境意义[J].海洋地质动态,22(7):26-29.

杨木壮,周平德,潘文彬,等,2013.自然地理实习与实验指导:粤北地质、地貌与水文实习地球概论实验[M].北京:气象出版社.

杨士弘,2002.自然地理学实验与实习[M].北京:科学出版社.

杨世伦,2003.海岸环境和地貌过程[M].北京:海洋出版社.

姚清尹,1985.海南岛地貌条件[C]//广州地理研究所.海南岛热带农业自然资源与区划(论文集).北京:科学出版社.

曾昭璇,1943.仁化南部厚层红色砂岩区域地形之初步探讨[J].地理集刊(12):19-24.

张崧,孙现领,王为,等,2013.广东深圳大鹏半岛海岸地貌特征[J].热带地理,33(6):647-658.

张显球,1992.广东南雄盆地上湖组介形类动物群及白垩-第三系界线[J].古生物学报,31(6):678-702.

张显球,1990.粤北丹霞组及粤中百足山群介形虫化石的发现及其意义[J].广东地质,5(2):54-64.

赵焕庭,宋朝景,王丽荣,等,2001.雷州半岛灯楼角珊瑚礁初步观察[J].海洋通报,20(2):87-91.

赵焕庭,王丽荣,宋朝景,等,2002.雷州半岛灯楼角珊瑚岸礁的特征[J].海洋地质与第四纪地质,22(2):35-40.

赵焕庭,张乔民,宋朝景,等,1999.华南海岸和南海诸岛地貌与环境[M].北京:科学出版社.

赵焕庭,2017.广州七星岗古海岸遗迹的发现及其科学意义[J].热带地理,37(4):610-619.

赵焕庭,2009.再论广州七星岗海蚀地形发现的意义[J].热带地理,29(6):509-514.

赵焕庭.1990.珠江河口演变[M].北京:海洋出版社.

赵汝旋,秦国荣,1990.论粤北的"帽子峰页岩"[J].地层学杂志,14(1):1-14.

赵汝旋,1997.广东地区晚泥盆世—早石炭世地层划分及对比[J].广东地质,12(1):10-18.

赵汝旋,1998.广东泥盆纪天子岭组及其赋矿条件[J].广东地质,13(1):1-11.

赵汝旋,1995.广东泥盆纪岩石地层划分[J].广东地质,10(1):27-34.

周淑贞,1997.气象学与气候学[M].3版.北京:高等教育出版社.

朱洪绩,1979.从单站气候资料分析天气阶段[J].气象(6):19-21.

中国科学院南海海洋研究所海洋地质研究室,1978.华南沿海第四纪地质[M].北京:科学出版社.

中国气象局,2003.地面气象观测规范[M].北京:气象出版社.

中国气象局,2004.中国云图[M].北京:气象出版社.

中华人民共和国水利部,2013.水面蒸发观测规范[M].北京:中国水利水电出版社.

BIRD E C F,1990. Classificationof European dune coasts[J]. Catena,18:31-40.

BIRD E C F, 2000. Coastal geomorphology:An introduction[M] . Chichester:Wiley.

CATERR R W G,1990. The geomorphology of coastal dunes in Ireland[J]. Catena,18:31-40.

FRIEDMAN G M,1961. Distinction between dune,beach and riversands from the irtextural characteristics[J]. Journal of Sedimentary Petrology,31(4):514-529.

KLIJIN J A, 1990. Dune forming factors in a geographical context[J]. Catena, 18 (S):1-14.

KOMAR P D,1997. Beach processesand sedimentation[M]. Upper Saddle River:Prentice-Hall.

PYE K,1983. Coastal dunes[J]. Progress in Physical Geography,7:531-557.

SHEPARD F P,YOUNG R,1961. Distinguishing between beach and dune sands[J]. Jorunal of Sedimentary Rersearch,31:194-214.

SILVESTER R,1974. Coastal engineering[M]. 2nd ed. Amsterdan: Elsevier.